计算机应用基础教程

（第四版）

何　鸣　等编著

上海交通大学出版社

内 容 提 要

本教材参照财经类大学中各非计算机专业的计算机基础教育要求而编写。在教学内容的组织上,除系统地介绍计算机基础知识外,以办公软件、网络应用、数据处理为主线,选择介绍了若干主要的应用软件,并特别介绍了广泛用于多个领域和行业的社会科学统计软件 SPSS。本教材的编写强调并遵循了注重实用、准确严谨、朴实无华的原则,既考虑到目前的适用性,又兼顾同学们今后的学习乃至工作中对计算机技能的需求,注重启发同学们理解和掌握计算机处理问题的模式和方法,力求在真正意义上实现计算机应用基础教育。

图书在版编目(CIP)数据

计算机应用基础教程/何鸣等编著. —4 版. —上海:
上海交通大学出版社,2010(2013 重印)
ISBN 978-7-313-03969-9

Ⅰ.计… Ⅱ.何… Ⅲ.电子计算机—教材 Ⅳ.TP3

中国版本图书馆 CIP 数据核字(2010)第 119174 号

计算机应用基础教程
(第四版)
何 鸣 等编著
上海交通大学出版社出版发行
(上海市番禺路 951 号 邮政编码 200030)
电话:64071208 出版人:韩建民
常熟市梅李印刷有限公司印刷 全国新华书店经销
开本:787mm×1092mm 1/16 印张:20 字数:491 千字
2005 年 2 月第 1 版 2010 年 8 月第 4 版 2013 年 8 月第 14 次印刷
印数:7 600
ISBN 978-7-313-03969-9/TP·608 定价:32.00 元

前　言

随着计算机技术的发展和社会对人才能力需求的变化,计算机基础课程已成为高等教育中的基础课程之一。大学本科非计算机专业的计算机教育有着共同的目的,同时又具有各自的特殊要求,这种状况是由于各类学科特点和各专业知识结构的不同所造成的。在财经类大学中,几乎所有专业都涉及到数据和信息的加工和管理,都以计算机作为学习、工作和研究的重要工具。高校的计算机应用基础的教学始于20世纪80年代,教学内容和教学模式也适时地加以调整,并不断优化。结合计算机技术的发展、应用软件的演变和同学们的计算机知识基础的提高,结合教育部高等学校计算机基础课程教学指导委员会2009年相关研究报告及基本要求,并结合我校大部分学科的特点和近年入学新生计算机能力的普遍水平,再次修订计算机基础的教学内容,以适合教学需要。

我们希望在突出实用性的基础上,系统地介绍计算机基础知识,注重应用能力的培养,充实实际操作的训练,引领学生更深入地学习和掌握计算机应用技术。在内容的安排上,本着以常用办公软件为主,兼顾数据处理和分析的原则,精心选择、合理安排,由浅入深地引领同学们系统的学习计算机知识,掌握具体软件的使用方法。强调并遵循了注重实用、准确严谨、朴实无华的原则,既考虑到目前的适用性,又兼顾同学们今后的学习乃至工作中对计算机技能的需求,注重使同学们理解和掌握计算机处理问题的模式和方法,力求在真正意义上实现计算机应用基础教育。

本教材由何鸣老师负责主编,参加本教材编写的其他成员为具有多年计算机基础教学和计算机专业教学经验的教师,在教材中体现了他们深厚的知识内涵以及简洁、准确的处理经验。在编写过程中,我们参考和听取了冯博琴教授、龚沛曾教授的建议和意见,并得到了其他任课教师的大力支持,在此表示感谢。

编写过程中,尽管我们为保证内容的合理、正确作了不少努力,但错误仍难免存在,恳请各位读者、专家批评、指正。

编者

2010 年 4 月

目　录

第1章　计算机基础知识 ……………………………………………………………… 1

1.1　计算机概述 ……………………………………………………………………… 1
1.2　计算机的信息表示 ……………………………………………………………… 12
1.3　计算机硬件系统 ………………………………………………………………… 19
1.4　计算机软件系统 ………………………………………………………………… 28

第2章　Windows XP 操作系统 ……………………………………………………… 33

2.1　Windows XP 简介 ……………………………………………………………… 33
2.2　文件管理 ………………………………………………………………………… 38
2.3　软硬件的安装与删除 …………………………………………………………… 45
2.4　Windows XP 的硬件设置 ……………………………………………………… 48
2.5　Windows XP 的常用管理工具 ………………………………………………… 51

第3章　文字处理 ……………………………………………………………………… 59

3.1　Word 的启动与关闭 …………………………………………………………… 59
3.2　文档的创建 ……………………………………………………………………… 62
3.3　录入和编辑 ……………………………………………………………………… 65
3.4　文档显示和工具选项 …………………………………………………………… 73
3.5　文档排版 ………………………………………………………………………… 77
3.6　表格 ……………………………………………………………………………… 90
3.7　图形 ……………………………………………………………………………… 98
3.8　Word 自动功能 ………………………………………………………………… 101
3.9　域和邮件合并 …………………………………………………………………… 104

第4章　电子表格 ……………………………………………………………………… 108

4.1　Excel 简介 ……………………………………………………………………… 108
4.2　工作簿和工作表的基本操作 …………………………………………………… 110
4.3　在工作表中填入数据 …………………………………………………………… 113
4.4　单元格与区域的基本操作 ……………………………………………………… 117
4.5　保护数据安全的基本措施 ……………………………………………………… 122
4.6　调整格式 ………………………………………………………………………… 123
4.7　计算公式和函数 ………………………………………………………………… 128
4.8　数据排序、筛选分类汇总 ……………………………………………………… 132
4.9　数据透视表和数据透视图报表 ………………………………………………… 135
4.10　图表 …………………………………………………………………………… 139

4.11 报表页面设置及打印 ·· 144

第5章 演示文稿 ·· 149

5.1 PowerPoint 简介 ·· 149
5.2 创建演示文稿 ··· 152
5.3 幻灯片处理 ·· 157
5.4 幻灯片编辑 ·· 159
5.5 备注和讲义 ·· 168
5.6 模板 ·· 169
5.7 幻灯片放映 ·· 171

第6章 计算机网络基础知识 ·· 174

6.1 计算机网络的基本概念 ·· 174
6.2 Internet 及其使用 ·· 183
6.3 Windows 环境下网络的基本安装与配置 ··· 194
6.4 常见的 Internet 客户工具 ·· 202

第7章 网页制作基础 ··· 211

7.1 网页制作的基本概念 ·· 211
7.2 FrontPage2003 简介 ·· 214
7.3 FrontPage2003 网站设计 ·· 216
7.4 创建超链接 ·· 223
7.5 表格 ·· 226
7.6 表单的使用 ·· 229
7.7 框架 ·· 232
7.8 增加网页动态效果 ··· 234
7.9 发布网站 ·· 237

第8章 数据库基础 ·· 241

8.1 数据库基础知识 ·· 241
8.2 创建 Access 数据库和表 ·· 246
8.3 数据维护 ·· 249
8.4 数据查询 ·· 253
8.5 数据输出 ·· 261
8.6 数据转换 ·· 267

第9章 常用软件简介 ··· 273

9.1 文件压缩工具 WinRAR 和 WinZip ·· 273
9.2 绘图工具 Visio ·· 278
9.3 数据统计工具 SPSS ··· 284
9.4 反病毒工具 ·· 307

第1章 计算机基础知识

本章概要

21世纪的今天,计算机已融入我们的学习、工作和生活,没有听说过计算机的人可能很少,有些读者可能在中学阶段就使用过计算机,比如用计算机打游戏、聊天、收发电子邮件等,有些读者甚至还会编写不太复杂的计算机程序。但是,作为一名新时代的大学生,距离教育部对大学生的素质要求还是远远不够的,有必要更进一步地了解和掌握一些计算机的基础知识,为以后的学习、工作和生活作准备。

本章作为本书的开篇之作,力求使读者了解一些最基本的计算机知识,为后续章节的学习奠定良好的基础。本章将主要介绍以下内容:计算机的起源与发展、计算机的特点与分类、计算机的应用领域及其发展趋向、数据的表示及其在计算机中的编码形式、计算机的硬件组成和常见的外部设备、计算机系统的主要技术指标及计算机的软件组成等。

学习完本章后,您将能够:

- 了解计算机的特点、分类、应用领域
- 了解数据的几种进制及其相互转换
- 了解计算机数据编码表示
- 了解计算机硬件系统组成结构及常用的输入输出设备
- 了解计算机主要技术指标
- 了解计算机软件系统组成

1.1 计算机概述

计算机是人类在对大自然的适应、协调与共处的过程中,创造并逐步发展起来的,可以认为计算机就是一种用于计算的设备。随着社会的发展和科学的进步,目前的计算机的强大功能已远远超越了以往的计算工具,正如读者所了解到的,计算机除了能计算之外,我们还可用它来辅助办公、打游戏、发邮件、听音乐、看电影等,它的功能远远突破了计算,正像生物进化一样,计算机的功能进化得越来越能满足人们的需要。

1.1.1 计算机的起源与发展

计算机的发展经历了一个漫长的过程。它的出现是20世纪最卓越的成就之一,计算机的广泛应用极大地促进了生产力的发展。计算机的发展首先是从计算工具的发展开始的。

1. 计算工具的发展

自古以来,人类就在不断地发明和改进计算工具,从古老的"结绳记事",到算盘、计算尺、差分机，直到 1946 年第一台电子计算机诞生，计算工具经历了从简单到复杂、从低级到高级、从手动到自动的发展过程，而且还在不断发展。回顾计算工具的发展历史，从中可以得到许多有益的启示。

1）手动式计算工具

人类最初用手指进行计算。人有两只手，十个手指头，所以，自然而然地习惯于手指记数并采用十进制记数法。用手指进行计算虽然很方便，但计算范围有限，计算结果也无法存储。于是人们用绳子、石子等作为工具来延长手指的计算能力，如中国古书中记载的“上古结绳而治”，拉丁文中“Calculus”（其本意是用于计算的小石子）。

最原始的人造计算工具是算筹，我国古代劳动人民最先创造和使用了这种简单的计算工具。算筹最早出现在何时，现在已经无法考证，但在春秋战国时期，算筹使用得已经非常普遍了。据史书记载，算筹是一根根同样长短和粗细的小棍子，一般长为 13～14cm，径粗 0.2～0.3cm，多用竹子制成，也有用木头、兽骨、象牙、金属等材料制成的，如图 1.1 所示。

计算工具发展史上的第一次重大改革是算盘，也是我国古代劳动人民首先创造和使用的。算盘由算筹演变而来，并且和算筹并存竞争了一个时期，终于在元代后期取代了算筹，明代的算盘如图 1.2 所示。算盘轻巧灵活、携带方便，应用极为广泛，先后流传到日本、朝鲜和东南亚等国家，后来又传入西方。算盘采用十进制记数法并有一整套计算口诀，是最早的体系化算法。算盘是能够进行基本的算术运算的计算工具。

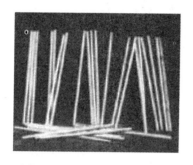

图 1.1 西汉时期的象牙算筹

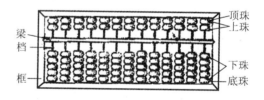

图 1.2 明代算盘

1617 年，英国数学家约翰·纳皮尔（John Napier）发明了 Napier 乘除器，也称 Napier 算筹，如图 1.3 所示。Napier 算筹由十根长条状的木棍组成，每根木棍的表面雕刻着一位数字的乘法表，右边第一根木棍是固定的，其余木棍可以根据计算的需要进行拼合和调换位置。Napier 算筹可以用加法和一位数乘法代替多位数乘法，也可以用除数为一位数的除法和减法代替多位数除法，从而大大简化了数值计算过程。

1	2	3	4	5	6	7	8	9	0
0/1	0/2	0/3	0/4	0/5	0/6	0/7	0/8	0/9	1
0/1	0/4	0/6	0/8	1/0	1/2	1/4	1/6	1/8	2
0/3	0/6	0/9	1/2	1/5	1/8	2/1	2/4	2/7	3
0/4	0/8	1/2	1/6	2/0	2/4	2/8	3/2	3/6	4
0/5	1/0	1/5	2/0	2/5	3/0	3/5	4/0	4/5	5
0/4	1/2	1/8	2/4	3/0	3/6	4/2	4/8	5/4	6
0/7	1/4	2/1	2/8	3/5	4/2	4/9	5/6	6/3	7
0/8	1/6	2/4	3/2	4/0	4/8	5/6	6/4	7/2	8
0/9	1/8	2/7	3/6	4/5	5/4	6/3	7/2	8/1	9

图 1.3 Napier 算筹

1621 年，英国数学家威廉·奥特雷德（William Oughtred）根据对数原理发明了圆形计算尺，也称对数计算尺。对数计算尺在两个圆盘的边缘标注对数刻度，然后让它们相对转动，就可以基于对数原理用加减运算来实现乘除运算。17 世纪中期，对数计算尺改进为尺座和在尺座内部移动的滑尺。18 世纪末，发明蒸汽机的瓦

特独具匠心,在尺座上添置了一个滑标,用来存储计算的中间结果。对数计算尺不仅能进行加、减、乘、除、乘方、开方运算,甚至可以计算三角函数、指数函数和对数函数,它被一直使用到袖珍电子计算器面世。即使在20世纪60年代,对数计算尺仍然是理工科大学生必须掌握的基本功,是工程师身份的一种象征。图1.4所示的是1968年由上海计算尺厂生产的对数计算尺。

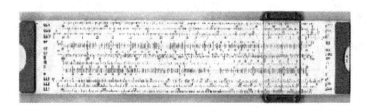

图1.4　对数尺

2) 机械式计算工具

17世纪,欧洲出现了利用齿轮技术的计算工具。1642年,法国数学家帕斯卡(Blaise Pascal)发明了帕斯卡加法器,这是人类历史上第一台机械式计算工具,其原理对后来的计算工具产生了持久的影响。如图1.5所示,帕斯卡加法器是由齿轮组成,以发条为动力、通过转动齿轮来实现加减运算、用连杆实现进位的计算装置。帕斯卡从加法器的成功中得出结论:

图1.5　帕斯卡的滚轮式加法器

人的某些思维过程与机械过程没有差别,因此可以设想用机械来模拟人的思维活动。

德国数学家莱布尼茨(G. W. Leibnitz)发现了帕斯卡一篇关于"帕斯卡加法器"的论文,激发了他强烈的发明欲望,决心把这种机器的功能扩大为乘除运算。1673年,莱布尼茨研制了一台能进行四则运算的机械式计算器,称为莱布尼茨四则运算器。这台机器在进行乘法运算时采用进位-加(shift-add)的方法,后来演化为二进制,被现代计算机采用。

莱布尼茨四则运算器在计算工具的发展史上是一个小高潮,此后的一百多年中,虽有不少类似的计算工具出现,但除了在灵活性上有所改进外,都没有突破手动机械的框架,使用齿轮、连杆组装起来的计算设备限制了它的功能、速度以及可靠性。

1804年,法国机械师约瑟夫•雅各(Joseph Jacquard)发明了可编程织布机,通过读取穿孔卡片上的编码信息来自动控制织布机的编织图案,引起法国纺织工业革命。雅各织布机虽然不是计算工具,但是它第一次使用了穿孔卡片这种输入方式。如果找不到输入信息和控制操作的机械方法,那么真正意义上的机械式计算工具是不可能出现的。直到20世纪70年代,穿孔卡片这种输入方式还在普遍使用。

19世纪初,英国数学家查尔斯•巴贝奇(Charles Babbage)取得了突破性进展。巴贝奇在剑桥大学求学期间,正是英国工业革命兴起之时,为解决航海、工业生产和科学研究中的复杂计算,许多数学表(如对数表、函数表)应运而生。这些数学表虽然带来了一定的方便,但由于采用人工计算,其中的错误很多。巴贝奇决心研制新的计算工具,用机器取代人工来计算这些实用价值很高的数学表。1822年,巴贝奇开始研制差分机,专门用于航海和天文计算,在英国政府的支持下,差分机历时10年研制成功,这是最早采用寄存器来存储数据的计算工具,体现

图 1.6　巴贝奇差分机

了早期程序设计思想的萌芽,使计算工具从手动机械跃入自动机械的新时代。巴贝奇差分机如图 1.6 所示。

1832 年,巴贝奇开始进行分析机的研究。在分析机的设计中,巴贝奇采用了三个具有现代意义的装置:

(1) 存储装置:采用齿轮式装置的寄存器保存数据,既能存储运算数据,又能存储运算结果;

(2) 运算装置:从寄存器取出数据进行加、减、乘、除运算,并且乘法是以累次加法来实现,还能根据运算结果的状态改变计算的进程,用现代术语来说,就是条件转移;

(3) 控制装置:使用指令自动控制操作顺序、选择所需处理的数据以及输出结果。

巴贝奇的分析机是可编程计算机的设计蓝图,实际上,我们今天使用的每一台计算机都遵循着巴贝奇的基本设计方案。但是巴贝奇先进的设计思想超越了当时的客观现实,由于当时的机械加工技术还达不到所要求的精度,使得这部以齿轮为元件、以蒸汽为动力的分析机一直到巴贝奇去世也没有完成。

3) 机电式计算机

1886 年,美国统计学家赫尔曼·霍勒瑞斯(Herman Hollerith)借鉴了雅各织布机的穿孔卡原理,用穿孔卡片存储数据,采用机电技术取代了纯机械装置,制造了第一台可以自动进行加减四则运算、累计存档、制作报表的制表机,这台制表机参与了美国 1890 年的人口普查工作,使预计 10 年的统计工作仅用 1 年零 7 个月就完成了,是人类历史上第一次利用计算机进行大规模的数据处理。

1938 年,德国工程师朱斯(K. Zuse)研制出 Z-1 计算机,这是第一台采用二进制的计算机。在接下来的四年中,朱斯先后研制出采用继电器的计算机 Z-2、Z-3、Z-4。Z-3 是世界上第一台真正的通用程序控制计算机,不仅全部采用继电器,同时采用了浮点记数法、二进制运算、带存储地址的指令形式等。

1936 年,美国哈佛大学应用数学教授霍华德·艾肯(Howard Aiken)在读过巴贝奇和爱达的笔记后,发现了巴贝奇的设计,并被巴贝奇的远见卓识所震惊。艾肯提出用机电的方法,而不是纯机械的方法来实现巴贝奇的分析机。在 IBM 公司的资助下,1944 年研制成功了机电式计算机 Mark-Ⅰ。Mark-Ⅰ长 15.5m,高 2.4m,由 75 万个零部件组成,使用了大量的继电器作为开关元件,存储容量为 72 个 23 位十进制数,采用了穿孔纸带进行程序控制。它的计算速度很慢,执行一次加法操作需要 0.3 秒,并且噪声很大。Mark-Ⅰ只是部分使用了继电器,1947 年研制成功的计算机 Mark-Ⅱ全部使用继电器。

艾肯等人制造的机电式计算机,其典型部件是普通的继电器,继电器的开关速度是 1/100s,使得机电式计算机的运算速度受到限制。20 世纪 30 年代已经具备了制造电子计算机的技术能力,机电式计算机从一开始就注定要很快被电子计算机替代。事实上,电子计算机和机电式计算机的研制几乎是同时开始的。

2. 现代计算机的发展

世界上第一台电子数字式计算机于 1946 年 2 月 15 日在美国宾夕法尼亚大学正式投入运行,它的名称叫 ENIAC(埃尼阿克),是电子数值积分计算机(The Electronic Numerical Integrator and Computer)的缩写,如图 1.7 所示。它使用了 17 468 个真空电子管,耗电 174kW,占地 170m^2,重达 30t,每秒钟可进行 5 000 次加法运算。虽然它的功能还比不上今天最普通的一台微型计算机,但在当时它已是运算速度的绝对冠军,并且其运算的精确度和准确度也是史无前例的。

ENIAC 奠定了电子计算机的发展基础,开辟了一个计算机科学技术的新纪元。有人将其称为人类第三次产业革命开始的标志。

图 1.7　第一台计算机 ENIAC

ENIAC 诞生后,数学家冯·诺依曼提出了重大的改进理论,主要有两点:其一是电子计算机应该以二进制为运算基础,其二是电子计算机应采用"存储程序"方式工作,并且进一步明确指出了整个计算机的结构应由五个部分组成:运算器、控制器、存储器、输入装置和输出装置。冯·诺依曼这些理论的提出,解决了计算机的运算自动化的问题和速度配合问题,对后来计算机的发展起到了决定性的作用。直至今天,绝大部分的计算机还是采用冯·诺依曼方式工作。

从第一台计算机的诞生,已经有半个多世纪过去了,计算机技术获得了突飞猛进的发展。人们根据计算机使用的逻辑元件的不同,将计算机的发展划分为若干阶段。

1) 第一代——电子管计算机(1946~1957 年)

第一代计算机使用电子管作为逻辑元件,体积大、可靠性差、耗电量大、维护较难且价格昂贵,寿命较短,只能被极少数人使用。

第一代计算机没有系统软件,只能用机器语言和汇编语言编程。主要用于科学计算方面。

2) 第二代——晶体管计算机(1958~1964 年)

1954 年,贝尔实验室制成了第一台晶体管计算机,使计算机体积大大缩小。1957 年,美国研制成功了全部使用晶体管的计算机,第二代计算机诞生了。

这一代计算机有了很大发展,采用晶体管作为逻辑元件,体积减小、重量减轻、耗能降低,计算机的可靠性和运算速度得到提高,成本也有所下降。

同时,也有了系统软件,提出了操作系统的概念,出现了高级语言,如 FORTRAN。

3) 第三代——集成电路计算机(1965~1969 年)

60 年代初期,美国的基尔比和诺伊斯发明了集成电路,引发了电路设计革命。随后,集成电路的集成度以每三四年提高一个数量级的速度增长。1962 年 1 月,IBM 公司采用双极型集成电路,生产了 IBM360 系列计算机。

第三代计算机以小规模的集成电路作为计算机的逻辑元件,从而使计算机的体积更小、重量更轻、耗电更省、运算速度更快、成本更低、寿命更长。

与此同时,系统软件有了长足的发展,出现了分时操作系统,多个用户可以共享计算机软硬件资源。提出了结构化程序设计的思想,为研制更加复杂的软件提供了技术上的保证。

4) 第四代——大规模、超大规模集成电路计算机(1970 年至今)

第四代计算机的逻辑元件已从小规模的集成电路发展为大规模和超大规模集成电路(见图 1.8)。体积、重量极度减小,成本大大降低,计算机的使用得到普及,还出现了微型计算机。

作为主存的半导体存储器,其集成度越来越高,容量越来越大;外存储器除广泛使用磁盘

图1.8   电子管   晶体管   中小规模集成电路   大规模和超大规模集成电路

外,还出现了光碟;各种实用软件不断地被开发,极大地方便了用户;计算机技术与通信技术相结合,计算机网络把世界紧密地联系在一起;多媒体技术的崛起,使计算机集图像、图形、声音、文字处理于一体。

从第一代到第四代,计算机的体系结构都是相同的,都由控制器、存储器、运算器和输入输出设备等五大部件组成,这种结构被称为冯·诺依曼体系结构。虽然这种结构奠定了计算机学科发展的基础,但是由于这种结构天生的缺陷,使得这种结构的计算机在并行处理、智能化等方面一直无所作为。为了摆脱这种瓶颈的约束,现在研制新的计算机系统就试图采用非冯·诺依曼的体系结构。

5) 第五代——智能计算机

智能计算机的主要特征是具备人工智能,能像人一样思维,并且运算速度极快,其硬件系统支持高度并行和快速推理,其软件系统能够处理知识信息。神经网络计算机(也称神经计算机)是智能计算机的重要代表。

6) 第六代——生物计算机

半导体硅晶片的电路密集,散热问题难以彻底解决,大大影响了计算机性能的进一步发挥与突破。遗传基因——脱氧核糖核酸(DNA)的双螺旋结构能容纳巨量信息,其存储量相当于半导体芯片的数百万倍。一个蛋白质分子就是一个存储体,而且阻抗低、能耗少、发热量极小。基于此,利用蛋白质分子制造出基因芯片,研制生物计算机(也称分子计算机、基因计算机),已成为当今计算机技术的最前沿。生物计算机比硅晶片计算机在速度、性能上有质的飞跃,被视为极具发展潜力的"第六代计算机"。

1.1.2   计算机的特点和分类

计算机是一种能进行数学运算的机器。有的用机械装置做成,如手摇计算机;有的用电子元件做成,如电子计算机。因为机械计算机已经被淘汰,所以我们今天说的计算机一般就是指电子计算机,其全称是通用电子数字计算机,"通用"是指计算机可服务于多种用途,"电子"是指计算机是一种电子设备,"数字"是指在计算机内部一切信息均用0和1的编码来表示。

电子计算机,最初是一种用电子技术来实现数学运算的计算工具。经过60多年的发展,现在计算机已不仅仅是一种计算工具了,它的应用基本上已经渗透到人类生活的各个方面。因此,比较贴近时代的定义应是:计算机是一种快速而高效地自动完成信息处理的电子设备。

计算机只是一种工具,在这一点上它和柴油机没有什么区别。使用了计算机之后,人们可以腾出更多的时间去做更多的事,可以把现有的事做得更快更好。科技以人为本,使用计算机的目的是为了给人们带来方便,其前提是必须熟练掌握计算机的操作方法,如果不熟悉计算机,使用计算机的结果将适得其反。因此,需要先了解计算机的特点和分类情况。

1. 计算机的特点

计算机之所以有这么广阔的应用领域，与它的强大功能是分不开的。同以往的计算工具及其他工具相比，它具有以下特点：

1）运算速度快

运算速度快是计算机的一个主要特点，这也是计算机最原始的用途。计算机的运算速度通常用每秒钟执行定点加法的次数或平均每秒钟执行指令的条数来衡量。计算机的运算速度已由早期的每秒几千次（如 ENIAC 机每秒钟仅可完成 5 000 次定点加法）发展到现在的最高可达每秒千亿次乃至十万亿次以上。过去人工需要几年、几十年才能完成的大量科学计算，使用计算机只需要几天、几个小时甚至几分钟就能完成。以圆周率（π）的计算为例，中国的古代科学家祖冲之利用算筹，耗费多年心血，才把圆周率计算到小数点后 7 位数。一千多年后，英国人香克斯以多年精力计算圆周率，才计算到小数点后 707 位。而现在交给计算机算，几个小时可计算到 10 万位以上。

正是由于计算机的运算速度不断提升，所以在航空航天、气象预报、军事、科学研究等领域发挥了越来越重要的作用。

2）精确度高

在理论上，计算机的计算精确度并不受限制，一般计算机运算精度均能达到 15 位有效数字，通过一定的技术手段，可以实现任何精度要求，比如前面提到的圆周率可以达到 10 万位以上的精确度。但是实际上，精确度受限于计算机的存储能力。

3）超强的记忆能力

计算机内部承担记忆职能的部件，称作存储器。大容量的存储器能够记忆大量信息，不仅包括各类数据信息，还包括加工这些数据的程序。一个计算机系统可以将一个大型图书馆所藏的几百万册图书的编目索引及书籍内容摘要等大量信息存入存储器，并建立自动检索系统，为读者提供方便、快捷的查询服务。

4）逻辑判断能力强

计算机的逻辑判断能力也就是因果分析能力，它能帮助用户分析命题是否成立以便作出相应对策。数学中有一个著名的四色问题，即任何地图，使相邻区域颜色不同，最多只需四种颜色就够了。100 多年来有不少数学家想证明它或者推翻它，由于其涉及到非常复杂的逻辑推理，现有的理论方法计算量非常大，因此一直没有结果。1976 年两位美国数学家终于使用计算机验证了这个猜想。

5）自动运行程序

计算机是自动化电子装置，在工作中无须人工干预，能自动执行存放在存储器中的程序。人们事先规划好程序后，向计算机发出指令，计算机即可帮助人类去完成那些枯燥乏味的重复性劳动。如网络数据的传输、网络的监控以及自动化机床、自动驾驶飞机等。这可能正是计算机的魅力所在。

2. 计算机的分类

由于计算机的发展太快，计算机分类的界线一直在不停地调整，也没有一个统一的标准。下面是几种常见的分类方法：

（1）按其处理信息的不同，电子计算机可分为数字计算机、模拟计算机，以及同时采用前两者功能的混合计算机。

　　模拟计算机是一种对电流、电压、温度等连续变化的物理量直接进行运算的计算机,主要由运算放大器、积分器、函数发生器、控制器、绘图仪等部件组成,专用于过程控制和模拟。数字计算机是一种以数字形式进行运算的计算机。由于当前广泛使用的是数字计算机,习惯上把电子数字计算机(Electronic Digital Computer)简称为电子计算机或者计算机。

　　(2) 按其用途,计算机可分为专用计算机和通用计算机。

　　专用计算机功能单一、适应性差,但在特定用途下最有效、最经济、最快捷;通用计算机功能齐全、适应性强,但效率、速度和经济性相对于专用计算机来说要低一些。

　　(3) 按其规模、性能和价格可分巨型计算机、大型计算机、中型计算机、小型计算机、微型计算机、单片机。

　　① 巨型计算机的体系设计和运作机制都与人们日常使用的个人电脑有很大区别,其运算速度快,每秒运算可达万亿次、百万亿次,乃至千万亿次以上。我国 1997 年研制成功的银河Ⅲ型、1999 年研制成功的"神威计算机"就是巨型计算机(如图 1.9),中国曙光信息产业有限公司 2008 年发布的超级计算机曙光 5000A,按照国际通行的计算机运行速度测试标准,它的运算速度超过每秒 160 万亿次,运算能力相当于世界第七。巨型计算机是一个国家工业水平的综合体现。

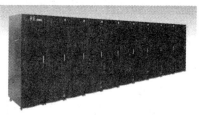

图 1.9　银河巨型计算机(左)和神威巨型计算机(右)

　　② 大型计算机的运算速度在每秒千亿次～几万亿次之间,仅次于巨型机,拥有完善的指令系统,丰富的外部设备和功能齐全的软件系统,主要用于计算机中心、计算机网络中心以及科学计算等。

　　③ 中型计算机规模和性能介于大型计算机和小型计算机之间。

　　④ 小型计算机规模较小,成本较低,很容易维护。在速度、存储容量和软件系统的完善方面占有优势。小型计算机的用途很广泛,既可以用于科学计算、数据处理,又可用于生产过程自动控制和数据采集及分析处理。

　　⑤ 微型计算机运用最广泛。微机产生于 20 世纪 70 年代后期。微型计算机的字长为 8～64 位,具有体积小、价格低、可靠性强、操作简单等特点。微型计算机的产生,极大地推动了计算机的应用和普及。由于其发展速度很快,现在它的运算速度,已达到或超过某些小型计算机的运算速度。

　　微型计算机的种类也很多,可以用不同的标准来划分和分类。

　　微型机按照生产厂家及微型机的型号可分为三大系列:IBM-PC 机及兼容机、IBM-PC 不兼容的苹果机、IBM 公司的 PS/2 系列。

　　按照微机采用的微型处理芯片来分,有 Intel(英特尔)芯片系列和非 Intel 芯片系列。IBM 系列机中微处理器采用的就是 Intel 芯片,目前较为流行是 P4、Celeron 等。非 Intel 芯片系列中,最常见的是 AMD 公司的芯片。

按照微处理器芯片一次能处理的数据位数可分为 16 位微机、32 位微机、64 位微机等。

⑥ 单片机(如图 1.10)就是一块单片的计算机,它把计算机正常工作所需要用的设备接口等全部集成在一个芯片上,并可以完成一些简单的工作。概括地讲:一块芯片就成了一台计算机。它的体积小、质量轻、价格便宜,为学习、应用和开发提供了便利条件。同时,学习使用单片机是了解计算机原理与结构的最佳选择。

图 1.10 单片机

1.1.3 计算机的主要应用领域

计算机应用的领域非常广泛,主要包括数值计算、过程控制、信息处理、计算机辅助设计与制造、人工智能等。

1. 数值计算(科学计算)

计算机的运算速度极快,可以有效地代替人工进行繁重的数值计算工作,不仅效率高,而且精度高,甚至能够完成人们因计算量太大而无法完成的工作。比如 1948 年美国有一项核反应堆控制的计算,预计需要 1500 个工程师用一年的时间才能完成,也就是 1500 人一年的工作量。后来采用了电子计算机(依目前的标准看其功能是相当差的),只用 150 小时就完成了。再如天气预报,要想预报准确,而且能够进行近期和中期的天气预报,要连续不断地在大气层中探测和采集大量的相关数据,再做极其复杂的运算,需要海量存储器和极高速的运算器,用人工是不可能实现的。目前我国的银河 10 亿次机已用于国家气象中心进行中期数值天气预报,对于延长预报时效,提高预报精度,增强对台风、暴雨、干旱等严重灾害性天气的监测预报能力,提供趋利避害的决策依据,发挥了重要作用。

此外,计算机还广泛用于卫星轨道、导弹弹道的计算,火箭、飞机、汽车等复杂机械结构强度的计算,桥梁、水坝应力的计算等。

2. 过程控制

生产和其他过程的自动控制,是计算机应用的一个重要领域。通过传感器、模/数转换、数/模转换和伺服机构等装置,计算机可以感知和控制生产过程中的几何尺寸、时间、温度、压力等各种工艺参数,在机械加工、石油、化工、冶炼等许多领域得到广泛应用,并可形成由计算机控制的自动化流水线,实现优质、高产、低耗、节能,大大提高劳动生产率和产品质量。以轧钢为例,一台年产 200 万吨的标准带钢轧机用人工控制,每周产量不过 500 吨,采用计算机控制,每周可达 5 万吨,工效提高 100 倍。利用机器人承担危险(例如放射性环境)、单调的工作,可以保证职工的安全,解放劳动力,使其从事更有创造意义的工作。利用数控机床以及由数控机床组成的柔性生产线,可以为产品的升级换代和改型提供极大的方便。它能节约大量的工艺装备,极大地缩短新产品研制的周期,同时保证和提高产品的精度。

3. 信息处理

信息处理是目前计算机应用最广泛的方面。信息处理泛指非科技、工程方面的数据处理,包括制表、统计、排序、检索、文字编辑等,广泛应用于企业管理、人事管理、财务管理、物资管理、情报检索等诸多领域。其特点是要处理的原始数据量大,计算相对简单,逻辑运算与判断较多,文字处理及报表的形式较多。

计算机信息管理通过计算机信息系统实施,通常分为事务处理系统、管理信息系统和决策支持系统等三个层次。

事务处理系统通常指基层部门使用的数据处理系统。它主要处理反映事务流程的数据，比如财务管理系统、库存管理系统、教学管理系统等。它通过使用计算机代替人工处理大量数据，可以大大提高工作效率、工作质量和数据处理的规范性，是进一步开发管理信息系统的基础性工作。

管理信息系统是将一个单位或部门的各个事务处理子系统集中起来，组成一个有机的整体。各个子系统之间互相联系，共享信息，从整体出发，进行综合分析和处理，并可为预测和决策提供必要的信息，是一种更全面的具有更强管理功能的信息系统，适用于中层管理部门。

决策支持系统是建立在事务处理系统和管理信息系统之上的高层次信息系统。它的着眼点是为整个企业或部门的发展和长远目标提供决策服务。它把数据处理、运筹学、数学模型模拟等技术结合起来，进行优化、计算、分析、判断及推理，为决策者制订最佳方案提供有效的支持，适用于高层管理部门。

4. 计算机辅助设计与制造

以往设计一个新产品，不仅要做大量繁琐的计算，还要绘制大量的图纸，设计制造大量的工艺装备，经过许多工序才能生产出样机。有了样机才能检验其外观及性能，对不足之处再进行修改。有时要往返多次上述过程，才能达到预期目标。而利用计算机及其外部设备高速的数值计算能力和强大的图形处理以及模拟、控制功能，利用计算机软件中的大量技术资料，可以对飞机、汽车、船舶、机械、集成电路等机电产品和建筑、桥梁、矿井等工程进行计算机辅助设计(CAD)和计算机辅助制造(CAM)，直接模拟其外观并随意修改，同时验证其各种技术指标。从而大大减轻工程技术人员繁重的脑力劳动，大大加快设计与制造的周期，保证并提高产品及工程的质量。利用计算机辅助测试(CAT)技术也可以对不同的产品进行辅助测试等。

除此之外，利用计算机辅助教学(CAI)制作的多媒体课件可以使教学内容生动、形象逼真，取得良好的教学效果。通过交互方式的学习，可以使学员自己掌握学习的进度、进行自测，方便灵活，满足不同层次学员的要求。

5. 人工智能

人工智能是研究使用机器模拟人的智力活动的科学。它将人对外界的感知和人脑进行的演绎推理的思维过程、规则和采取的策略、技巧编制成计算机程序，利用在计算机中存储的理论和规则自动寻求解决方法。人工智能的研究领域包括模式识别(比如语音和图像的识别)、语义理解、知识获取、知识表示、机器翻译、专家系统等，目前已经取得了一些进展并开始应用。比如把国际象棋的对弈规则及著名棋手的经验编制成程序存入计算机，可以与人对弈。据报道，最高级的"计算机棋手"已达到国际特级大师的水平。人工智能是难度很大但又极有发展前途的一个计算机应用领域。

6. 计算机通信(电子邮件、IP电话等)

计算机通信是计算机应用最为广泛的领域之一。它是计算机技术和通信技术的高度发展、密切结合的一门新兴科学。国际互联网Internet已经成为覆盖全球的信息基础设施，在世界的任何地方，人们都可以彼此进行通信，如收发电子邮件、传输文件、拨打IP电话、视频聊天等。国际互联网还为人们提供了内容广泛、丰富多彩的信息。

7. 电子商务

电子商务是指依托于计算机网络而进行的商务活动。如银行业务结算、网上购物、网上交易等。它是近年来新兴的、也是发展最快的应用领域之一。

8. 休闲娱乐

使用计算机玩电子游戏、听音乐、看 VCD,已经成为人们休闲娱乐的主要内容之一。

总之,计算机的应用已渗透到社会的各个领域,在现在与未来,对人类的影响将越来越大。整个社会中计算机是无处不在的,社会也已经被计算机化了。

1.1.4 现代计算机的发展趋向

当前计算机的发展趋势是向巨型化、微型化、网络化和智能化方向发展。

1. 巨型化(或功能巨型化)

为占领世界巨型机领域的制高点,夺取信息技术优势,世界各发达国家,特别是美国和日本,不惜投入大量的人力、物力和财力,发展巨型计算机。巨型计算机主要用于尖端科学技术和军事国防系统的研究开发。

巨型计算机的发展集中体现了计算机科学技术的发展水平,推动了计算机系统结构、硬件和软件的理论和技术、计算数学以及计算机应用等多个科学分支的发展。

2. 微型化(或体积微型化)

20 世纪 70 年代以来,由于大规模和超大规模集成电路的飞速发展,微处理器芯片连续更新换代,微型计算机连年降价,加上丰富的软件和外部设备,操作简单,使微型计算机很快普及到社会各个领域并走进了千家万户。

随着微电子技术的进一步发展,微型计算机将发展得更加迅速,其中笔记本型、掌上型等微型计算机必将以更优的性能价格比受到人们的欢迎。

3. 网络化(或资源网络化)

网络化是指利用通信技术和计算机技术,把分布在不同地点的计算机互联起来,按照网络协议相互通信,以达到所有用户都可共享软件、硬件和数据资源的目的。现在,计算机网络在交通、金融、企业管理、教育、邮电、商业等各行各业中得到广泛的应用。

目前各国都在开发三网合一的系统工程,即将计算机网、电信网、有线电视网合为一体。将来通过网络能更好地传送数据、文本资料、声音、图形和图像,用户可随时随地在全世界范围拨打可视电话或收看任意国家的电视和电影。

4. 智能化(或处理智能化)

智能化就是要求计算机能模拟人的感觉和思维能力,也是第五代计算机要实现的目标。智能化的研究领域很多,其中最有代表性的领域是专家系统和机器人。目前已研制出的机器人可以代替人从事危险环境的劳动。能够像人类的专家那样解决某些专业范围内的问题的智能计算机软件系统称为专家系统,如运算速度为每秒约十亿次的"深蓝"计算机专家系统在 1997 年战胜了国际象棋世界冠军卡斯帕罗夫。

展望未来,计算机的发展必然要经历很多新的突破。从目前的发展趋势来看,未来的计算机将是微电子技术、光学技术、超导技术和电子仿生技术相互结合的产物。第一台超高速全光数字计算机,已由欧盟的英国、法国、德国、意大利和比利时等国的 70 多名科学家和工程师合作研制成功,光子计算机的运算速度比电子计算机快 1 000 倍。在不久的将来,超导计算机、神经网络计算机等全新的计算机也会诞生。届时计算机将发展到一个更高、更先进的水平。

1.2 计算机的信息表示

信息是人们表示一定意义的符号的集合。它可以是数字、文字、图形、图像、动画、声音等，是人们用以对客观世界直接进行描述、可以在人们之间进行传递的一些知识。数据是指人们看到的形象和听到的事实，是信息的具体表现形式，是各种各样的物理符号及其组合，它反映了信息的内容。数据的形式要随着物理设备的改变而改变，可以在物理介质上记录或传输。数据只有通过外围设备输入到计算机，才能被计算机处理并得到结果。

1.2.1 计算机常用数制及其相互转换

计算机所能处理的只能是电信号，因而，数据必须转换成计算机能够识别的电信号，才能被计算机处理。电信号通常是以电压值来表示其大小，如果简单地用电压值的高与低来表示数据 0 和 1，那么电子线路的实现是非常方便的，这也是计算机使用二进制的原因。

但是人们最熟悉的是十进制，它们之间有何关联、如何转换呢？

1. 数制

数制是用一组固定的数字(数码符号)和一套统一的规则来表示数值的方法。任何一种数制，都具有以下 3 个要点，详见表 1.1。

表 1.1　不同进制的特点

进制	数基	数码	进位规则	位权
二进制	2	0、1	逢二进一	2^i
十进制	10	0、1、…、9	逢十进一	10^i
十六进制	16	0、1、…、9、A、B、C、D、E、F	逢十六进一	16^i
R 进制	R	0、1、…	逢 R 进一	R^i

(1) 数基及使用的数码：十进制数基为 10，有 10 个数码{0,1,…,9}；二进制数基为 2，有 2 个数码{0,1}；十六进制数基为 16，有 16 个数码{0,1,…,9,A,B,…,F}；R 进制数基为 R，有 R 个数码……。

(2) 进位规则：十进制逢十进一；二进制逢二进一；R 进制逢 R 进一。

(3) 位权：位权表示不同数位上的数码对整个数贡献的大小，它用以基数 R 为底的幂表示，并且规定：小数点左边第 1 位的位权为 R^0，第 2 位的位权为 R^1，……，第 i 位的位权为 R^{i-1}；小数点右边第 1 位的位权为 R^{-1}，第 2 位的位权为 R^{-2}，……，第 i 位的位权为 R^{-i}。

人们日常使用十进制，但计算机内部则使用二进制。由于二进制和十六进制之间有着简明的对应关系，极易转换，人和计算机也常用十六进制的形式来表示二进制数据。因此，十进制、二进制和十六进制是计算机领域最常用的进位制。

例如，十进制数 161.1，表示该数由 1 个 10^2、6 个 10^1、1 个 10^0 和 1 个 10^{-1} 组成。即：

$$161.1 = 1 \times 10^2 + 6 \times 10^1 + 1 \times 10^0 + 1 \times 10^{-1}$$

该式称为十进制数 161.1 的按位权展开式。

一般地，对于任意一个 R 进制数：

$$d_n d_{n-1} \cdots d_1 d_0 . d_{-1} d_{-2} \cdots d_{-m}$$

均可按权展开为(即按权展开式):

$$d_n \times R^{n-1} + d_{n-1} \times R^{n-2} + \cdots + d_1 \times R^1 + d_0 \times R^0 + d_{-1} \times R^{-1} + d_{-2} \times R^{-2} + \cdots + d_{-m} \times R^{-m}$$

2. 数制间的相互转换

为了便于区分数的进位制,以后我们用符号$(N)_R$来表示数N是R进制的。例如,$(123)_{16}$表示16进制数123。16进制数也可以加后缀H来表示:123H。

1) 二(十六)进制转换为十进制

转换方法:按照按位权展开式展开,求和。

例1.1　　分别将$(10110)_2$和$(A1F)_{16}$转换为十进制数。

$$(10110)_2 = 2^4 + 2^2 + 2^1 = 16 + 4 + 2 = (22)_{10}$$

$$(A1F)_{16} = A \times 16^2 + 1 \times 16^1 + F \times 16^0$$
$$= 10 \times 16^2 + 1 \times 16^1 + 15 \times 1 = 2560 + 16 + 15 = (2\,591)_{10}$$

2) 十进制转换为二(十六)进制

转换方法:整数部分除2(16)取余,余数逆排;小数部分乘2(16)取整,整数顺排。

例1.2　　将$(46.25)_{10}$分别转换为二进制数和十六进制数。

转换为二进制:

整数部分:

$46 \div 2 = 23$　　$\cdots 0$

$23 \div 2 = 11$　　$\cdots 1$

$11 \div 2 = 5$　　$\cdots 1$

$5 \div 2 = 2$　　$\cdots 1$

$2 \div 2 = 1$　　$\cdots 0$

$1 \div 2 = 0$　　$\cdots 1$

小数部分:

$0.25 \times 2 = 0.5$　$\cdots 0$

$0.5 \times 2 = 1.0$　$\cdots 1$

所以,$(46.25)_{10} = (101110.01)_2$

转换为十六进制:

整数部分:

$46 \div 16 = 2$　　$\cdots 14$

$2 \div 16 = 0$　　$\cdots 2$

小数部分:

$0.25 \times 16 = 4.0$　　$\cdots 4$

所以,$(46.25)_{10} = (2E.4)_{16}$

十进制整数还可以用一种简洁的方法将其转换成二进制,即按二进制的位权将十进制数由大位权到小位权分解,而后将对应位权位置1,其余置0,如下例所示:

128	64	32	16	8	4	2	1

$(173)_{10} = 128$　　$+32$　　$+8$　$+4$　　$+1$

1	0	1	0	1	1	0	1

则,$(173)_{10} = (10101101)_2$

3) 二进制转换为十六进制

转换方法:从小数点位置向两边,每四位为一组分组,每组用一位十六进制数替代。

例1.3　将$(10111011101)_2$转换为十六进制数。

$$(10111011101)_2 = (\underline{101}\ \underline{1101}\ \underline{1101})_2 = (5DD)_{16}$$

4）十六进制转换为二进制

转换方法：将十六进制数的每一位用对应的四位二进制数替代。

例 1.4　将 $(4D6)_{16}$ 转换为二进制数。

$$(4D6)_{16} = (0100\ 1101\ 0110)_2 = (10011010110)_2$$

如果能熟记一位十六进制数与四位二进制数的对应关系（如表 1.2），则二进制和十六进制之间的转换是非常方便的。

表 1.2　三种常用数制对照表

十进制	二进制	十六进制	十进制	二进制	十六进制
0	0000	0	8	1000	8
1	0001	1	9	1001	9
2	0010	2	10	1010	A
3	0011	3	11	1011	B
4	0100	4	12	1100	C
5	0101	5	13	1101	D
6	0110	6	14	1110	E
7	0111	7	15	1111	F

1.2.2　数据与编码表示

数据可以是数字（如职工工资），可以是文字（如人的姓名），也可以是一串特定的符号（如日期、时间），还可以是声音、图片、图像等。为了能让计算机来处理上述各种形式的数据，就必须要将这些数据按一定的规则转换成计算机能够识别和处理的二进制代码，这种转换就叫做编码。

不同的数据形式有不同的编码方法，比如数字数据和字符数据的编码方法是不同的。相同的数据也可以有不同的编码方法，比如在 CD 光碟和 MP3 播放器上都有某歌手某次演唱的一首歌曲，但分别采用了两种不同编码来记录。为了更好地理解数据编码，首先需要了解数据单位、数据存储形式及常见的数据类型。

1. 数据单位与存储形式

位（bit）是二进制数的最基本单位，也是计算机存储信息的最小单位，8 位二进制数（8 bits）称为一个字节（byte）。当一个数作为一个整体存入或取出时，这个数叫做存储字。存储字可以是一个字节，也可以是若干个字节。若干个记忆单元组成一个存储单元，大量的存储单元的集合组成一个存储体（Memory Bank）。

bit 通常用来作为最小数据计算或传输的单位；byte 通常用来作为文件大小的单位。byte 通常简写为 B（大写），而 bit 通常简写为 b（小写）。常用数据量单位及其关系如下：

1 B＝8 bits

1 KB ＝ 1024 bytes ＝ 2^{10} bytes

1 MB ＝ 1024 KB ＝ 2^{20} bytes

1 GB ＝ 1024 MB ＝ 2^{30} bytes

1 TB = 1024 GB = 2^{40} bytes

数据在计算机中的存储形式就是一串形似 100101001100101010 的二进制代码。能够输入到计算机中的数据,不论是数字、文字、还是声音、图形、图像等,最终都要转换成二进制数存放在存储器中。为了对内存中的数据进行有效的管理和存取,把内存看作由许多存储单元组成,给每个存储单元一个唯一的序号,并称之为"地址"。通过地址就可以从对应的存储单元取出数据("读出")或向对应的存储单元存入数据("写入")。微机的内存是按字节编址的,即每一个存储单元存放一个字节的数据。而内存的地址也是二进制数,从 0 开始,书写格式为十六进制数。

2. 常见的数据类型

如前所述,现实世界中的数据形式是多种多样的,而计算机却只能识别二进制代码,通过对数据进行编码,似乎解决了这一矛盾。但实际上问题并没有得到彻底的解决。请看图 1.11 所示的内存块(4 个字节)中的内容。能确定该内存块中存放的是什么吗? 不能! 因为它可能是四个字符"AAaa",可能是四个整数 41H、41H、61H 和 61H,也可能是两个整数 4141H 和 6161H,还可能是某幅图片中的一个点,……。但是,如果说"该内存块中存放的是一些字符",则

内存地址	存放的数据
1000H:	01000001
1001H:	01000001
1002H:	01100001
1003H:	01100001

图 1.11　内存中的数据

可以确定它们是"AAaa";如果说"该内存块中存放的是一些两字节的整数",则可以确定它们是 4141H 和 6161H(即 16705 和 24929)。这里所说的"字符"、"两字节整数"就是数据类型。数据类型是存储和处理数据所必需的附加信息,有了它,系统就能够对其内部"千篇一律"的二进制代码做出正确的解释,从而使得计算机能够模拟纷繁的大千世界。

现实世界中数据形式的多样性,决定了计算机中数据类型的多样性。下面简单介绍几种常用的数据类型。

1) 数值型

数值型数据用来表示具有数字特征、可以进行算术运算的数据,只能由数字、小数点、正负号及其他特别约定的符号构成。如年龄 18 岁,月薪 1980.50 元等。

根据要处理的数值的范围大小和精度的高低,数值型数据又可以进一步分为:

(1) 字节型整数:一个字节为一个整数,表示范围为 −128～127。

(2) 整型数:一般是两个字节为一个整数,表示范围为 −32768～32767。

(3) 长整型数:一般是四个字节为一个整数,表示范围为 −2147483648～2147483647。

(4) 浮点型数:也叫实型数,可以表示小数,用四个字节表示的浮点数是单精度型数,而用八个字节表示的浮点数则是双精度型数,它们表示的数值范围和精度不同。

2) 字符型

字符型数据用来表示文本特征的数据,可由英文字符、数字及中文字符组成。例如,"Word2003"、"安徽财经大学"等等。

字符型数据之间不能进行算术运算,但是可以进行连接运算和比较运算(对字符按字符的 ASCII 码进行大小比较,而对汉字则是按拼音音序进行大小比较)。

3) 日期型

日期型数据一般用于表示日期。由数字、"-"、"/"等字符组成。例如,09/11/2001、05-12-2008 等等。

可以将系统默认的日期型数据的格式设置成为"月/日/年"(MM/DD/YY)或月-日-年(mm-dd-yy),长度默认为 8 个字节,但也可以使用 10 个字节,如:MM/DD/YYYY。

两个日期型数据可以进行大小比较,日期在前的为小,日期在后的为大。两个日期型数据之间可以进行减法运算,结果为数值型数据。日期型数据还可以加或减一个数值型数据,结果仍然是日期型数据。这些运算中使用的数值型数据,均表示两个日期间相差的天数。

4) 逻辑型

逻辑型数据用来表示非此即彼的数据,它只有两个值,逻辑真(true)和逻辑假(false),长度为 1~2 字节。逻辑型数据之间只能进行逻辑运算,如逻辑与、逻辑或、逻辑非等。

3. 数值数据的编码表示

数值型数据包括整数、实数,这些数据都必须转换成二进制数才能存入计算机,那么如何区分数的正负? 如何表示小数?

1) 整数表示方法

通过进制转换,我们可以在计算机内存储任何正整数,但是负数的符号如何存储呢? 为了解决负数存储的问题,一般数值型数据都是以二进制补码的形式存储的。

所谓二进制补码实际上就是用最高位表示符号的一种编码形式。为了简单起见,我们采用 8 位二进制举例。其公式如下:

$$[x]_{补}=\begin{cases}(x)_2 & \text{当 } x\geqslant 0 \\ (x)_2 \text{ 取反,末位}+1 & \text{当 } x<0\end{cases}$$

$(x)_2$ 表示 x 转换为二进制的 01 序列

如:$[100]_{补}=01100100$;

$[-100]_{补}=\{01100100\}_{取反}+1=10011011+1=10011100$

在计算机里的有符号数通常规定,正数最高位为 0;而负数最高位为 1。

那么如果已知一个补码,其对应的原数又是多少呢? 可以通过下面的公式转换:

$$X=\begin{cases}x & \text{当}[x]_{补}\text{最高位为 }0 \\ -([x]_{补}=\text{相反,末位}+1) & \text{其他}\end{cases}$$

由于补码为二进制 01 序列,一般都转换为十进制形式。如:

若:$[x]_{补}=01100100$,则 $x=(01100100)_2=100$;

若:$[x]_{补}=10011100$,则 $x=-(\{10011100\}_{取反}+1)_2=-(01100011+1)_2=-(01100100)_2=-100$

2) 实数的表示方法

实数在计算机中一般称为浮点数。浮点数的表示方法类似科学计数法,即把任意一个数通过移动小数点位置表示成阶码和尾数两部分:

$$N=\pm M * R^{\pm E}$$

其中:M 为该浮点数的尾数;E 为该浮点数的阶码(含阶码的符号位);R 阶码的基数。如图 1.12 所示。

为了解决小数的浮动带来的问题,计算机中一般用规格化小数来表示浮点数,即当 $0.5\leqslant M<1$ 称该浮点数是规格化的。阶码决定浮点数表示的范围,尾数决定浮点数的有效位数,也就是浮点数的精度。

$\begin{matrix}+\\-\end{matrix}$	M	$\begin{matrix}+\\-\end{matrix}$	E

图 1.12 实数存储格式

4. ASCII 字符的编码表示

同样,非数值型数据也要转换成二进制,其中:声音、图片、图像等非数值型数据的编码非常复杂,就不在这里介绍了。本节只简要介绍文字信息的编码。

ASCII(American Standard Code for Information Interchange)是美国信息交换标准代码,也是国际上通用的英文字符编码。为了和国际标准兼容,我国根据它制定了国家标准GB1988。GB1988 给出了 128 个字符(10 个数码,26 个英文字母的大写和小写,32 个标点及其他专用符号,34 个控制字符)的编码。在 GB1988 中,每个字符用 7 位二进制数 $(D_6 D_5 D_4 D_3 D_2 D_1 D_0)$ 表示,以一个字节(8 位)来存储(最高位 D_7 为 0)。具体编码如表 1.3 所示。

从表 1.3 可查得,"A"的 ASCII 码为 1000001(从"A"所在的列查得 $D_6 D_5 D_4 = 100$,从"A"所在的行查得 $D_3 D_2 D_1 D_0 = 0001$)。转换为十进制是 $(65)_{10}$,十六进制是 $(41)_{16}$。

由表 1.3 可见,字符 ASCII 码值大小的基本规律是:

空格(SP)$<$0$\sim$9$<$A$\sim$Z$<$a$\sim$z

表 1.3 基本 ASCII 码表

$D_3 D_2 D_1 D_0$ \ $D_6 D_5 D_4$	000	001	010	011	100	101	110	111
0000	NUL	DLE	SP	0	@	P	`	p
0001	SOH	DC1	!	1	A	Q	a	q
0010	STX	DC2	"	2	B	R	b	r
0011	ETX	DC3	#	3	C	S	c	s
0100	EOT	DC4	$	4	D	T	d	t
0101	ENQ	NAK	%	5	E	U	e	u
0110	ACK	SYN	&	6	F	V	f	v
0111	BEL	ETB	'	7	G	W	g	w
1000	BS	CAN	(	8	H	X	h	x
1001	HT	EM	)	9	I	Y	i	y
1010	LF	SUB	*	:	J	Z	j	z
1011	VT	ESC	+	;	K	[	k	{
1100	FF	FS	,	<	L	\	l	|
1101	CR	GS	-	=	M	]	m	}
1110	SO	RS	.	>	N	^	n	~
1111	SI	US	/	?	O	_	o	DEL

5. 国标汉字的编码表示

与英文等拼音文字相比,汉字的编码要复杂得多。由于汉字的特殊性和计算机软硬件系统本身的特点,使得汉字在输入、输出、存储和处理等不同环节要使用不同的编码。

　　1) 汉字的输入码

　　汉字成千上万个,而键盘只有百十个键,不可能在键盘上为每一个汉字都做一个键,因此利用现有键盘来输入汉字时,必须要为汉字编制输入码。

　　国内外已经研制出的汉字输入编码方法有许多。归纳起来,可以分为如下几类:

　　(1) 数码:以数字作为汉字输入编码。如区位码、电报码等。

　　(2) 音码:以汉字的拼音或拼音缩写及数字作为汉字输入编码。如智能狂拼、智能 ABC、微软全拼等。

　　(3) 形码:以汉字的结构特征或笔画形状等为依据编制的汉字输入编码。如五笔字型、表形码等。

　　(4) 混合码:根据汉字的读音和形状特征而编制的汉字输入编码。如音形码、快速码等。

　　目前,在一台能够处理中文信息的计算机上,一般都会安装多种常用的汉字输入方法,对于一般用户而言,学会其中的任何一种就行了。

　　2) 汉字交换码

　　汉字交换码是汉字信息处理系统之间或者通信系统之间进行汉字信息交换时使用的汉字编码。目前使用的汉字交换码有 GB2312—80、GB18030—2000、BIG5 和 UNICODE。

　　(1) GB2312—80 码是中华人民共和国国家汉字信息交换用编码(所以又称为"国标码"),全称《信息交换用汉字编码字符集—基本集》,由国家标准总局发布,1981 年 5 月 1 日实施,通行于大陆。新加坡等地也使用此编码。GB2312—80 收录简化汉字及符号、字母、日文假名等共 7 445 个图形字符,其中汉字占 6 763 个(一级汉字 3 755 个(拼音序),二级汉字 3 008 个(部首序)),数字、希腊字母等其他字符 682 个。GB2312—80 规定"对任意一个图形字符都采用两个字节表示,每个字节均采用七位编码表示"(每个字节仅用低 7 位,最高位为 0),习惯上称第一个字节为"高字节",第二个字节为"低字节"。GB2312—80 包含了大部分常用的一、二级汉字。该字符集是几乎所有的中文系统和国际化的软件都支持的中文字符集,这也是最基本的中文字符集。

　　(2) GB18030—2000,这是 2000 年颁布的,全名是《信息技术信息交换用汉字编码字符集基本集的扩充》。GB18030—2000(GBK2K)在 GBK 的基础上进一步扩展了汉字,增加了藏、蒙等少数民族的字形。而 GBK 是 GB2312—80 的扩展,它包含了 20 902 个汉字。GB18030—2000,基本解决了人名、地名用字问题。

　　(3) BIG5 也称大五码,是港台地区使用的汉字交换码,每个字由两个字节组成。该码表总计收入 13 868 个字 (包括 5 401 个常用字、7 652 个次常用字、7 个扩充字、以及 808 个各式符号)。

　　(4) UNICODE 编码。随着国际互联网的迅速发展,要求进行数据交换的需求越来越大,不同的编码体系越来越成为信息交换的障碍,而且多种语言共存的文档不断增多,单靠代码页已很难解决这些问题,于是 UNICODE 应运而生。UNICODE 是对国际标准 ISO/IEC10646 编码的一种称谓(ISO/IEC10646 是一个国际标准,亦称大字符集,它是 ISO 于 1993 年颁布的一项重要国际标准,其宗旨是全球所有文种统一编码)。目前版本 V2.0 于 1996 公布,内容包含符号 6 811 个,汉字 20 902 个,韩文拼音 11 172 个,造字区 6 400 个,保留 20 249 个,共计 65 534个。目前,在网络、Windows 系统和很多大型软件中得到应用。

3）汉字机内码

汉字机内码是在计算机内部对汉字进行存储和处理时使用的编码。在一个系统中,一个汉字字符的输入码可能有许多形式,但其机内码是唯一的。无论用户使用何种方式输入汉字——使用不同的输入码,系统都会自动地将输入码转换成对应的机内码。

汉字机内码也是由两个字节组成,一般是相应国标码的简单变形,即字节的高位置成 1,其目的是使其与西文字符编码有区别,以免发生识别上的冲突,从而使得系统能够中西文兼容。

4）汉字字形码与字库

汉字的显示和打印是根据事先设计好的字形点阵进行的。字形点阵需要保存在计算机的存储设备中,但计算机只能识别二进制代码,所以需要将字形点阵编码。字形点阵的编码就是字形码,字形码的集合称为字库。图 1.13 是“人”字的 16×16 字形点阵及其字形码(十六进制)。

一个汉字 16×16 点阵的字形码占用 32 个字节(16÷8× 16),存放 GB2312—80 的 7445 个字符的 16×16 点阵字库约需要 230KB 的存储空间。

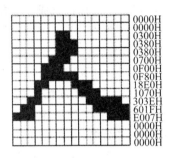

图 1.13　“人”字的字形点阵及其字形码

1.3　计算机硬件系统

一个完整的计算机系统是由硬件系统和软件系统两部分组成的,硬件(hardware)也称硬设备,是计算机系统的物质基础。软件(software)是指所有应用计算机的技术,是些看不见摸不着的程序和数据,但你能感到它的存在,它是介于用户和硬件系统之间的界面;硬件是软件建立和依托的基础,软件是计算机系统的灵魂。没有软件的硬件“裸机”不能供用户直接使用。而没有硬件对软件的物质支持,软件的功能则无从谈起。所以把计算机系统当作一个整体来看,它既含硬件,也包括软件,两者不可分割。硬件和软件相互结合才能充分发挥电子计算机系统的功能。

1.3.1　计算机硬件结构

计算机的硬件结构指的是组成计算机的各种电子设备之间的搭配与排列。经典的计算机结构有两种,即冯·诺依曼结构和哈佛结构,哈佛结构是一种将程序指令存储和数据存储分开的存储器结构,由于哈佛结构是一种非主流的计算机结构,因而本节不作介绍。

1. 冯·诺依曼结构

数学家冯·诺依曼(Von Neumann),20 世纪 40 年代他参与设计了第一台数字计算机(ENIAC),于 1945 年首先提出了“存储程序”的概念和原理,后来,人们把利用这种概念和原理设计的电子计算机系统统称为“冯·诺依曼结构”计算机。冯·诺依曼结构的处理器使用同一个存储器,经由同一个总线传输。冯·诺依曼结构的计算机硬件系统结构如图 1.14 所示。

冯·诺依曼结构处理器具有以下几个特点:

(1) 必须有一个存储器;

(2) 必须有一个控制器;

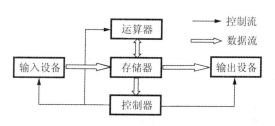

图 1.14 计算机系统的硬件组成

（3）必须有一个运算器；

（4）必须有输入和输出设备。

下面对图 1.14 中所示的硬件功能简要介绍。

1）运算器

运算器是计算机中进行算术运算和逻辑运算的部件，通常由算术逻辑运算部件（ALU）、累加器及通用寄存器组成。主要功能是完成各种算术运算和逻辑运算，如加、减、乘、除、逻辑判断、逻辑比较等。

2）控制器

相当于计算机的指挥中心，它负责控制和指挥计算机中的各个部件协调工作。通常由指令部件、时序部件及操作控制部件组成。主要功能是从存储器中取出指令、分析指令，并且按照先后顺序向计算机中的各个部件发出控制信号，指挥它们完成各种操作。

3）存储器

存储器是用来存储数据和程序的"记忆"装置。计算机中的全部信息，包括数据、程序、指令以及运算的中间数据和最后的结果都要存放在存储器中。

4）输入设备

输入设备是将数据信息和程序，通过计算机接口电路转换成电信号，顺序地送入计算机存储器中进行处理的设备。目前常用的设备有键盘，扫描仪，磁带输入机，光笔，CD-ROM 和视频摄像机等。

5）输出设备

输出设备是用来将计算机中处理后的数据、程序和图形等转换成为人们能够识别的形式显示出来的设备。常用的输出设备有显示器、打印机、绘图仪、音响设备等。有些设备既可以作为输入设备，又可以作为输出设备。如软盘驱动器、硬盘、磁带机等。

冯·诺依曼的主要贡献就是提出并实现了"存储程序"的概念。由于指令和数据都是二进制码，指令和操作数的地址又密切相关，因此，当初选择这种结构是自然的。但是，这种指令和数据共享同一总线的结构，使得信息流的传输成为限制计算机性能的瓶颈，影响了数据处理速度的提高。

当前计算机基本上采用的仍然是冯·诺依曼结构，这种结构计算机的工作原理最重要之处是"程序存储"。这一原理确定了当前计算机的基本组成和工作方式。

上面提到的计算机指令就是用来控制计算机，告诉计算机怎样进行操作的命令。而指令系统（Instruction Set）就是一台计算机所有能够执行的指令的集合。程序是由若干条指令按照一定逻辑组成的。计算机的工作过程就是执行程序的过程，程序中的每一条指令都是指示计算机"做什么"和"如何做"的，只要这些指令能被计算机理解则将程序装入计算机并启动该程序后，计算机便能自动按编写的程序一步一步地取出指令，根据指令的要求控制机器各个部分运行。这样计算机按照程序就能完成和解决一些问题了。

一条计算机的指令一般由两部分组成：一部分指出应该执行什么样的操作，另一部分指出该操作作用的对象是谁。打个比方："同学们学习计算机课程"这句话如果变成计算机指令就是：

学习 同学们,计算机课程

"学习"就是操作码,告诉计算机这条指令作什么样的操作。

"同学们,计算机课程"就是两个操作数,是操作码的施动者和被动者。

按冯·诺依曼思想,计算机的每一条指令的执行过程又可划分为如下四个基本操作:

(1) 取出指令:从存储器的某个地址中取出要执行的指令;

(2) 分析指令:把取出的指令送到指令译码器中,译出指令对应的操作;

(3) 执行指令:向各个部件发出控制信号,完成指令要求;

(4) 为下一条指令作好准备。

2. 微型计算机结构

微型计算机结构也属于冯·诺依曼结构,但在结构上有自己的特点,例如,微机将控制器和运算器集成到一起形成 CPU,并在其内部增加了高速缓冲存储器和诸多的寄存器;各种设备之间的连接通过总线和接口来实现;将多种总线和接口集中放在一块主板上,从而便于 CPU、存储器、键盘、鼠标、显卡、网卡等设备的连接等。

微型计算机硬件系统由 CPU、存储器、各种输入/输出接口电路以及系统总线组成。

微型机的总线系统结构如图 1.15 所示。CPU 和存储器以及外部设备之间的连接都是通过总线的,总线是它们数据和信息交换的通道。

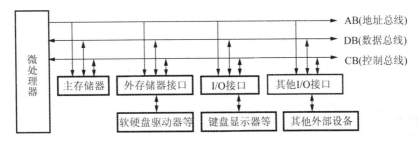

图 1.15　微型机的总线结构图

3. 多媒体计算机

微型计算机包括商用微机和家用微机两种,一般来说,家用微机基本上都是多媒体计算机(MPC)。

多媒体计算机(Multimedia Computer)使个人计算机除能处理文字和数据之外,还具有处理输入、输出音频信号、视频信号的功能,能得到高品质的声音和图像画面。它同时具有电视机、录像机、卡拉 OK、游戏机、激光播放机、计算机等多种功能,可以通过计算机进行工程设计、绘图、技术咨询、信息处理。当它应用现代网络技术,通过光缆、现代通信设备与数据库联网后,可传送、接收和处理各种信息,实现远距离控制。简单地说,多媒体计算机就是兼有录音、播放音乐、播放电影、图像采集等功能的通用计算机。

第一台多媒体计算机出现于 1985 年,多媒体计算机一般由四个部分构成:

(1) 多媒体硬件平台:包括计算机硬件、声像等多种媒体的输入输出设备和装置(包括光驱、声卡、音箱、麦克风、图文电视解压卡、图像采集卡等);

(2) 多媒体操作系统(MPCOS);

(3) 图形用户接口(GUI);

(4) 支持多媒体数据开发的应用工具软件。

多媒体计算机可分为：家电制造厂商研制的电视计算机（Teleputer）和计算机制造厂商研制的计算机电视（Compuvision）。

随着多媒体计算机应用越来越广泛，在办公自动化、计算机辅助工作、多媒体开发和教育宣传等领域，多媒体计算机都发挥着重要作用。

1.3.2　输入设备

输入设备是计算机接受外来信息的设备，人们用它来输入程序、数据和命令。在传送过程中，它先把各种信息转化为计算机所能识别的电信号，然后传入计算机。键盘、鼠标、扫描仪、光笔、手写输入板、游戏杆、语音输入装置、数码相机、数码录像机、光电阅读器等都属于输入设备。下面介绍几种常见的输入设备。

1. 键盘

键盘是人机对话的最基本的输入设备，用户可以通过键盘输入命令、程序和数据。目前常用的标准键盘有 101 键和 104 键两种，如图 1.16 所示。按键盘结构分，通常有机械式键盘和电容式键盘两种，一般地，电容式键盘手感较好。

2. 鼠标器

鼠标（Mouse）也是人机对话的基本输入设备。在图形界面下，鼠标器比键盘更加灵活方便，如图 1.17 所示。

图 1.16　键盘

图 1.17　鼠标

按其按键多少可分为 2 键和 3 键鼠标；按其与主机的接口类型可分为串行口鼠标、PS/2 口鼠标和 USB 鼠标；按其结构可分为机电式鼠标和光学鼠标，前者可以直接在桌面上拖动，后者则必须在带有网格的专用板上拖动。

图 1.18　扫描仪

3. 扫描仪

扫描仪是一种将图形、图像、文本从外部环境输入到计算机中的输入设备，如图 1.18 所示。如果是文本文件，扫描后还需用文字识别软件（如清华紫光汉字识别系统、尚书汉字识别系统）进行识别、识别后的文字以 .TXT 文件保存。

1.3.3　CPU

中央处理器是英语"Central Processing Unit"的缩写，即 CPU。CPU 是电脑中的核心配件，只有火柴盒那么大，几十张纸那么厚，但它却是一台计算机的运算核心和控制核心。电脑中所有操作都由 CPU 负责读取指令，是对指令译码并执行指令的核心部件，如图 1.19 所示。

CPU 由一块或是多块大规模或超大规模集成电路芯片组成,其主要组成部件是控制器、运算器、高速缓冲存储器和一些寄存器,它的性能好坏对计算机的性能起决定的作用。比如,字长是反映 CPU 性能的重要指标之一。字长越长,其运算精度越高。反映 CPU 能力的另一重要指标是时钟频率,即主频。主频越高,其运算速度越快。CPU 还包含一些寄存器和高速缓冲存储器(配置高速缓冲存储器(Cache)是为了解决 CPU 与内存储器之间速度不匹配问题)。

图 1.19　CPU 外形图的正面和反面

自 1971 年,INTEL 公司推出了世界上第一台微处理器 4004 起,至今 CPU 有三十多年的历史了。从字长方面来看,CPU 经历了四位、八位、十六位、三十二位以及六十四位等阶段;主频从最初的 108kHz 到目前的几 GHZ;制造工艺从晶体管到采用 45nm 制造工艺的集成电路设计技术;为了提高 CPU 的处理能力和速度,近年来,INTEL 和 AMD 相继推出了性能更加优越的双核和多核 CPU。

1.3.4　主板与总线

主板也称母板,是一台计算机的主体配件,计算机的各个组成部分都是通过一定的方式连接到主板上的,主板结构如图 1.20 所示。

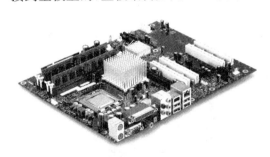

图 1.20　某种类型主板的全貌

构成主板的部件有:CPU 插座、BIOS 芯片、高速缓冲存储器(Cache)、扩展槽、芯片组和各种接口等。

(1) CPU 插座:是 CPU 与主板的接口。

(2) BIOS 芯片:BIOS 即基本输入输出系统,作用是检测所有部件、确认它们是否正确运行,并提供有关硬盘读写、显示器显示方式、光标设置等子程序。

(3) 高速缓冲存储器:用来存储 CPU 常用的数据和代码。

(4) 扩展槽:又称总线插槽,用来安插 CPU 和外部板卡,如显卡、多功能卡等。

(5) 芯片组:是主板的主要组成部分,在一定程度上决定主板的性能和级别。

(6) 各种接口:主板上的主要接口有,IDE 接口、第一个串行接口(如连接鼠标)、第二个串行接口 COM2(如连接调制解调器)、USB(负责连接某些外部设备,如扫描仪)、并行接口 LPT(如连接打印机)。

1.3.5　存储器

按照存储器与中央处理器的关系,可以把存储器分为内存储器(简称内存)和外存储器(简称外存)两大类。

1. 内存储器

内存储器是计算机主机中的一个组成部分,可直接与 CPU 交换信息,主要用来存放当前计算机运行时所需要的程序和数据。内存储器一般都采用大规模或超大规模集成电路工艺制造的半导体存储器;具有体积小、重量轻、存取速度快等特点。

内存的大小是衡量计算机性能的主要指标之一,根据作用的不同又可分为只读存储器和随机存储器两种,如图 1.21 所示。

只读存储器(ROM),只能从中读出信息,而不能写入信息。当掉电或死机时,其中的信息仍能保留。

图 1.21 内存条外形图

随机存储器(RAM),计算机在运行时,系统程序、应用程序以及用户数据都临时存放在 RAM 中。开机时,系统程序将被装入其中,关机或断电时,其中的信息将随之消失。目前,微机中的 RAM 的配置一般为几百兆,甚至达到 GB 数量级。

2. 外存储器

外存储器用来存放当前计算机运行时不需要的程序和数据,它包括磁盘(硬盘和软盘)、磁带、光碟等。外存的特点是容量大、速度慢、价格较便宜。

(1)软盘驱动器(如图 1.22)是一种几年前广泛使用的外存储器,有 3.5 英寸(1 英寸=25.4mm)和 5.25 英寸两种规格,其主要用途是向软盘读写数据,实现数据的存储与交换。图 1.23 所示的是 3.5 英寸的软盘。随着计算机的不断升级,软盘的容量已经不能满足存储需要。目前已很少使用,基本上已被下面提到的 U 盘所替代。

图 1.22 软盘驱动器

图 1.23 软盘

(2)硬盘驱动器。硬盘有内置式硬盘和外置式硬盘(移动硬盘),前者内置于计算机主机箱内,后者可以随意携带使用时以数据线与主机相连即可。硬盘由盘片、驱动器和控制器等部分组成,它是计算机中用来存储数据的介质,外形如图 1.24 所示。和软盘不同的是,硬盘将存储器盘片和驱动器做成一体,即使在断电的情况下硬盘中的信息也不会丢失,因此,我们通常

图 1.24 硬盘外形图和结构剖面图

把所使用的文件和程序存放在硬盘中。目前的硬盘容量从几十 GB 到几百 GB 不等。

（3）光存储器。一般称为光碟，它利用光学方式读写数据。光学介质非常耐用，它们不受湿度、灰尘或磁场的影响。存储的数据可以保存 30 年以上。光碟驱动器用来读写光碟上的数据（如图 1.25）。光驱的速度是指光驱的数据传输速率，单位为 KBps（每秒千字节）。最初为单倍速（150KB/s），其后发展为 2 倍速、4 倍速、…、52 倍速等。光碟的读写方式有只读和可擦写两种，前者只能一次写入，不能更新数据，而后者则可以像软盘一样读写。常见光碟类型包括：

图 1.25 光碟驱动器和光碟

图 1.26 U 盘

① CD-ROM(Compact Disk Read Only Memory)，只读光碟。规格有 5.25、3.5、1.8 英寸等，比较常用的是 5.25 英寸光碟，容量为 650MB 左右。可用于刻录的空白 CD-ROM 光碟有 CD-R 和 CD-RW 两种，前者是一次性写入光碟，而后者则是可重复写光碟。

② DVD(Digital Video Disc)，数字视盘。DVD 是新一代的光碟产品，容量更大，有的可达到 4.7GB，尺寸通常和 CD-ROM 相同。DVD 的光驱也可以读写 CD-ROM 光碟。可用于刻录的空白 DVD 光碟包括 DVD-R 和 DVD-RW 两种，前者是一次性写入光碟，而后者则是可重复写光碟。

（4）U 盘（闪盘）是一种可以直接插入在 USB 接口上进行读写的移动外存储器。由于它容量大、体积小、携带方便、保存信息可靠等优点，现在成为最广泛使用的移动存储器，如图 1.26 所示。

1.3.6 输出设备

输出设备是用来输出结果的部件。输出设备也是由输出装置和输出接口电路两部分组成。输出设备用以将计算机处理后的结果信息，转换成外界能够识别和使用的数字、字符、声音、图像、图形等信息形式。常用的输出设备有显示器、打印机、绘图仪、音响设备等。有些设备既可以作为输入设备，又可以作为输出设备。如软盘系统、硬盘系统等。通常使用的输出设备有显示器、打印机、绘图仪等。

1. 显示器和显卡

显示器又称监视器，是微型计算机最基本最重要的输出设备之一，如图 1.27 所示。显示器的尺寸一般是指对角线的长度。目前计算机上普遍使用的显示器的尺寸为 15 英寸、17 英寸、19 英寸、21 英寸或更大。

显示器的种类繁多，分类方法多样。按其工作方式可分为图形方式和文字方式；按显示的颜色可分为单色显示器和彩色显示器；按显示设备所用的显示器件可分为阴极射线管显示器、液晶显示器和等离子显示器等；按其扫描方式可分为光栅扫描和随机扫描两种。

图 1.27 显示器

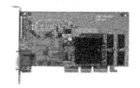

图 1.28 显卡

衡量显示器性能好坏主要有分辨率、灰度级、刷新率等几个指标。

分辨率是指显示器能表示的像素个数,是显示器性能的一个重要指标。分辨率越高,显示的图像和文字就越清晰、细腻。目前计算机上普遍使用的 17″CRT 的像素点之间的距离为 0.25mm。常见的分辨率为 600×800、$1\,024 \times 768$、$1\,280 \times 1\,024$ 等。

灰度级在单色显示器中指的是所显示像素的亮暗程度,而在彩色显示器中,则表示颜色的不同,也是衡量显示器性能的重要指标。灰度级越多,图像层次越清晰逼真。目前,计算机常用的颜色等级有 256 色、65536 色、24 位色、32 位色等。

另外一个衡量显示器性能的重要的指标是刷新率。电子束扫描过后,其发光亮度只能维持极其短暂的时间,为了让人的眼睛能看到稳定的图像,就必须在图像消失之前使电子束不断地反复地扫描整个屏幕,这个过程称为刷新。每秒刷新的次数称为刷新率。目前,微型机上主流的显示器刷新频率一般为 75MHz。其他常见的还有 60MHz,72MHz,85MHz 或更高。

显示器的性能的优势主要取决于显示卡,如图 1.28 所示。显示卡可连接并驱动显示器。显示卡也分为两类:单色适配器和彩色适配器。在使用时,CPU 首先要将显示的数据传送到显卡的显示缓冲区,然后显示卡再将数据传送到显示器上。一般情况下,显示卡必须与连接的显示器相匹配,通常显示卡有以下几种:CGA 彩色图形适配器,适用于低分辨率的图形显示器;EGA 增强图形适配器,适用于中分辨率的图形显示器;VGA 视频图形矩阵,适用于高分辨率的彩色图形显示器。另外还有 SVGA、XGA、SXGA、UXGA 等超高分辨率的图形适配器。

目前还有一种比较常用的特殊显示器,称作触摸屏,它是一种在显示器上附加有输入功能的设备。借助这种坐标定位设备,我们用手指直接触摸屏幕上显示的某个按钮或某个区域,就可以达到相应的选择目的。因而,这种设备可以看作既是输入设备,又是输出设备。

2. 打印机

打印机也是计算机系统的重要输出设备之一,它的作用是把计算机中的信息打印在纸张或其他介质上。

目前常见的打印机有针式打印机、喷墨打印机、激光打印机等几种。

1) 针式打印机

针式打印机(如图 1.29)主要有打印头、运载打印头的小车装置、色带机构、输纸机构和控制电路几部分组成。打印头是针式打印机的核心部件,它包括打印针、电磁铁、衔铁和复位弹簧,通常有 24 针组成。这些针组成了针的点阵,当在线圈中通一脉冲电流时,衔铁被电磁铁吸合,使打印针通过击打色带,从而在转筒上的打印纸上印出由点阵组成的字符或汉字。当线圈中的电流消失时,打印针在复位弹簧的推动作用下,回复到打印前的位置,等候下一次脉冲电流。

一般针式打印机价格便宜,对纸张要求低,但噪声大、字迹质量不高,同时打印针也极易磨损。

2）喷墨打印机

喷墨打印机(如图 1.30)属于非击打式打印机。喷墨打印机体积小、重量轻、打印质量高、颜色鲜艳逼真、噪声低。它用极细的喷墨管将墨水喷射到打印介质上,在打印介质上形成图形和文字。

3）激光打印机

激光打印机(如图 1.31)的原理比较复杂,它综合了计算机、复印机和激光技术于一体。激光打印机也是一种非击打式打印机,具有无击打噪声、分辨率高、速度快等许多优点,每分钟可打印几十页,是未来打印机的主流方向。

图 1.29　针式打印机　　　　　图 1.30　喷墨打印机　　　　　图 1.31　激光打印机

3. 声卡和音响设备

声卡是多媒体电脑的重要组成部件,是实现音频与数字信号转换的部件。各种游戏、VCD、音乐效果都通过声卡来体现,声卡外形如图 1.32 所示。声卡主要用于声音的录制、播放和修改,或者播放 CD 音乐、乐曲文件等。

音响设备包括麦克风、音箱等。音箱可以使电脑中声音播放出来,麦克风可以进行录音和声音输入。

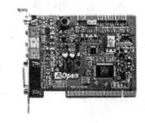

图 1.32　声卡

1.3.7　计算机系统主要性能指标

决定计算机性能的因素很多,总的来说可以用下面几个指标来衡量:

（1）字长。是指 CPU 一次最多可同时传送和处理的二进制位数,字长直接影响到计算机的功能、用途和应用范围。单位为位(bit)。如 AMD64 是 64 位字长的微处理器,即数据位数是 64 位。

（2）时钟频率和机器周期。时钟频率又称主频,它是指 CPU 内部晶振的频率,常用单位为兆赫兹(MHz),它反映了 CPU 的基本工作节拍。一个机器周期由若干个时钟周期组成,在机器语言中,使用执行一条指令所需要的机器周期数来说明指令执行的速度。一般使用 CPU 类型和时钟频率来说明计算机的档次。如 Pentium Ⅳ 2.9G 等。主频在很大程度上决定了计算机的运算速度。

（3）内存容量。即内储存器能够存储信息的字节数,是标志计算机处理信息能力强弱的一项技术指标。单位为字节(byte)。

（4）外存容量。外存储器是可将程序和数据永久保存的存储介质,可以说其容量是无限的。一般指软盘、硬盘、光碟等。

（5）运算速度。是指计算机每秒能执行的指令数。虽然主频越高计算速度越快,但它不是决定计算速度的唯一因素。运算速度还取决于 CPU 的体系结构及其他技术措施。速度指标单位有 MIPS(每秒百万条指令)、MFLOPS(每秒百万条浮点指令)。

（6）系统总线的传输速率。系统总线的传输速率直接影响计算机输入输出的性能,主要受到总线中的数据宽度以及总线周期限制。

（7）外部设备配置。主机允许配置的外设数量和实际配置的具体外设,常常是衡量一台计算机综合性能的重要技术指标。

（8）软件配置。一个合适的软件配置是硬件充分发挥功能的必要前提。现在的计算机软件越来越丰富,功能越来越强大,对软件的配置应高度重视。

除了上述所列指标外,评价一台微型机,还应考虑它的可靠性、可维护性、兼容性等其他指标。

1.4　计算机软件系统

正如上节所述,没有装软件的计算机只是一台"裸机",即使价格昂贵,也不能做任何事情,正如一台没有装入音乐磁带的单放机,决不能发出优美的音乐。可装入计算机的软件有很多种,根据软件的用途可将其分为两大类:系统软件和应用软件。

系统软件是计算机必备的程序,用以实现计算机系统的管理、控制、运行、维护,并完成应用程序的装入、编译等任务。系统软件与具体应用无关,可在系统级上提供服务,是其他应用软件的工作平台。

常用的系统软件有:操作系统、语言处理程序、工具程序和数据库管理系统等。

应用软件是指用户利用计算机及其提供的系统软件为解决各类实际问题而编制的计算机程序。

1.4.1　操作系统

操作系统是现代计算机中最基本的最重要的系统软件。它是整个软件系统的核心,是所有软件、硬件资源的组织者和管理者。主要作用在于充分发挥计算机系统的工作效率和方便用户使用计算机,是用户和计算机之间的接口。

操作系统一般有处理器管理、存储器管理、设备管理、文件管理和作业管理等五大功能模块。

操作系统通常可分为单用户操作系统、批处理操作系统、实时操作系统、分时操作系统、网络操作系统和分布式操作系统等几类。

目前微型计算机上,常用的操作系统有 WINDOWS 操作系统、UNIX 操作系统和 LINUX 操作系统。

1. WINDOWS 操作系统

WINDOWS 操作系统是 Microsoft 公司的产品。它以图形化的用户界面、一致性的操作方法、多任务的操作环境等优点风靡全球,深受用户喜爱,特别是在最新版本中将多媒体技术、网络技术和 Internet 技术融为一体。

2. UNIX 操作系统

UNIX 操作系统是一个相对复杂的多用户、多任务的操作系统。UNIX 操作系统在大型机、小型机以及工作站上形成了一种工业标准操作系统。

3. LINUX 操作系统

LINUX 操作系统起源于 1991 年芬兰一个大学生的思想。目前应用面还不广,但它正以其良好的稳健的性能、丰富的功能,以及代码公开和完全免费得以迅速发展。

1.4.2　程序设计语言

程序设计语言也就是实现人和计算机交流的语言。自从计算机的诞生,计算机程序设计语言共产生了上千种语言,流行于世的不过几十种,现在仍然使用的不过 10 来种。一般可以分为机器语言、汇编语言和高级语言几类。

1. 机器语言(第一代语言)

机器语言是计算机能够识别的唯一语言。它是由"0"和"1"组成的二进制代码语言。使用机器语言编写的程序,称为机器语言程序。机器语言程序可以直接在计算机上运行。但是,用机器语言编写程序是十分繁琐的,写出的程序可读性很差,而且该语言必须和相关机型联系,通用性很差。

2. 汇编语言(第二代语言)

为了方便地使用计算机,人们就需要有能够方便操作机器的工具。20 世纪 50 年代初,人们创造出了汇编语言。汇编语言不再使用二进制代码,而是使用比较容易识别和记忆的符号,所以人们又称汇编语言为助记符语言。如:

ADD　i,j(表示将 i 中的内容加上 j 中的内容)

SUB　i,j(表示将 i 中的内容减去 j 中的内容)

汇编语言和机器语言都属于低级语言,或称为面向机器的程序设计语言。

用汇编语言编写的源程序是不能被直接执行的。必须将其翻译成机器语言程序。翻译过程是由事先存放在机器里的"翻译程序"完成的。这个翻译程序称为"汇编程序"。翻译过来的机器语言程序叫"目标程序",也称"目标代码程序"。翻译过程如图 1.33 所示。

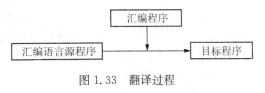

图 1.33　翻译过程

3. 高级语言(第三代语言)

20 世纪 50 年代中期,人们又创造了高级语言。高级语言接近于自然语言,它不依赖于机器,通用性好。但是用高级语言编写的源程序也要用翻译的方法把高级语言源程序翻译成目标程序才可以被执行。根据翻译的方式不同,高级语言翻译程序可以分为解释方式和编译方式两种形式。

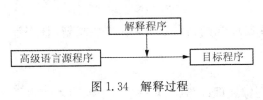

图 1.34　解释过程

解释方式用于对高级语言源程序语句逐句进行解释,解释一句,执行一句,它不产生可执行文件。这种方式速度较慢,每次运行都要解释一次,边解释边执行,其过程(如图 1.34)。BASIC 语言就是解释性的语言。

编译程序是将高级语言源程序翻译成以.OBJ 为扩展名的目标程序,然后再用连接程序把目标程序与库文件相连接形成扩展名为.EXE 的可执行文件。编译过程稍微复杂了些,但它形成的可执行文件可反复利用,且速度较快。运行时只要输入可执行程序的文件名即可。编译过程如图 1.35 所示。现在普遍使用的大部分高级语言,如 C,PASCAL,PROLOG 等都需要相应的编译程序。

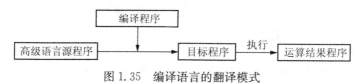

图 1.35　编译语言的翻译模式

目前,程序设计语言及编程环境正向面向对象语言及可视化编程环境方向发展,出现了许多第四代语言及其开发工具,其共同特点是以数据库管理系统所提供的功能为核心,进一步构造了开发高层次软件系统的开发环境,包括报表生成、多窗口表格设计、菜单生成系统等等。如微软公司(Microsoft)开发的 Visual 系列(VC++、VB、VFP)编程工具等。

1.4.3　数据库管理系统

数据库(DataBase,简称 DB),顾名思义,是存放数据的仓库。只不过这个仓库存放的是按一定的格式组织的数据,而且是存放在计算机存储设备上的。严格一点来说,所谓数据库是长期储存在计算机内、有组织的、可共享的数据集合。

数据库管理系统(Data Base Management System,简称 DBMS)是用于管理数据库的软件系统。DBMS 为各类用户或有关的应用程序提供了访问与使用数据库的方法,其中包括建库、存储、查询、检索、恢复、权限控制、增加、修改、删除、统计、汇总和排序分类等各种手段。它主要有三种数据模型:关系型、层次型、网络型。目前主流的 DBMS 是关系型数据库管理系统。

现在比较流行的 DBMS 大致可以分成两种,即桌面数据库管理系统和大型数据库管理系统,桌面数据库一般为单用户所有,其安全性相对较弱,而大型数据库可以提供远程访问,在安全性方面考虑较多,对于网络软件开发一般都宜采用大型数据库。

常用的桌面 DBMS 有:Access、Visual FoxPro、Paradox 等,其中 Access 更为常见,相关内容将在第 8 章中介绍。

常用的大型 DBMS 有:Sybase、Oracle、Informix 、DB2、InterBase、SQL Server 等,其中 SQL Server 更为普遍。

1.4.4　应用软件

应用软件是计算机用户在系统软件平台上开发的程序。应用软件适应信息社会各个领域的应用需求,每一领域的应用具有许多共同的属性和要求,具有普遍性。

(1)应用软件种类有:

① 数值计算处理:包括:数值解析;统计解析;数理规则;预测、模拟;线性规划;日程计划等。

② 工程技术应用:包括:CAD;CAM;结构分析;数值控制等。

③ 公用技术应用:包括:文档处理;图形处理;图像处理;信息检索;机械翻译;自然语言处

理;模式识别;专家系统;决策支持;CAI 等。

④ 通用管理:包括:财务管理;人事管理;物资管理;图书资料管理等。

⑤ 各类专业管理:包括:医疗、保健管理;学校、教育管理;公共交通管理;银行金融、交易管理;文化管理等。

⑥ 办公自动化:包括:报表处理;日程管理;文件汇总;文件收发、传送管理等。

(2)在日常学习、工作活动中常见的应用软件主要包括:

① 字处理软件:其主要功能是对各类文件进行编辑、排版、存储、传送、打印等。现在常用的有 WPS、Word 等。其中,Word 将在第 3 章中介绍。

② 电子表格软件:对文字和数据的表格进行编辑、排版、存储、传送、打印等。现在常用的有 Excel、CCED、Lotus1-2-3 等。其中,Excel 将在第 4 章中介绍。

③ CAI 软件:AutoCAD、TTJ、CTT 等。

④ 文件与磁盘管理软件:Norton 等。

⑤ 病毒防治软件:SCAN、KILL、KV 系列等。

⑥ 压缩软件:ARJ、WINZIP 等。其中,ARJ 将在第 9 章中介绍。

⑦ 休闲娱乐软件:超级解霸、媒体播放器、Realone 等。

⑧ 图像处理软件:PowerPoint、Photoshop、3DS 等。其中,PowerPoint 将在第 5 章中介绍。

⑨ 通信软件:E-mail、Express Outlook、IE 等,将在第 6 章中介绍。

计算机技术的发展是令人吃惊的,计算机应用也渗透到了任何需要数据信息处理的地方,人们对计算机的依赖也越来越强。但无论如何,计算机仅仅是一种工具,它的作用是在使用它的人的控制下体现出来的。因此,最重要的是应该清楚我们用计算机来做什么,怎样做,当然也应该知道计算机能做什么。本章仅简要介绍了计算机发展、特点、信息表示、软硬件组成等基本知识,旨在使读者能够了解一些计算机最基础的知识,为以后更进一步学习、掌握计算机技术打下基础。

习题 1

1-1　什么是计算机? 计算机是如何发展的? 经历了哪几个年代?

1-2　计算机的特点是什么?

1-3　计算机有哪些分类方法? 其主要应用领域有哪些?

1-4　现代计算机的发展趋势是什么?

1-5　什么是数据? 它与信息有何区别? 如何在计算机中表示?

1-6　计算机常用的进制是什么? 为什么不采用十进制?

1-7　试把 $(1234.56)_{10}$ 转换为二进制和十六进制;把 $(1234.56)_{16}$ 转换为二进制和十进制;把 $(1010110.001)_2$ 转换为十进制和十六进制。

1-8　什么是数据的类型? 常用数据类型有哪些?

1-9　什么是数据编码? 整型数据如何编码?

1-10　什么是 ASCII 编码? 字符 A-Z、a-z、0-9、回车、换行的编码各是多少?

1-11　什么是汉字的输入码? 它与汉字的交换码、内码、字形码有何不同?

1-12　计算机硬件系统包括哪些基本设备?

1-13 什么是多媒体计算机,它产生于哪一年,由哪些部分构成?

1-14 CPU 由哪些器件组成? 其性能的高低如何判断?

1-15 什么是总线? 包括哪几种?

1-16 内存与外存有什么区别? 内存的大小对计算机的性能有何影响?

1-17 常见微型机系统的基本配置有哪些? 描述常见的几种外部设备及其功能。

1-18 计算机系统的性能指标主要包括哪些方面?

1-19 什么是软件系统? 包括哪两大类软件? 软件系统与硬件系统有何关系?

1-20 什么是应用软件? 常用应用软件有哪些?

1-21 什么是程序设计语言? 如何分类?

第2章 Windows XP 操作系统

本章概要

使用计算机实际上就是使用计算机的各种资源,如打印机,多媒体文件等。如何合理、高效利用这些资源以完成各种任务呢? 这需要对这些资源进行有效的管理和维护。直接与这些资源打交道,对于一般的计算机用户是没有必要的,当然也是非常困难的。Windows XP 操作系统使用户能够在远离资源实体的情况下对各种资源进行高效方便的管理和维护。软件资源一般都是以文件的形式存储的,而硬件的各种配置信息也是以文件的形式存储的。对文件的各种操作,是 Windows 操作系统中最基本而又最重要的操作。在 Windows XP 操作系统中,大部分硬件和软件必须安装才可以正常工作。如果硬件和软件长时间不使用,只会占用系统的有限资源,这种情况下就应该把此硬件或软件从系统中卸载掉。

本章将详细讲述 Windows XP 操作系统对文件的一些基本操作,介绍如何安装和删除软、硬件,并且介绍 Windows XP 一些高级特性,如用户管理工具、磁盘管理工具等。

学完本章后,您将能够:
- 掌握 Windows XP 的桌面和窗口的结构特点
- 熟练进行文件和文件夹的基本操作
- 学会进行软件、硬件的安装与卸载
- 掌握如何设置桌面与显示器
- 学会使用用户管理工具
- 学会使用磁盘管理工具

2.1 Windows XP 简介

Windows XP 操作系统是微软公司推出的一种多用户、多线程的操作系统。它是 Windows 操作系统系列产品之一。早期的 Windows 系列如 Windows 3.x、Windows 9x、Windows 2000、Windows NT 等,均在不同时期或不同的计算机系统中有较为广泛的应用,Windows XP 借鉴了操作系统成熟的思想设计和开发,实现和扩展了早期 Windows 版本的最佳特性和功能,目前在微型机上应用最为广泛。

2.1.1 Windows XP 运行环境

Windows XP 比早期版本的功能更强,对硬件的要求也就更高。如果计算机系统的处理器、内存、磁盘空间和显卡的容量没有达到 Windows XP 的最低要求,它根本不会运行。Windows XP 对系统配置的最低要求:

（1）CPU：最小需求为 233 MHz，推荐采用处理器时钟频率为 300 MHz 或者更高的电脑。

（2）内存：最小支持 64M 内存，但会影响执行性能并限制某些功能的使用。推荐采用 128 MB 或者更多内存。

（3）硬盘空间：1.5 GB 的可用磁盘空间，但在实际运行时硬盘空间还受到应用程序的安装多少、虚拟内存的大小等影响。

（4）显卡：SVGA（800×600）或分辨率更高的视频适配器和监视器。

2.1.2　Windows XP 的启动与关闭

1. 启动 Windows XP

在电脑各硬件都工作正常、连线都连接正确的情况下，打开显示器的电源按钮，按下电脑主机箱上带有"Power"字样的电源开关，便可启动电脑。

启动时，首先会在显示器上看到计算机主板的检测画面，这是电脑在进行自检时检测到的最基本的硬件配置。

检测完成后，若是电脑中只安装有 Windows XP 操作系统，显示器显示启动画面，如图 2.1 所示。若是 Windows XP 只有一个用户账户，并且没有设置密码，那么便会直接出现 Windows XP 的欢迎画面进入系统。

若是在该操作系统中有多个账户或者已经设置了用户密码，那么便会在屏幕上列出所有的用户账户以及对应的图标，如图 2.2 所示。单击自己的账号图标，输入正确的密码后，敲击回车键或者单击密码输入框后的向右箭头，就能顺利进入系统。显示器显示"桌面"后，启动就成功了。

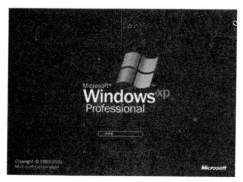

图 2.1　Windows XP 启动画面

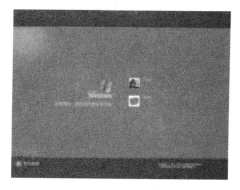

图 2.2　Windows 登录界面

2. 关闭 Windows XP

Windows XP 提供了关闭计算机的三个选项，分别是关闭、待机和重新启动，如图 2.3 所示。在出现的"开始"菜单中选择"关闭计算机"选项，然后便会弹出"关闭计算机"对话框，询问要以哪种方式关闭计算机。

图 2.3　"关闭计算机"对话框

当我们使用完计算机，想关机的时候，就选择"关闭"选项。选择"关闭"选项后，Windows XP 会首先关闭各种应用程序、内存驻留程序，然后自动切断主机电源，最后用户只需要将显示器等外设及计算机的主电源关闭即可。如果没有按照正常关机顺序关机，则在下次启动 Windows XP 操作系统时会看到一个蓝色的屏幕,这表示 Windows XP 将要对系统磁盘进行扫描,查找有可能出现的错误。虽然 Windows XP 启动时系统会自动扫描修复错误,但非正常关机可能对系统的某些文件造成损害,也可能对硬件造成损伤,因此应尽量正常关闭计算机养成一个良好的习惯。

当遇到系统出错,有时可以重新启动计算机解决问题;或者安装了一些硬件的驱动程序,或者一些重要的 Windows XP 更新程序的时候,也需要重新启动计算机。在"关闭计算机"对话框中单击"重新启动"按钮,便可以重新启动电脑了。

在"关闭计算机"对话框中单击"待机"按钮,就可以将打开的文档和应用程序保存在内存中,当唤醒计算机时文档和应用程序会保持原有的状态,以便用户能够快速开展工作。待机时,主机硬盘、屏幕和 CPU 等部件都会关闭,只有内存还继续供电。内存供电就使得当前运行的数据信息能够存储在内存中,下次也就能够迅速地唤醒计算机了。

在键盘中一般有"Power"、"Sleep"、"Wakeup"3 个键,也可利用这些按键进行快速实现关机、待机和唤醒。

3. 注销

由于 Windows XP 是多用户的,如果想切换另外一个用户登录,就可以使用"注销"功能。注销只是切换一个用户,和"重启"操作不一样的是不需要对机器进行自检,这样便大大节省了启动所需要花费的时间。注销可关闭所有当前运行的应用程序,因此有时候如果无法结束某些任务,还可以利用注销功能去结束这些任务。

在"开始"菜单中选择"注销"选项,弹出"注销 Windows"对话框,如图 2.4 所示。选择"切换用户"按钮,在保持当前用户程序和文件状态下,打开 Windows XP 欢迎界面,让其他用户登录计算机。而"注销"按钮,将关闭当前用户打开的程序和文件,然后打开欢迎界面,让其他用户登录。

图 2.4　"注销"对话框

2.1.3　桌面

Windows XP 启动以后,首先看到的是"桌面"。桌面是 Windows 系列操作系统软件的工作界面,它的背景可以是单一的色彩,也可以是某一幅图片,如图 2.5 所示。桌面是计算机启动后,我们在屏幕上见到的系统工作界面,是我们与计算机进行交流的平台。

桌面上一般摆放着若干各种各样的图标。桌面下方有一长条,它是"任务栏",在这个"任务栏"上可以看到每一个正在运行的程序。"任务栏"的最左边有一个"开始"按钮,通过点击这个"开始"按钮可以访问系统安装的各种应用程序。"开始"按钮旁边是快速启动栏,这里有几个用于快速启动特定程序的

图 2.5　Windows XP 桌面

小图标。任务栏的最右边区域(也称为托盘)显示着系统的时间、输入法等系统状态信息,单击这些小图标也可以打开相应程序。任务栏上方是各种图标,一些常用的软件的快捷方式及系统图标在这儿可以找到。

在桌面上单击鼠标右键点击"属性"选项,可出现如图 2.6 所示的"显示属性"对话框,并选

择对话框的"桌面"选项卡。这个选项卡可以设置屏幕桌面的背景图案。

从墙纸列表中选择背景图片；或者在"颜色"下选择需要的颜色；也可以通过浏览按钮选择其他文件夹下图形文件，背景图片扩展名可以是：bmp、gif、jpg 等。在"位置"列表中，有"居中"、"平铺"和"拉伸"三个选项，用户根据图形的大小等因素来选择合适的选项。

如果单击了"自定义桌面"的按钮，则出现"桌面项目"对话框，如图 2.7 所示。"桌面项目"自上向下主要有三部分组成："桌面图标"栏、"更改系统图标"栏和"桌面清理"栏。"桌面图标"栏主要是选择是否在桌面显示某个系统图标，如想在桌面显示"我的文档"这个图标，只要复选"我的文档"就可以了。如果想修改系统默认的某个图标，可以先选中你要修改的系统图标，然后根据提示一步步完成就可以了。桌面清理主要是整理桌面上的图标，把最近未使用或很少使用的图标归类放入文件夹中。

图 2.6　"桌面"选项卡

图 2.7　"桌面项目"对话框

2.1.4　窗　口

窗口是 Windows XP 等图形操作系统的一个重要概念。Windows 的英文含义就是窗口，当用户每打开一个应用程序，桌面上大多会自动产生一个窗口。通过这个窗口您就可以和这个程序进行实时性的交流了。也可以说窗口提供了一个用户和应用程序进行信息交互的图形化平台。对于初学者而言，学好窗口的操作才能更好地进行 Windows XP 操作。

例如，双击桌面上名为"我的文档"的图标，就调用了"资源管理器"程序，也就同时在桌面上打开了"我的文档"窗口，如图 2.8 所示。下面我们列举窗口中的主要组成以及相应作用和操作：

（1）标题栏：用于显示应用程序或文件等的名称，以便区分不同的窗口，比如在图 2.8 中的窗口标题栏上写着"我的文档"字样。当您打开多个窗口

图 2.8　"我的文档"窗口

时,标题栏处于高亮度状态的窗口成为活动窗口,此时所做的所有操作都针对此窗口进行。

（2）最小化按钮 ▬ :用于将窗口最小化为任务栏中的一个按钮。单击任务栏中此按钮,则还原窗口或最小化窗口。

（3）最大化按钮 ▢ :用于将窗口扩大至整个屏幕,同时窗口右上角的最大化按钮自动变为还原按钮。

（4）还原按钮 ▣ :当窗口最大化时,单击此按钮则窗口还原为以前大小。注意,当窗口处于还原状态时,用鼠标左键单击标题栏并拖动可以将窗口移动到其他地方,或以鼠标拖动其边框以改变窗口大小。

（5）关闭按钮 ✕ :用来关闭当前窗口的按钮,同时系统中止对应的应用程序的运行。

（6）菜单栏:多数应用程序窗口的顶部会有菜单栏。菜单栏有多个菜单组成,如图 2.8 中文件、编辑等,每个菜单含有多个菜单项。一般情况下,菜单栏仅显示各菜单的名称,用鼠标点击菜单名称时,将会有下拉式菜单出现,单击选择您需要的菜单项就可以让计算机执行与该项相应的操作。

（7）工具栏:由称为工具按钮的小图标组成,每个工具按钮对应一个操作,如图 2.8 中的"后退"、"搜索"等。由于它们直接出现在窗口中,因此可以很方便地直接点击。一般来说,这些操作与菜单中的某些最常用的同名菜单项实现相同的功能。

（8）地址栏:在一些和位置相关的窗口中(如浏览器),工具栏的下方会有地址栏。在该栏中显示着当前所显示内容在计算机中的文件夹位置或网络地址。可以直接输入新的地址,或者点击其右边的小箭头,从下拉的地址列表中吸取一个地址,然后单击"转到"按钮或按 Enter 键,这样将打开指定的文件夹或转到指定的网址。

（9）控制按钮:是位于标题栏最左端的一个小图标,如图 2.8 中的 ▤ 。单击此图标将打开控制菜单,可以选择:还原、移动、大小、最小化、最大化、关闭等有关窗口的操作。

（10）窗口工作区:显示窗口内容。显示的具体内容和窗口对应的应用程序有关。

（11）滚动条:通常位于窗口的下方或右侧,拖动滚动条可改变窗口显示区域,当内容较多,在现有窗口范围内不能完全显示时,常以此法来滚动查看窗口中的内容。

图 2.9　外观选项卡

图 2.10　"高级外观"对话框

在 Windows 操作系统中,窗口的基本布局变化不大,一般也只是在"显示 属性"窗口的"外观"选项卡上的设置在桌面上显示信息和程序的窗口的颜色和字体,如图 2.9 所示。可以选择自己喜欢的窗口和按钮的颜色、色彩方案以及字体的大小;也可以创建自己的色彩方案,选择"高级"按钮,则系统显示窗口如图 2.10 所示。如果想修改某个项目的设置,可点击相应的图示,或者从项目列表中进行选择,然后就可以根据需要修改字体和颜色等属性值了。

2.2 文件管理

在 Windows 中,软件、数据及一些硬件配置信息一般都是以文件的形式存储在相应的磁盘或其他硬件中。文件是一种最常见、使用最频繁的资源。本节将详细介绍文件和文件夹的概念以及有关文件和文件夹的各种操作。

2.2.1 文件和文件夹简介

1. 文件

在计算机中,文件是指赋予名字并存储于存储介质上的一组相关的信息,是保存数据和信息的最基本单位。计算机中的数据及各种信息都是以文件的形式在外部存储设备中保存的。文件内容可以是一个应用程序,如字处理软件、网页浏览工具等,也可以是一组数据,如所有学生的计算机成绩等等。

每个文件都必须有一个文件名,操作系统正是通过文件名对文件进行管理的。文件名是由文件主名和文件扩展名两部分组成的。其中文件主名最好能够体现当前文件的内容,而扩展名通常表示文件的类型,一般为 1~4 个字符,中间用圆点符号分隔。在 Windows XP 中,最多支持可达 255 个字符的长文件名。

文件名的格式是:文件主名[.扩展名]

在文件主名和扩展名中可以使用的字符包括:汉字字符、大小写英文字符、0~9 阿拉伯数字字符、以及 # ( ) $ & ! _ ^ @ % { } '等字符。

在文件名中不能使用的符号有:< > \ / | * ? :等特殊含义的字符。

由于圆点符号可以出现在文件名中,因此如果出现了多个,则以最后一个为分隔符。如 system. txt. bak,则扩展名为 bak。

操作系统是根据文件的类型也就是文件的扩展名作为其打开文件或者执行文件的依据,因此一个什么类型的文件则必须用什么样的文件扩展名。表 2.1 是一些常见文件类型。

表 2.1 常见文件类型的图标和扩展名

扩展名	图标	文件类型
COM、EXE		可执行文件
TXT		文本文件
DOC		Word 文档
SYS、DLL		系统文件

（续表）

扩展名	图标	文件类型
BMP、GIF		图像文件
AVI、MID、MP3		多媒体文件
htm、html		网页文件

在 Windows XP 窗口中显示的文件都采用了图标形式。图标分成两个部分，上面是表示该文件类型的图，下面则是该文件的全名。如图 2.11 所示的是一个 Word 文档图标， 表示是 doc 类型，"Windows XP 操作系统.doc"是这个文件的名字。根据文件夹选项属性设置的不同，文件的扩展名".doc"可能不显示。

图 2.11　文件图标

2. 文件夹

现在计算机系统的文件动辄有几十万个，如何有效地组织和管理这些文件是操作系统一个重要的功能。而文件夹可以有效地解决这个问题。文件夹是用来组织文件的一种结构方式，是若干文件或文件夹的集合，就像存放文件的箱子。文件夹中可以包含若干文件，也可以包含其他的文件夹。那些被包含的文件夹相对于该文件夹而言就是子文件夹。

文件夹的命名和文件是类似的，但是文件夹由于类型已经确定，一般是没有扩展名的，而且其图标也是确定的。如图 2.12 所示，一般表示是文件夹类型，"Visual Studio 2005"是文件夹的名字。

如果一个系统采用了文件夹组织方式，如 Windows XP，那么这个系统中的不同文件也可以同名，也就是可以有 2 个或 2 个以上的文件是同一个名字。因为系统对文件进行管理时，不仅仅根据文件名，而主要是根据文件句柄。

Visual Studio 2005

图 2.12　文件夹图标

文件句柄包括文件的路径和文件全名，而文件的路径就是从磁盘到该文件所经历的文件夹序列。如图 2.13 中文件 desktop. ini 的路径就是：C:\RavBin，该文件的文件句柄就是 C:\RavBin\desktop. ini。在这里用"\"来分隔盘符 C:、文件夹名 RavBin 以及文件名 desktop. ini，而":"是盘符的标识符。

只要文件句柄不一样，即使两个文件同名，系统还是能够区分开的。如：还有一个文件的文件句柄为 C:\desktop. ini，另一个文件的文件句柄为 C:\RavBin\desktop. ini，它们是位于不同文件夹下的同名文件，系统是允许的。如果在同一个文件夹下直接建立同名文件，系统是不允许的。

在图 2.13 所示文件夹中，可以看到桌面为最高级容器，它包括了"我的文档"、"我的电脑"等多个下级文件夹。

在图 2.13 中左侧打开了"文件夹"栏，它展示了文件夹的树状目录图，"树"中的文件夹左侧小方格中若是"＋"号代表该文件夹的子文件夹处于折叠状态，单击文件夹左侧的"＋"，文件夹就展开了；小方格中若是"－"号，则代表该文件夹中的子文件夹已全部显示，单击文件夹左侧的"－"号，可以将该文件夹折叠。文件夹左侧没有小方格，表明该文件夹是最后一层子文件夹，只包含若干文件不包含下级子文件夹，也可能是空文件夹。

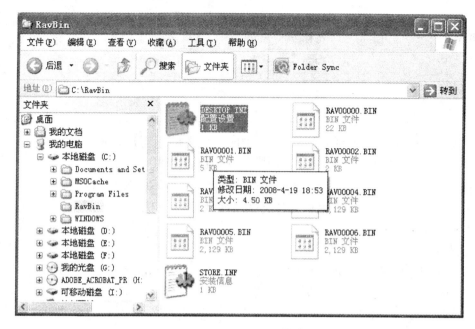

图 2.13　一个树型的文件夹系统

　　另外,想看哪一个文件夹,只要在左侧的文件夹工具栏的"树"中单击这个文件夹,右边窗口就会显示出该文件夹的所有内容。

2.2.2　资源管理器

　　如果要使用某个文件,首先要找到这个文件,这意味着要确定这个文件的位置,即它在哪个磁盘上的哪个文件夹下。在存放有数以万计个文件的一台计算机中,自己手工地查找文件无疑是大海捞针,因此就必须使用合适的文件管理工具。在 Windows XP 中,"资源管理器"就是用来对资源文件进行管理的重要工具,各种针对文件、文件夹的操作,以及操作环境的变更都可以在资源管理器中完成。

　　启动"资源管理器"的方法是多种多样的,常见有:

　　(1) 单击"开始"按钮,从开始菜单中选择"程序"、"附件"、"资源管理器"。

　　(2) 右键单击"开始"按钮,在快捷菜单中,单击"资源管理器"命令。

　　(3) 右键单击"我的电脑"、"回收站"等图标,在快捷菜单中,单击"资源管理器"命令。

　　(4) 双击桌面上的"我的电脑"图标。

　　(5) 右键单击桌面上"我的电脑"图标,在弹出的快捷菜单中,选择"打开"命令。

　　还有其他的打开资源管理器的方法,这里就不一一赘述了。

　　资源管理器窗口和一般的 Windows 窗口类似。窗体的右边是一些文件和文件夹等图标,左边是浏览栏。如果想看到文件在整个系统的层次位置,可以使用文件夹栏,这样左边的浏览栏就变成了树状结构图。这个切换只要直接点击工具栏的"文件夹"按钮就可以了,当然也可以从菜单中选择。反向操作也是一样的。如图 2.14 和图 2.15 所示。

　　窗口右边的每一个图标,表示一个文件、一个文件夹或者其他的一个对象。如果想看看这个图标到底表示的是什么,只要左键双击或者右键单击选择"打开"项就可以了。

图 2.14　"资源管理器":浏览框视图

图 2.15　"资源管理器":文件夹视图

工具栏中的标准按钮中这三个按钮 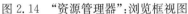,对浏览文件夹的过程控制还是很有帮助的,其中:后退按钮 表示返回到前一个文件夹位置;前进按钮 则相反,表示前进到后一个文件夹位置;向上按钮 将移动到当前文件夹的上一层文件夹。

2.2.3　文件和文件夹的选择

在对文件进行操作的时候,首先应选中文件和文件夹,选中有以下几种方式:

(1) 选中一个文件或文件夹:用鼠标左键或右键单击该文件的图标即可。

(2) 选中多个连续文件或文件夹:

① 先用鼠标单击第一个文件,按下键盘 Shift 后用鼠标单击最后一个文件;可选中多个连续文件或文件夹。

② 使用鼠标拖动出一个虚线框,将所要选择的文件或文件夹选中。

(3) 选中多个不连续文件或文件夹:

① 按下键盘上的 Ctrl 键不放,使用鼠标单击需要选中的文件和文件夹。

② 按下键盘上的 Ctrl 键不放,同时按下 Shift 键,再使用鼠标单击,可以选中多个不连续的文件组。

(4) 选择全部文件或文件夹:

① 使用键盘上的快捷组合键 Ctrl+A,选中窗口中的所有文件和文件夹。

② 在"编辑"菜单下,使用"全部选定"命令,选中窗口中的所有文件和文件夹。"编辑"菜单我们将在下一小节详细介绍。

(5) 反向选中:在"编辑"菜单下,使用"反向选定"命令,选中窗口中的所有刚才未被选中的文件和文件夹。

2.2.4　文件和文件夹的基本操作

在资源管理器中我们可以使用菜单来完成各种文件操作。需要说明的是,这些菜单是根据当时用户正在做什么而动态调整的,并不总是不变的项目。下面将按照菜单项目的顺序依次介绍"文件"菜单和"编辑"菜单。

1. 文件

"文件"菜单中包含了用来打开文件、创建和管理等文件及文件夹的命令。图 2.16 是在

"文件"菜单中经常看到的命令：

1）打开

若选中的对象是文件夹则打开文件夹；若是文件则使用相关联的应用程序打开选定的文件。如果选定的文件还没有相关联的应用程序，在打开文件时系统将提示用户选择要使用的应用程序。

2）打印

将文件直接发送到默认的打印机。只有文件被选中后，才会看到这个命令。

3）资源管理器

显示选定文件夹的资源管理器视图。

4）搜索

打开"搜索"，系统把用户选定的文件夹作为搜索的默认位置。

由于计算机中的文件和文件夹很多，用户如果不知道一个文件或文件夹的路径，想要查找它是困难的。Windows强大的搜索功能，可以帮助用户快速地找到所需要的文件或文件夹。点击"搜索"菜单命令，出现"搜索"窗口，如图2.17所示。窗口左侧为"搜索"任务窗格，右侧用来显示搜索到的结果。

图 2.16　资源管理器的文件菜单

图 2.17　文件搜索

在任务窗格的"全部或部分文件名"文本框中，输入要查找的文件或文件夹的名称；在"文件中的一个字或词组"中输入文件中包含的内容；在"在这里寻找"下拉列表框中，选择搜索的位置；还可以选择文件修改的时间、文件的大小以及其他高级选项等等。这些是搜索的组合条件，可以选择其中一个或若干个。输入完成后单击"搜索"按钮。在右侧的"搜索结果"窗口中就会显示搜索的结果。

也可以通过"开始"菜单，选择"搜索"项中的"文件或文件夹"命令，单击后打开搜索窗口。或者在"资源管理器"窗口内，单击工具栏上的"搜索"按钮打开搜索窗口。

在搜索结果窗口中，可以对查找到的文件或文件夹进行打开、执行、复制、移动等操作。也可以在搜索窗口中选定文件，然后用"文件"菜单下或在快捷菜单下，选择"打开所在的文件夹"。转到该文件所在的文件夹。

5) 打开方式

打开"打开方式"对话框,从而选择与文件相关联的程序。如果选定的文件没有与之相关联的程序,或者想给文件重新选择一个打开的程序,可以使用它。

6) 发送到

将选定的文件或文件夹发送到指定位置。默认的选择是"压缩(Zipped)文件夹"、"桌面快捷方式"、"邮件接收者"、"我的文档"和移动硬盘等。用户也可以根据需要自己添加发送位置。

7) 创建快捷方式

在当前文件夹中,为选定的文件创建快捷方式。

8) 新建

在当前的文件夹中创建新的文件夹或快捷方式,并将文件夹命名为"新建文件夹",或将快捷方式命名为"新建快捷方式"。这个命令还可以为大多数已安装的应用程序创建新文档,如创建文本文档等。如图 2.18 所示。

9) 删除

将选定的文件和文件夹发送到回收站。做删除操作时一定要注意,对于应用程序文件一般不直接删除,应该有系统程序进行卸载。否则会使系统中的某些功能将无法使用。应用程序的卸载,将在下一小节介绍。

图 2.18　新建选项

一般情况下,删除后的文件或文件夹暂时存放在"回收站"中;如果删除同时按下 Shift,文件或文件夹将被永久性删除,不会再放入"回收站"中。

对于那些文件或文件夹没有被永久性的删除,仅放入回收站时是可以恢复。特别是删除文件或文件夹后,已经做了其他操作,则可以选择从"回收站"中恢复。

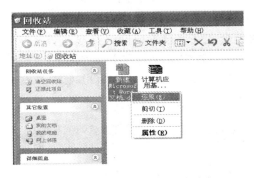

图 2.19　回收站图标及回收站窗口

"回收站"中有无文件或文件夹可以从其图标的状态上看出,如图 2.19 所示。

打开回收站,选中要恢复的一个或多个文件或文件夹。选择"文件"菜单下的或者选择快捷菜单的"还原"命令,就可以恢复选择的对象了。

10) 重命名

显示选定的文件或文件夹的名称,并进入编辑模式。输入文件或文件夹的新名称,再按 Enter 键或鼠标点击名称区域以外的其他地方,新名字将被接受。

11) 属性

Windows 操作系统的一些重要的文件或文件夹是不能进行任何修改操作的,系统将它们隐藏起来。此外,一些文件,系统只希望应用程序去读取,而不作任何的修改,这种文件属性是只读的。要想修改这些文件或文件夹,必须先修改它们的属性。如图 2.20 所示。

Windows XP 中常见的文件属性有:

(1) 只读:指文件或文件夹只读而不能删除或修改。

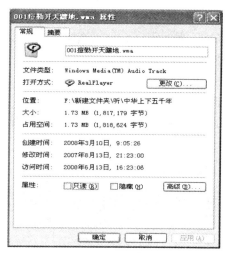

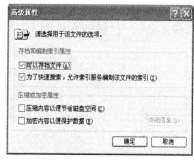

图 2.20 Windows 的文件属性窗口及高级属性窗口

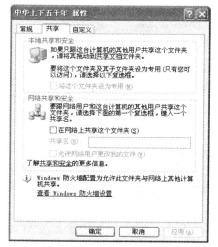

图 2.21 共享选项卡

（2）隐藏：指文件或文件夹不能用普通显示命令显示。

这两个属性是复选，用户可以根据需要选择或取消某种属性。

文件夹属性和文件属性不同之处，就是文件夹多了共享选项卡，如图 2.21 所示。

"共享"选项卡是由两部分组成的，在"本地共享和安全"栏是用来将文件设置成在本机用户之间共享，用于每个驱动器在默认状态下可以被所有用户访问。在"网络共享和安全"栏中选择"在网络上共享这个文件夹"可以将整个驱动器或单个文件夹设置成网络共享文件夹，在"共享名"文本框中可以自定义此共享文件夹的名称。使用"允许网络用户更改我的文件"复选框可以选择将共享文件夹的访问属性设置成只读或可写。

2. 编辑

"编辑"菜单（如图 2.22）中的命令是最常用的。其中包括：

1）撤销

撤销上一步操作。例如，在某文件改名后，想恢复原名，就可以撤销刚才的改名操作。

2）剪切

将文件或文件夹从现在的位置删除，并在系统的剪贴板内产生其相应的备份。剪贴板是 Windows XP 下隐含的一个应用工具，复制、粘贴都是利用剪贴板来进行的。

图 2.22 编辑菜单

3）复制

在系统的剪贴板内产生文件或文件夹的副本。与剪切的区别是并不删除被复制的文件或文件夹。

4）粘贴

将剪切或复制在剪贴板内文件或文件夹插入到选定的文件夹中。如果选定的文件夹中已经有了同类型、同名的文件或文件夹,这些复制来的文件或文件夹将会在名字前加上"复件"两字。

5）复制到文件夹或移动到文件夹

打开"复制项目"对话框或"移动项目"对话框,选择目标文件夹,系统把用户选择的文件或文件夹复制或移动到目标文件夹中。命令也可以通过"复制"或"剪切"和"粘贴"两个命令组合实现。

Windows XP 资源管理器菜单提供了对文件和文件夹种种操作的选择,但这并不是唯一的途径。一些命令可以在工具栏中找到,也可以使用键盘命令。Windows XP 中还有一种好的途径,就是快捷菜单,如图 2.23 所示。快捷菜单能够更方便、快捷地实现上述各种功能。用右键单击文件、文件夹或空白处的时候,快捷菜单就弹出了。快捷菜单中这些命令的功能与上面介绍的同名操作是相同的。

| 打开(O) |
| 安装(I) |
| 打印(P) |
| 打开方式(H)… |
| 发送到(N) |
| 剪切(T) |
| 复制(C) |
| 创建快捷方式(S) |
| 删除(D) |
| 重命名(M) |
| 属性(R) |

图 2.23　快捷菜单

2.3　软硬件的安装与删除

在 Windows XP 中,一个软件或硬件在使用之前一般都需要安装,也就是对软件或硬件的一些配置信息进行设置,以利于系统的管理。当某一个软件或硬件不再使用时,需要从系统删除,以节省系统的资源。本小节首先介绍了系统资源的配置工具"控制面板",然后介绍了软件和硬件的安装与删除步骤。

2.3.1　控制面板

控制面板提供了丰富的专门用于更改 Windows XP 外观、行为方式和硬件配置信息的工具。用户可以在"控制面板"中调用相关程序对系统资源进行适当配置,包括系统各类硬件的配置、系统运行环境的配置、网络配置、增加或删除程序。

打开控制面板的方式为:请单击"开始"、选择"设置"、"控制面板"。

"控制面板"窗口有两种显示视图:分类视图（如图 2.24)和经典视图（如图 2.25)。

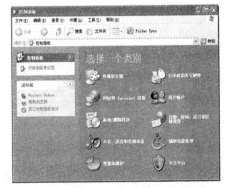

图 2.24　"控制面板"的分类视图

图 2.25　"控制面板"的经典视图

分类视图下,"控制面板"把类似功能的项组合在一起组成,也就是说项目按照功能进行分类,如图 2.24 所示。可以用鼠标指针停留在该图标或类别名称上,系统显示此项目的详细信息。单击该项目图标或类别名则打开某个项目。经典视图则直接显示所有的项,如图 2.25 所示。

控制面板中的常用项目的设置都比较直观,双击项目图标出现相应设置界面后,可根据需要进行设置或调整。

2.3.2　添加/删除程序

在 Windows XP 中,各种应用软件在使用之前一般都需要先安装;当不再使用它的时候,为了节省空间和提高计算机速度,需要卸载(删除)它。在控制面板中包含有"添加或删除程序",该程序可以帮助用户完成上述的工作,其界面如图 2.26 所示。

"添加或删除程序"对话框共有四个按钮,其中三个按钮的功能如下:

1) 更改或删除程序

如果某个应用程序在应用过程中某一部分出现了问题或者一个应用程序已经不再需要了,可以选择"更改或删除程序"进行修复或者删除。

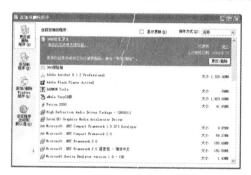

图 2.26　"添加/删除程序"对话框

点击"更改或删除程序"按钮后,右侧的列表框中会列出系统已经安装的应用程序,从中选择某个需要更改或删除的应用程序,这时可以看到它的右侧显示出"更改/删除"按钮,如图 2.26 所示。单击该按钮,根据提示就可以执行对该应用程序的更改或删除了。

通过"更改或删除程序"删除某个应用程序不但清除应用程序所在文件夹的内容,还清除应用程序在注册表中所属信息、处理共享文件等,而一般手工直接删除应用程序只是清除前者,所以说"更改或删除程序"删除应用程序是彻底和安全的。

由于现在应用程序都比较大,提供的功能比较多,因此在安装的时候,就可能提供各种选择。在应用程序使用的过程中,程序可能出现问题,或者发现当初少安装了某些功能,这时候可以通过"更改或删除程序"工具来进行更改或修复。当然,若软件中自带安装和卸载程序,用于软件的安装、修复和卸载是比较安全的。

2) 添加新程序

安装一个新的应用程序,方法很多。大多数应用程序提供了安装程序,安装程序通常被命名为:setup. exe,找到安装程序,执行它,就可以进行安装了。另外,也可以通过"添加或删除程序"中的"添加新程序"功能来安装应用程序。点击"添加新程序"后,出现如图 2.27 所示界面。然后根据软件安装程序的提示选择一步步操作就可以了。

3) 添加/删除 Windows 组件

选择"添加/删除 Windows 组件"选项,就会出现"Windows 组件向导"对话框,如图 2.28 所示。可用于添加或删除 Windows 的组件,根据对话框的组件及其详细信息的提示进行选择即可。

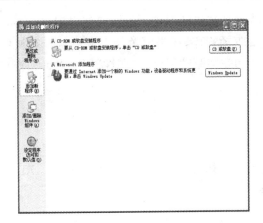
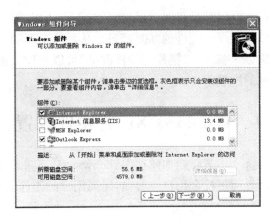

图 2.27　"添加新程序"对话框　　　　图 2.28　"Windows 组件向导"对话框

2.3.3　设备管理

硬件设备都是通过某个端口连接到计算机。如网卡和声卡,连接到计算机内部的扩展槽中;打印机和扫描仪,连接到计算机外部的接口上。

硬件设备能够在计算机上使用,除了硬件设备本身外,必须有相应的软件支撑,这类软件被称为设备驱动程序。设备驱动程序一般由设备制造商提供;某些设备驱动程序是微软公司提供的。Windows XP 中包含了一些著名品牌的设备驱动程序,相应设备可以即插即用。

安装设备时,一般分为下面三步:

(1) 将设备连接到计算机上。

(2) 为该设备安装合适的设备驱动程序。如果硬件厂商提供了安装程序,则直接运行该安装程序。也可以双击"控制面板"中的"添加硬件"项,系统会先自动搜索已连接但尚未安装驱动程序硬件,根据硬件的类型和品牌,或自行安装相应的驱动程序,或提示用户选择驱动程序安装。

(3) 配置设备的属性和设置。一般安装程序的时候,有些属性和设置是由用户进行选择和填写。

设备管理器是一个硬件设备的管理工具,可以单击"控制面板"、"系统"、"硬件"选项卡、"设备管理器"栏中"设备管理器"按钮,打开"设备管理器"窗口,如图 2.29 所示。

设备管理主要包括更改驱动程序、停用、卸载、扫描检测硬件改动(安装驱动程序)、更改属性等。在设备管理器中,以列表的方式分类显示出当前计算机所有安装的硬件,展开分类后,可以看到该类所包括的具体设备。鼠标右键单击某个要管理的设备,可显示如图 2.29 所示的快捷菜单。

如果想更改硬件的驱动程序或升级为最新的驱动程序,可以选择"更新驱动程序"。有些硬件设备(如显卡),可以采用"停用"设备的方法而不必卸载

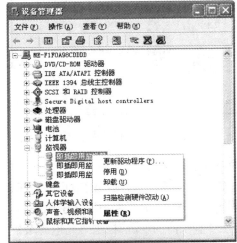

图 2.29　设备管理器

设备。"禁用"设备时,该设备暂时不可使用,但保持与计算机的连接。下次只要启用该设备就可以使用了。硬件的"卸载"只是从系统中删除设备驱动程序,还需要关闭电源后从计算机中移除该设备。"扫描检测硬件改动"可以发现新硬件和安装驱动程序。"属性"用来设置和查看硬件的配置信息。

2.4 Windows XP 的硬件设置

这一小节介绍如何在 Windows XP 下进行硬件和环境设置,使得硬件和 Windows XP 的工作界面更符合用户的习惯,提高用户的工作效率。

2.4.1 显示器的设置

在 2.1 小节中,介绍了"显示"属性的"桌面"选项卡和"外观"选项卡,这里我们将详细介绍"屏幕保护程序"和"设置"选项卡。除了在桌面上单击鼠标右键选择"属性"外,还可以通过"控制面板"中选择"显示"属性打开"显示 属性"对话框。

1. "屏幕保护程序"选项卡

在显示器的使用过程中,如果彩色屏幕的内容一直固定不变,时间较长后可能会造成屏幕的损坏。因此若在一段时间内不使用计算机,可设置屏幕保护程序,以保护屏幕延长显示器的使用寿命。

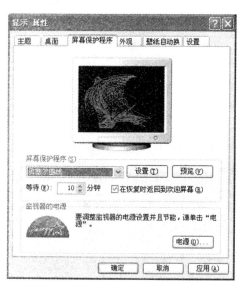

图 2.30 "屏幕保护程序"选项卡

"屏幕保护程序"选项卡,如图 2.30 所示,主要包括:"屏幕保护程序"栏和"监视器的电源"栏。

"屏幕保护程序"栏主要是设置屏幕保护程序的各种属性。在下拉列表中选择一种屏幕保护程序,选项卡的显示器中马上就可以看到该屏幕保护程序的显示效果。

"设置"按钮,可对该屏幕保护程序进行一些设置,这些设置和具体的屏幕保护程序有关,不同的屏幕保护程序是不同的。"预览"按钮,可预览该屏幕保护程序的效果。

键盘和鼠标在"等待"设置的数分钟后未有动作屏幕保护程序才会自动启动。如设置为 10 分钟,则键盘和鼠标在 10 分钟都没有发送任何消息,屏幕保护程序就自动启动运行。

注意复选框"在恢复时返回到欢迎屏幕",当屏幕保护程序运行时,移动一下鼠标或按任意键则屏幕保护程序被终止。如果设置了开机密码,还需要输入密码,否则不能中止屏幕保护程序。这适合那些暂时离开计算机,而工作的内容又需要保密的人,屏幕保护程序密码提高了计算机的安全性。

"监视器的电源"栏主要是电源节能方案的信息,包括监视器和硬盘的关闭时间、系统待机时间、计算机休眠等。单击"电源"按钮,可以查阅和设置这些信息。

2. "设置"选项卡

"设置"选项卡,如图 2.31 所示,可以指定监视器的颜色设置、更改屏幕分辨率以及设置刷新频率、使用多个监视器,指定显示字体大小,配置颜色管理等。

"颜色质量"栏内的下拉框提供了可供选择的屏幕颜色显示方案,如 16 色、256 色、增强色(16 位)、真彩色(32 位)等。

在"屏幕分辨率"栏拖动滑块可以设置屏幕的分辨率,如 640×480,800×600,$1\,024 \times 768$ 像素等。每台计算机能够设置的屏幕分辨率种类和监视器、显示适配器的显卡容量有关系,因此能够设置的分辨率有可能是不同的。

"高级"按钮可以用来配置监视器相关属性和适配器的驱动程序等等。

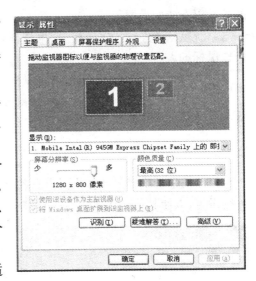

图 2.31　"设置"选项卡

2.4.2　键盘与鼠标的设置

键盘和鼠标是使用最频繁的计算机外设。绝大多数的操作命令都需要通过键盘和鼠标来下达给计算机。操作系统在安装时自动对键盘和鼠标的属性进行了设置,也可以根据自己的要求对鼠标和键盘进行调整。

从"控制面板"窗口中单击"键盘"项,打开"键盘 属性"对话框,如图 2.32 所示。

"键盘 属性"可以调整在按住一个键之后字符重复前的延迟时间、字符重复的速率、光标闪烁频率等。

拖动"重复延迟"滑块,可以设置在按住一个键之后字符重复出现的延迟时间;拖动"重复率"滑块,可以设置在按住一个键时字符重复的速率。拖动"光标闪烁频率"滑块,可以设置光标闪烁的频率。

从"控制面板"窗口中单击"鼠标"项,打开"鼠标 属性"对话框,如图 2.33 所示。

图 2.32　键盘属性

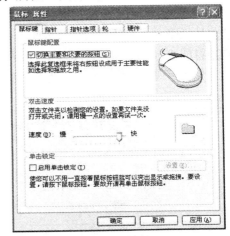

图 2.33　鼠标属性

"鼠标 属性"对话框主要是设置切换鼠标的左右键、调整鼠标双击的速度、设置鼠标光标的图案以及轮的设置等。

系统默认的左键为主要键,如果选择切换,则设置右键为主要键,这个设置适合那些左手操作鼠标的人。

拖动"双击速度"滑块,可以设置鼠标的双击速度。

可以通过选择"启用单击锁定"使鼠标的拖动变得更容易。启用"单击锁定"使选择文本或拖动文件不必持续按住鼠标,多按一会就可以了。

2.4.3 打印机

打印机是最重要的计算机输出设备之一。在完成打印机安装后,有必要对打印机的属性进行设置,以使其更好地满足用户的需求。

图 2.34 打印机属性

从"控制面板"或"开始"菜单,打开"打印机与传真"窗口,选中相应的打印机,右键单击属性将打开如图 2.34 所示的打印机属性对话框。"打印机属性"对话框包括很多类别选项,如设置打印机驱动程序、打印机端口、打印机共享、打印机权限、打印测试页等。

单击各个选项卡查看可用选项,然后按需要更改选项。

如果计算机上安装多台打印机,可以将其中的一台设为默认打印机。在打印机窗口中,选中要设置的打印机,右击鼠标在弹出的快捷菜单中,单击"设置为默认"命令。一个复选标记出现在打印机图标旁边。

"打印首选项"是打印机在打印文件时默认的设置。如果系统默认的首选项与实际使用的不相符合,可以修改这些首选项。如果要设置打印首选项,可以单击"打印首选项"按钮,系统弹出"打印首选项"对话框。在对话框中,单击"布局"和"纸张/质量"选项卡以及"高级"按钮,查看可用的选项并指定新的默认设置。可以修改的设置包括纸张大小、打印的颜色、页面方向、将纸张馈送给打印机的纸盒以及打印份数等。

使用打印机打印文件时,任务栏右侧系统托盘中会出现一个状如打印机的托盘图标,点击它会出现显示打印状态的窗口,如图 2.35 所示。在这个窗口中可以查看待打印的文档,暂停、继续、重启动和取消文档打印作业。

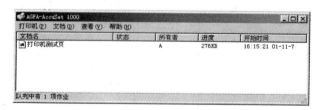

图 2.35 打印机工作窗口

2.5　Windows XP 的常用管理工具

Windows XP 的管理工具很多,本节只是选择介绍了其中的三个。许多管理工具的界面和操作方法是类似的,可以自行练习、操作。

2.5.1　多用户管理

Windows XP 系统是一个多用户操作系统,具有强大的用户管理功能。它允许多个用户共用一台计算机,允许用户可以有自己的个性设置,以适合自己的工作习惯和个人喜好。如可以更改屏幕的显示外观,选择时间、日期、数字和货币的显示格式以及鼠标和键盘的操作行为,也可以把用户喜欢的快捷方式放在桌面上或在"开始"菜单中,以便进行快速访问。Windows XP 保存每个用户的个性设置,并在用户登录时激活该用户设置。

图 2.36　用户账户

"用户账户"位于控制面板中。请单击"控制面板"、"用户账户",如图 2.36 所示。

用户账户定义了用户可以在 Windows XP 中执行的操作。用户必须作为管理员或 Administrators 组的成员进行登录,才能使用控制面板中的"用户账户",创建新账户或者更改账户。

在 Windows XP 中,主要账户类型如下:

1) 计算机管理员账户

是专门为可以对计算机进行全系统更改、安装程序和访问计算机上所有文件的人而设置的。拥有计算机管理员账户的人拥有对计算机上其他用户账户的完全访问权。

2) 受限制账户

需要禁止某些人更改大多数计算机设置和删除重要文件,而受限制账户就是为这些人设计的。对于使用受限制账户的用户,某些程序可能无法正确工作。

3) 来宾账户(guest)

那些在计算机上没有用户账户的人属于来宾账户,他们可以查阅自己的电子邮件或者浏览 Internet。来宾账户可以没有密码,所以无账户的用户可以快速登录。

1. 创建新账户

创建新账户的操作步骤如下:

(1) 在"控制面板"中打开"用户账户"。

(2) 单击"创建新账户",则打开创建新账户向导窗口,如图 2.37 所示。键入新用户账户的名称,然后单击"下一步"。

(3) 根据想要指派给新用户的账户类型,单击"计算机管理员"或"受限制",如图 2.38 所示,然后单击"创建账户"。

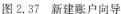

图 2.37　新建账户向导　　　　　　　　　图 2.38　设置新账户权限

2. 更改账户

账户创建后,可以修改账户的一些属性。如新创建的账户没有密码,为了信息的安全,需要设置账户密码。

单击图 2.36 用户账户窗口内的用户按钮,弹出如图 2.39 所示的"更改账户"窗口。如果用户账户没有密码,则"更改密码"和"删除密码"选项被"创建密码"选项代替。

在"更改账户"窗口,可以对账户更改名称、更改账户类型、修改密码、删除密码、删除账户等。如以修改密码为例,单击"修改密码"选项,则打开如图 2.40 所示的"修改密码"窗口,用户根据提示,分别填入相关数据,最后单击"更改密码"按钮,就可以了。

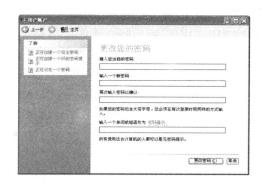

图 2.39　"更改账户"窗口　　　　　　　　图 2.40　"修改密码"窗口

2.5.2　磁盘管理

磁盘是计算机最重要的数据存储设备,对计算机系统整体性能的提高有较大的影响。Windows XP 为用户提供了多个磁盘管理和维护工具。Windows XP 中每个磁盘分区都有一组属性页面,用户可以在属性页面中设置驱动器参数或者执行一系列的磁盘操作,以提高磁盘的性能。下面主要介绍磁盘常规属性和四个磁盘工具。

1. 磁盘常规属性

在"资源管理器"中右键单击磁盘选择属性,则弹出属性对话框,如图 2.41 所示。

在"常规"选项卡中显示了该盘的名字,磁盘类型,文件系统,磁盘容量,以及已用空间和可用空间的大小等。

在图 2.41 可以看到磁盘名字是"data",文件系统是"NTFS"格式等等。

常规选项卡中显示当前磁盘已用空间和可用空间的大小,图形表示两者的比率。

常规选项卡下方有两个复选框。一个是"压缩驱动器以节约磁盘空间"复选框,使用此选项可以节省磁盘的存储空间。另外一个是"允许索引服务编制该磁盘的索引以便快速搜索文件"复选框,使用这个选项用户可以加速文件的搜索过程,但它的不足之处是生成的索引文件会占用磁盘空间。

2. 磁盘清理

磁盘清理,主要是回收临时文件占用的磁盘空间,以便存放更多新文件。计算机的使用过程中难免会产生许多的临时文件,常见的临时文件有以下几种:

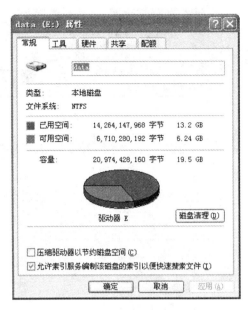

图 2.41　磁盘常规选项卡

(1) 用户应用程序生成的垃圾文件。因为许多的应用程序在运行过程中会产生临时文件,这些临时文件中保存了许多用户的操作信息,正常情况下在程序结束时这些临时文件都会被系统自动地删除,但是一旦机器死机或者程序没有响应这些垃圾文件就被留在了磁盘上。

(2) 网页信息。经常上网的用户也会在 Internet 临时文件夹中留下许多的网页信息,这些信息的存在可以方便用户快速连到网络和脱机查看相关的历史信息。

(3) 已下载的程序文件。这些都是用户在浏览网页的过程中,为了显示某种效果而下载到本机上的,一般都是一些小程序。

(4) 安装文件。在使用计算机的过程中,难免要安装各种各样的应用程序,而在结束安装以后许多的安装文件还是被遗留在了计算机中。

(5) 被删除的文件。"回收站"里保存了用户删除的文件,这些也可以在磁盘清理时被删除。

(6) 压缩旧文件。为了节省磁盘空间而压缩了许多用户长时间没有访问过的文件。

这些垃圾文件的存在不仅占用了大量的磁盘空间,而且影响了计算机的执行效率,使机器的运行速度变得越来越慢。Windows 提供了一个功能强大的磁盘清理程序,它能搜寻所有分区的临时文件和垃圾文件,释放磁盘空间。

单击图 2.41 中的"磁盘清理"按钮启动磁盘清理工具。运行时,系统首先会用一段时间计算该驱动器上可以释放的磁盘空间的大小,如图 2.42 所示,然后显示磁盘清理窗口,如图 2.43 所示。

在"磁盘清理"对话框的"要删除的文件"列表中给出了该驱动器上所有的临时文件和它们所占的磁盘空间,用户可以选择删除的文件类型,也可以点击下方的"查看文件"按钮,查看这类文件的具体信息。点击"确定"按钮开始磁盘清理。

用户也可以单击"开始"、"所有程序"、"附件"、"系统工具"、"磁盘清理"来启动,和前者的启动不同的是需要先选择要清理的磁盘,如图 2.44 所示。

图 2.42　磁盘清理

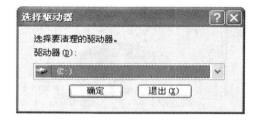

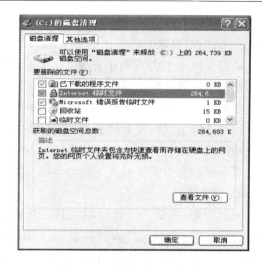

图 2.44　磁盘清理:选择驱动器对话框图　　　　图 2.43　"磁盘清理"对话框

3. 磁盘查错

在磁盘属性的"工具"选项卡中,如图 2.45 所示,有三个 Windows XP 使用最频繁的三项磁盘工具,依次是:查错、碎片整理和备份。

磁盘查错主要是检查文件系统是否有错误和硬盘上是否有坏扇区,发现问题后进行修复。但是这些修复有可能不成功,如坏扇区如果不能修复成功,就会标记,使得下次文件系统将不会再分派该扇区。这些错误是系统非正常关机或磁盘本身异常引起的。

在进行磁盘检查前,需要关闭所有的文件和应用程序。

选择你要检查的磁盘,打开该磁盘的"属性"对话框,并选择"工具"选项卡,见图 2.45。单击"开始检查"按钮,就会弹出"检查磁盘"对话框,如图 2.46 所示。

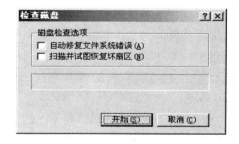

图 2.45　磁盘工具选项卡　　　　图 2.46　"检查磁盘"对话框

"检查磁盘"对话框显示了两个选项,分别是"自动修复文件系统错误"和"扫描并试图恢复坏扇区"。如果选中第一个复选框,那么在扫描过程中如果发现文件系统错误,程序会自动修复这些错误。如果选中第二个复选框,那么如果扫描过程中遇到磁盘坏扇区,检查程序会试图修复这些坏扇区。相反如果用户没有选择其中的任何一项,那么在磁盘扫描过程中如果遇到错误,检查程序会提示用户是否修复错误。单击"开始"进行磁盘检查。

磁盘检查所需的时间取决于磁盘空间大小、磁盘文件多少以及选择的选项等。

4. 磁盘碎片的整理

计算机磁盘上的文件,并非保存在一个连续的磁盘空间上;而是把一个文件分散存放在磁盘的许多地方,习惯称之为"磁盘碎片"。磁盘碎片会增加计算机读盘的时间,从而降低了整个计算机的运行性能。因此计算机使用一段时间后,就要对磁盘进行碎片的整理。

磁盘碎片整理程序可以重新安排计算机硬盘上的文件、程序以及未使用的空间,以便程序运行得更快,文件读取得更快。主要是改变文件在硬盘上存储的位置,对文件的其他信息没有任何的影响。

在图 2.45 所示的工具选项卡中单击"开始整理"按钮,或者通过"开始"、"所有程序"、"附件"、"系统工具"、"磁盘碎片整理程序",启动磁盘碎片整理程序,如图 2.47 所示。然后用户可以根据向导完成相关操作。

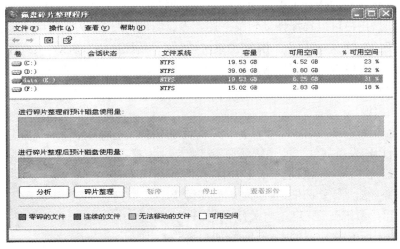

图 2.47　"碎片整理"窗口

一般情况下,选中要进行磁盘碎片整理的磁盘分区后。首先要"分析"一下磁盘分区状态,单击"分析"按钮后对所选的磁盘分区进行分析。系统分析完毕后,会弹出对话框。建议是否对磁盘进行碎片整理。如果需要对磁盘进行整理操作,直接单击"碎片整理"按钮即可。

5. 磁盘备份

由于计算机掉电、计算机病毒、系统硬件或存储媒体故障等不可预知的原因,可能会造成数据意外受损。因此在 Windows XP 中都包含了一个用于数据备份的工具,用户可以使用这个工具来对系统中的重要数据做定期的备份。这样,如果硬盘上的原始数据被意外删除或覆盖,或因为硬盘故障等原因遭到损坏而不能访问该数据,就可以从存档副本中还原该数据。但是数据备份操作只能减小数据丢失的程度,而不能避免。

Windows 的备份工具可以完成两个主要功能:

(1)备份。在设定相关选项后,将指定的数据(包括本地磁盘上和远程存储器上的数

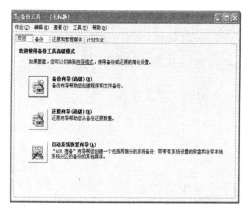

图 2.48　"备份工具"窗口

据)保存到预先设定的目录中,也可以将该项操作添加到计划任务中,以便系统定期地执行数据备份。

(2) 还原。使用先前备份过的数据还原指定的文件。

在图 2.45 所示的工具选项卡中单击"开始备份",或者单击"开始"、"所有程序"、"附件"、"系统工具"、"备份",打开"备份工具"窗口,如图 2.48 所示。用户可以根据向导来选择是备份数据还是还原数据,然后根据向导的提示一步步进行设置或选择,完成任务。

2.5.3　系统还原

"系统还原"是 Windows XP 中的一个组件。利用该组件,可以监视系统以及某些应用程序文件的改变,并自动创建易于识别的还原点,当计算机发生软件故障,例如系统受病毒破坏无法正常使用时,用户可以选择恢复到某个还原点,使计算机恢复为那时的状态。

请单击"开始"、"所有程序"、"附件"、"系统工具"、"系统还原",启动"系统还原"对话框,如图 2.49 所示。或者单击"开始"、"帮助和支持",选择"使用系统还原撤销你对计算机的更改"任务,也可以启动"系统还原"。

1. 系统还原设置

单击"系统还原"主页(如图 2.49)左侧的"系统还原设置"链接,打开"系统属性"的"系统还原"选项卡,如图 2.50 所示。在"系统还原"选项卡上方有"在所有驱动器上关闭系统还原"复选框,这个复选框实际上是所有驱动器的"系统还原"启动与关闭的总开关。如果选择,则关闭所有驱动器的系统还原;如果不选择,可以在"驱动器设置"栏分别设置每个驱动器的系统还原属性。为了能够使用"系统还原",一般不选择,这样在系统更新或应用程序安装出错或受到病毒感染的时候,就可以还原健康的系统了。

图 2.49　系统还原主页

"系统还原"在监控系统运行状态时,一般不会对系统性能造成明显影响,创建还原点是非常快速的,通常也只需几秒的时间。每天定期的系统状态检查也是在系统空闲时间进行,而不会干扰任何用户程序的运行。

默认情况下,"系统还原"会占用大约 12% 的可用磁盘空间分配来保存还原点。用户也可以调整"系统还原"占用的磁盘空间大小。在"驱动器设置"栏中可以选择要设置的驱动器,如 D:盘,然后单击"设置"按钮,则弹出"驱动器(D:)设置"对话框,如图 2.51 所示。对话框中的复选框只影响当前驱动器,因此可以只选择部分驱动器设置"系统还原"。在"磁盘空间的使用"栏中移动滑块,可以调整"系统还原"所占用磁盘空间的大小。占用磁盘空间的大小将直接影响可用还原点的数量。

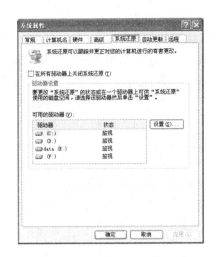

图 2.50　系统属性:系统还原

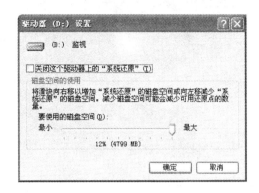

图 2.51　系统还原:驱动器设置

"系统还原"只监控一组核心系统文件和某些特定类型的应用文件,如文件后缀为 exe、dll 等,记录系统改变前这些文件的状态,以便系统还原时还原这些文件。但"系统还原"不监控文档、图形、电子邮件等用户个人数据文件的改变,因此也不能还原这些文件,反之还原也不会把已存在的此类文件丢失。这也就是说非系统磁盘和非应用程序所在的磁盘一般情况下为了节约磁盘空间,不需要启动"系统还原"功能。

2. 创建系统还原点

每天或者在发生重大系统事件时,如安装应用程序或者驱动程序,都会自动创建还原点。除了系统自动创建的系统还原点,用户也可以自己创建还原点。选择"系统还原"主页(如图 2.49)的单选项"创建一个还原点",单击"下一步"按钮,系统弹出"创建还原点"对话框,如图 2.52 所示。

在"还原点描述"下,填写对当前还原点的描述,单击"创建"按钮。系统就开始检测系统文件和应用程序后,创建该还原点。创建成功后,弹出"还原点已创建"的对话框,单击"关闭"按钮。这样一个还原点就创建好了。

图 2.52　创建一个还原点

3. 系统还原

当电脑由于某种原因出现异常错误或故障,就可以利用前面创建的还原点恢复系统了。选择"系统还原"主页(图 2.49)的单选项"恢复我的计算机到一个较早的时间",单击"下一步"按钮,则系统弹出"选择一个还原点",如图 2.53 所示。

在日历上点击黑体字显示的日期并且在列表中选择还原点(如图 2.53),点击"下一步"按钮,随后弹出的"确认还原点选择"对话框,单击"下一步"按钮,即可进行系统还原。还原结束后,系统会自动重新启动,所以一般情况下执行还原操作时不要运行其他程序,以防止文件丢失或还原失败。如果想取消"系统还原",在"系统还原"主页选择"撤销我上次的恢复",然后单击"下一步"按钮就可以撤销上一次的系统还原。

图 2.53　选择一个还原点

在系统还原时如果无法以正常模式运行 Windows XP 时，也可以启动时按 F8，选择"安全模式"进入操作系统，然后进行系统还原。如果系统连安全模式也无法进入，但能进入"带命令行提示的安全模式"，那就可以在命令行提示符后面输入"％SystemRoot％\system32\restore\rstrui.exe"，这样也可打开系统还原操作界面。其中"％SystemRoot％"表示 Windows XP 的系统文件夹。

本章介绍了 Windows XP 中一些基本的常用的功能和操作，这仅仅是 Windows XP 的冰山一角。为了合理、有效地利用计算机资源，并对资源和数据进行管理，可能需要了解和掌握更多的操作系统知识，需要更多的使用和操作练习。希望在练习时明确操作的目的和方法，不要因误操作而带来不必要的麻烦。

习题 2

2-1　在 C 盘创建一个文件 MyDocument.txt，内容为"计算机资源管理"。

2-2　把第 1 题创建的文件复制到 D 盘，并修改其属性为只读、隐藏，把名字修改为 MyDocument.bak。

2-3　在 D 盘创建一个文件夹 MyFile，把第 1 题创建的文件复制到此文件夹下。

2-4　把第 1 题、第 2 题和第 3 题创建的文件和文件夹删除（放入回收站）。

2-5　彻底删除回收站中的文件 MyDocument.bak；还原文件 MyDocument.txt。

2-6　查找 C 盘中名字以"Win"打头的文件和文件夹。

2-7　把屏幕分辨率设置 640×480。选择一个图形文件作为墙纸。设置一个屏幕保护程序，等待时间为 2 分钟。

2-8　创建一个新用户：用户名为你的名字，密码为学号。用新用户登录系统，并把密码修改为你的生日。

2-9　对某个硬盘进行磁盘检查，并备份一些重要的文件。如果碎片太多，就做碎片整理。

2-10　从网上下载一个应用程序，学习安装应用程序。

2-11　从网上下载一个汉字输入法，安装并添加该输入法。

2-12　进行系统还原。先创建一个系统还原点，然后任意选择以前的一个还原点进行恢复，最后再撤销该次还原。

第3章 文字处理

本章概要

随着计算机技术的发展,各种文字处理系统功能越来越强大,不仅为人们提供了现成的文本样式和页面格式,而且提供了可供选择的句式和联想丰富的同义词库,有的甚至还能提供情景、情节、理念等思维模块。文字处理能力是日常工作和学习中的一项重要内容,任何一个办公应用软件包的核心都是字处理程序,Microsoft Office 2003 提供了当今市场上最为流行的、功能最为强大的字处理程序 Word。作为一款优秀的字处理软件,Word 2003 可使文档的创建、共享和阅读变得更加容易。Word 2003 还支持多种文件格式,使不同办公软件或应用程序间的数据交换十分方便。

本章将通过 Word 2003 的使用,介绍利用计算机进行文字处理工作的基本方法。在本章里将学习以下主要内容:Word 的工作环境、文档的创建、文档的排版、插入表格和图形元素等对象、域和邮件合并等内容。

学习本章后,您将能够

- 了解 Word 的基本功能和不同视图的运用
- 创建文档并保存为所需的类型
- 轻松自如地编辑文档并掌握一些编辑技巧
- 不仅能对文档进行一般地排版而且能够掌握一些高级的排版技术
- 能熟练运用样式和模板以提高排版的质量和效率
- 熟练地进行页面设置
- 在文档中插入表格对象并能完成基本的计算
- 在文档中插入图形元素等其他对象并能进行一些简单的编辑工作
- 在文档中插入公式
- 使用域和邮件合并工具提高文档处理的效率

3.1 Word 的启动与关闭

在本节中,主要介绍如何启动 Word,如何在 Word 中打开文档,以及 Word 文档和 Word 应用程序的关闭。本节的内容虽然很简单,但对于快速有效地使用 Word 很有帮助。

3.1.1 Word 的启动

可以通过多种方式启动 Word,从而开始文字处理工作。

1. 启动 Word

如果 Windows 桌面上有 Word 快捷方式，双击该图标，可以启动 Word；也可以选择"开始"菜单中的"程序"、"Microsoft Word"选项，启动 Word。按此类方式启动 Word 的同时，创建名为"文档1"的空文档。

2. 打开文档以启动 Word

先找到需要打开的 Word 文档，双击之，该文档将被 Word 打开。当然这样也就启动了 Word。

3. 新建文档以启动 Word

如果需要新建一个 Word 文档，先定位到该新建文档所在目录，右击鼠标，在快捷菜单中选择"新建"、"Microsoft Word 文档"。此时，在该目录下将出现名为"新建 Microsoft Word 文档.doc"的 Word 文档，可以将其改为自己希望的文件名。然后双击它，就可以启动 Word 并进行该文档的编辑了。

3.1.2　Word 界面介绍

要想熟练使用 Word 2003，必须对它的界面有清晰地了解。启动 Word 2003 后，其界面窗口如图 3.1 所示。窗口中有标题栏、菜单栏、格式工具栏和常用工具栏、标尺、文档区域及定位按钮、视图方式按钮和状态栏等元素。下面对各个部分作一个简单地介绍。

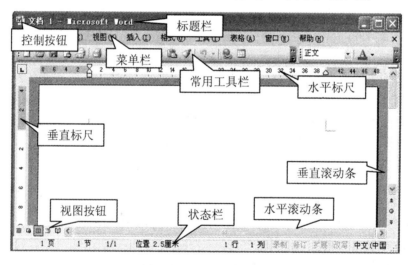

图 3.1　Word 工作窗口

1. 标题栏

Word 标题栏位于窗口的顶部。其最左端是控制按钮，单击该按钮可以调出控制菜单，双击它可以关闭该 Word 文档窗口。

控制按钮右侧是标题文字，显示的是当前处理的文件名，如"文档1"。

标题栏右侧为窗口的三个标准按钮，即"最小化"、"最大化"和"关闭"按钮。

2. 菜单栏

菜单栏的作用就是使用户通过选择菜单中的相应命令来实现对文档的相关操作。Word 的菜单命令根据操作性质分为"文件"、"编辑"、"视图"、"插入"、"格式"、"工具"、"表格"、"窗口"和"帮助"等九组。

当把鼠标指向某一组菜单并单击时,Word 将激活该菜单。如单击"文件"时的下拉菜单如图 3.2 所示。相关说明如下:

图 3.2　"文件"下拉菜单

(1) 菜单项前有图标,表示该菜单功能作为按钮出现在工具栏上。

(2) 若菜单项前有"√",说明该项功能已被选中。

(3) 菜单项后跟省略号,表示选择该菜单项将弹出一对话框。

(4) 菜单项后跟字母。如"另存为(A)",表示该项命令也可以按快捷键"Alt+F,A",即先按"Alt+F"调出"文件"菜单,再按"A"。Word 对很多操作都已经定义了快捷键操作。如果需要进行快捷键的查询和设置,选择"工具"、"自定义"、"选项",单击其中的"键盘"按钮,在弹出的对话框中可以查询和重定义所有命令的快捷键。

(5) 菜单项右侧标注"Ctrl+字母",表明这是该项命令的快捷键,如"保存"按"Ctrl+S"。

(6) 菜单项后跟 ▶,表示将鼠标指向该菜单项,将会拉出下一级菜单。

(7) 菜单栏底部的 ⤓ 是 Word 提供的一项智能设置。Word 将常用的菜单项放在顶部,而其他的并不显示。如果需要的话,单击该标记即可拉出全部菜单项。

(8) 有些菜单项呈灰色,表示当前禁止使用。

3. 工具栏

默认状态下,仅显示"常用"和"格式"工具栏。其他的工具栏作为某些任务的特性将自动出现,如单击文档中的图片将自动弹出"图片"工具栏。如果需要显示或隐藏某一工具栏,只要选择"视图"、"工具栏"(或者在工具栏的任意位置右击鼠标)在菜单中给对应的工具栏加上或去除"√"标记。

实际上,工具栏上放置的是最常用的一些菜单命令,这样是为了方便使用,不必每次都从菜单中选取。当把鼠标指向某个按钮时,在鼠标的下方会出现一个小方框,框内显示了该按钮的名称,该功能被称作"工具提示"。

工具栏是按功能分组组织的,可以整体移动或利用工具栏的右侧"工具栏选项"按钮来调整、添加和删除按钮。

4. 标尺

在页面视图下可以有水平标尺和垂直标尺。标尺可以用来设置或查看段落缩进、制表位、页面边距和栏宽等信息。

水平标尺最左边的按钮可直接用于设置制表位的对齐方式,多次单击它,可以在左对齐式、居中式、右对齐式、小数点对齐式、竖线对齐式的方式和首行缩进、悬挂缩进之间循环设置。水平标尺上的三个游标可用于快速地设置段落的左缩进、右缩进和首行缩进等。通过标尺完成上述操作比通过菜单完成方便直观。

标尺的显示与隐藏可以通过选择"视图"、"标尺"来实现。是否在页面视图下显示垂直标尺的,可通过选择"工具"、"选项"、"视图"选项卡,在"页面视图和 Web 版式视图选项"区域中的"垂直标尺"复选框进行控制。

5. 定位按钮

所谓定位,就是使得光标指向文档中的目标位置。在一个较长的文档中,快速有效地实现光标的定位是很重要的,这将大大节省在文档中移动的时间。

Word 在垂直滚动条和水平滚动条上提供了两个方向的定位按钮。垂直定位按钮有:上箭头、垂直滚动条、下箭头、上一页、选择浏览对象和下一页按钮。水平定位按钮有:左箭头、水平滚动条和右箭头。

6. 视图按钮

所谓视图方式,也就是浏览文档的方式,一般不同的视图方式有不同的用途。具体内容参见 3.4.1 节。在窗口的左下方有五个按钮 ≡ ◻ ▣ ⋮ 囗 ,分别是:普通视图、Web 版式视图、页面视图、大纲视图和阅读版式按钮,可以通过点击方便地进行视图切换。

7. 状态栏

位于窗口最下方的状态栏用于显示当前文档的一些信息,包括当前光标的确切位置(行、列和自文档顶部开始的距离)、处于哪一页哪一节、文档的总页数、宏的录制等。可以双击这些选项以更改对应选项的特性,如双击页、节等位置信息将弹出“定位”对话框;而双击“改写”选项相当于按下“Insert”键,文本状态将在“插入”和“改写”状态间切换等。

3.1.3 Word 的关闭

当处理并保存好 Word 文档后就可以关闭 Word 了。这时要分清楚是关闭 Word 应用程序还是关闭 Word 文档。如果暂时不需要使用 Word,应该关闭 Word 应用程序;而如果仅仅是结束了某一文档的处理,后面还要使用 Word,应该关闭文档窗口。

1. Word 应用程序的关闭

图 3.3 “文档保存”警告对话框

这意味着需要关闭 Word 应用程序以及所有正在打开的文档。选择“文件”、“退出”,系统将自动关闭所有打开的文档并退出 Word 应用程序。如果某些文档未曾存盘,将依次弹出警告框如图 3.3 所示。单击“是”按钮,保存该文档;单击“否”,则放弃保存。如果不想退出 Word 也不想退出该文档的话,单击“取消”。

2. Word 文档的关闭

首先选择需要关闭的文档(若该文档不是当前文档,可在任务栏上寻找,或者单击“窗口”菜单,其中提供了当前打开的所有文档名),然后单击“关闭”按钮。如果该文档修改后未保存,也将弹出如图 3.3 的警告框。

请注意:若被关闭的文档需要保存,最好先保存后关闭,以防止在警告框中按错了按钮。

3.2 文档的创建

在本节中,主要介绍:文档的建立、保存和打开;文档录入、复制、移动、查找、替换;在文档中创建批注、脚注、尾注和超级链接。通过本小节的学习,将能够快速地创建一个基本的文档,并对文档进行有效的编辑处理。

3.2.1 新建文档

直接启动 Word 后,自动建立的一个新文档的默认名称是"文档 1"。此时,单击工具栏上的"新建空白文档"按钮,将会再新建并打开一个空白的文档,其名字叫做"文档 2",或者是以"文档"两字开头的其他名称。

也可以通过选择"文件"菜单中的"新建"命令来建立新文档,这时文档窗口右侧将弹出"新建文档"任务窗格,如图 3.4 所示。该窗格中主要有两组选项,即"新建"和"模板"。

在"新建"类选项中,提供了五种选择,具体内容如下:

(1) 空白文档:用于创建一个普通的文档文件。它将创建一个新的空白文档。

(2) Web 页:用于创建一个在网上展示的 Web 页。

(3) 电子邮件正文:用于创建一个电子邮件。

(4) XML 文档:XML 是"Extensible Markup Language"的缩写,即可扩展标记语言。XML 文档是一种网络传输文档。

(5) 根据现有文档:可用于选择格式相近的文档作为"模板"建立新文档,单击该图标将弹出对话框,可以从中选择所依据的现有文档。

"模板"类选项提供了可以作为新建文档模板的一些选项。例如,点击"本机上的模板…",将打开如图 3.5 所示对话框。从该对话框选择某个预先给出的模板,确定后即可按该模板自动创建新文档。其中,有些模板将会以向导的方式,逐步引导用户创建文档。

图 3.4 新建文档任务窗格

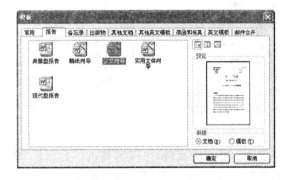

图 3.5 "模板"对话框

3.2.2 保存文档

在编辑文档的过程中,及时保存文档十分重要,Word 文件菜单提供了三种保存方式。另外,可以改变某些设置或执行一些操作,使 Word 以最适合于文档大小、硬盘空间和内存条件的方式保存文本,这就要进行保存选项的设置。

1. 保存

如果文档属初次保存,单击常用工具栏中的"保存"按钮 （或者选择"文件"、"保存",也可以用快捷键"Ctrl＋S")时将弹出"另存为"对话框,如图 3.6 所示。这时,可以选择文档保存的位置、文件名以及保存的类型。一般情况下,保存类型为"Word 文档(＊.doc)",不必改变。如果该文件已经保存过,单击常用工具栏中的"保存"按钮 时将再次保存最新的修改,不会

图 3.6　"另存为"对话框

出现对话框。保存时,Word 将在状态栏上显示保存进度条及保存图标,保存结束时它们将自动消失。

注意:在同时打开多个 Word 文档的情况下,若要同时保存所有打开的文档,按下 Shift 键,然后单击"文件"菜单上的"全部保存"命令,就可以了。

为了保存一些与文档主题、作者、单位等相关的信息,可以在文档保存之前在文档"属性"中填写。可以从"文件"菜单中选择"属性"命令,然后在"属性"对话框中填写"摘要"等信息。文档保存时,这些信息都将一起保存在文档中。此外,文档还可以使用"文件"菜单中的"发送"直接作为邮件发送,或发送到 PowerPoint 中成为演示文稿。有关演示文稿的知识将在第 5 章中介绍。

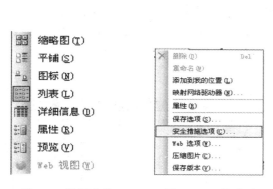

图 3.7　视图选项　　　图 3.8　工具选项

图 3.9　"安全性"对话框

2. 另存文件

已经保存过的文件,可以另外再存盘。从"文件"菜单中选择"另存为"命令,也将弹出"另存为"对话框。这时可以进行以下操作:

(1) 设置新的文件保存位置、文件名、保存类型。对话框左侧的"我最近的文档"、"我的电脑"等图标表示相应的保存位置,可以直接点击选择,或者在"保存位置"列表里选择。对话框中部显示了在指定位置上的现有文件。如果需要可以改变现有的文件名,或者改变保存类型。如果将文档保存为其他类型,以后就可以使用其他软件来读取和处理该文件了。

(2) 使用工具栏。"另存为"对话框右上方有 7 个按钮,分别是"后退"、"向上"、"搜索Web"、"删除"、"新建文件夹"、"视图"和"工具",可以利用这些按钮改变当前位置,搜索或删除文件以及其他处理。其中"视图"按钮可以选择当前目录下的文件显示模式,这些模式分别如图 3.7 所示。

(3) 设置安全性选项。点击"另存为"对话框中的"工具"按钮,可见如图 3.8 所示菜单,从菜单中选择"安全性措施选项",可见如图 3.9 所示"安全性"对话框。可以在"安全性"对话框中输入"打开文件时的密码"和"修改文件时的密码",并进行其他设置,然后单击"确定"。设置了密码的文档在打开时就会弹出对话框,要求输入相应密码,否则不能打开或不能修改。请注意,不要忘了自己所设的密码,不然的话自己也打开不了。此外,在 3.4.2 节介绍的"保存选项卡"中也可以进行密码设置。

3. 文件恢复

如果因种种原因导致 Word 中断工作或重新启动,再次运行 Word 时,会自动出现"文档恢复"任务窗格,其中列出了 Word 停止响应时已恢复的文件。用户可以打开文件、查看所做的修复,以及对已恢复的版本进行比较,可以选择保存最佳版本并删除其他版本。

当鼠标指针指向文档名称时,将出现"这是原始文档"和"这是自动恢复版本"等提示。其中"原始文件"是最后一次手动保存的源文件,而"已恢复"来自恢复过程中已恢复的文件,或在"自动恢复"保存过程中已保存的文件。通过这种方式,尽可能地减少用户的损失。

3.2.3　打开文档

要打开一些已经建立的文档,可以使用下面的几种方法:

(1) 找到需要打开的 Word 文档,直接双击将其打开。

(2) 在 Word 中使用"打开"命令:单击工具栏上的"打开"按钮 📂 (或选择"文件"、"打开",或者按快捷键"Ctrl+O"),将弹出 "打开"对话框,如图 3.10 所示。先在"查找范围"中确定文件的位置,然后在列表框中选取需要打开的文件,点击"打开"按钮。注意,点击"打开"按钮的下拉列表可以选择不同打开方式,如图 3.11 所示。

图 3.10　"打开"对话框　　　　　　　　图 3.11　打开方式

(3) 如果要打开最近打开过的文件,可以在"文件"菜单的最底部直接单击需要打开的文件名。如果希望修改"文件"菜单中列出的最近文件数,可以在"工具"、"选项"、"常规"选项卡中设置。

3.3　录入和编辑

文档中的内容是 Word 处理的主要对象。在实际应用中,文档中的内容可以包含多种形式的元素,例如文字、数字、图片、批注、脚注、尾注、超链接等,而最常见和最重要的还是文字类元素。本小节将就此类内容的录入和编辑进行具体介绍,其他元素的插入和处理在以后的小节中介绍。

3.3.1　文本的录入和编辑

这里所说的文本主要是指各种文字、数字、标点符号。

1. 中英文的输入

英文的输入可直接通过键盘输入,而中文的输入可使用鼠标左键单击任务栏右侧系统托盘上的输入法提示器,然后选择其中一种中文输入法。注意:中文通常需在小写状态下输入。

输入法默认的常用切换快捷键如下:

(1) Ctrl+Space:可实现中文输入法与英文输入法之间的切换。

(2) Ctrl+Shift:可实现各种输入法之间的切换。

(3) Shift+空格键:切换全半角状态。

2. 插入行或段落

在当前活动的文档窗口内,有一个闪烁的光标被称为"插入点",它表示文字录入的位置。随着文本的不断录入,插入点的位置也不断地向右移动,当到达所设页面的最右边时,Word自动将"插入点"移到下一行。输入过程中按 Enter 键将自动产生一个段落标记符号,表示本段内容的结束。段是文档内容的一种处理单位,除非想开始一个新的段落,一般情况下不要按 Enter 键来换行,应该让段落里的内容自动换行,以便以后对段落的编辑处理。

在 Word 中存在一些有特殊意义的符号,如段落标记符号、制表符、空格符号等。这些字符在最终的打印文档中并不出现,因此被称作"非打印字符",它们在文档中显示与否可以通过"工具"、"选项"对话框中的"视图"选项卡来设置。

3. 字符的删除

如果在录入的过程产生错误,可以使用 BackSpace 键删除插入点前面的一个字符,而使用 Delete 键则可以删除插入点后面的一个字符。如果需要保留文字只清除文字格式可以选择菜单"编辑"、"清除"、"格式"。

4. 插入状态与改写状态

文本的编辑状态总是处于"改写"状态或"插入"状态之一,Word 默认的状态是"插入"状态。请观察状态栏右面的"改写"按钮,若是灰色的,表示处于"插入"状态,双击状态栏右面的"改写"按钮(或者按键盘上的 Insert 键),使其由灰色变为深色,则处于"改写"状态。插入状态下录入需要插入的文字时,Word 自动将插入点右面的原有文字右移,否则新输入的内容将覆盖插入点右面的原有内容。在插入状态下先选取欲改写的文字再直接输入也可以起到改写的作用。

3.3.2　特殊字符的录入

文档中有时可能要输入一些符号和特殊字符,例如"÷"、"ĕ"、"＄"、"『』"、"♪"和造字等,这些符号和特殊字符在键盘上是找不到的。有几种方法:

(1) 使用菜单命令"插入符号"。对于大多数特殊字符都可以通过菜单"插入"、"符号",在"符号"对话框中(如图 3.12)选取,特别常用的符号用户还可以通过"快捷键"按钮来指定自己的快捷键。

(2) 使用菜单命令"插入特殊符号"。对于一般的特殊符号(数学符号、数字序号等),可以选择 "插入"、"特殊符号"命令,在"插入特殊符号"对话框(如图 3.13)中选择对应的符号选项卡,再选中需要的字符,单击"确定"按钮。

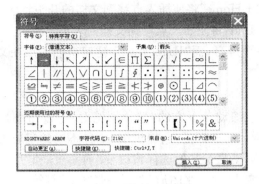

图 3.12　"符号"对话框

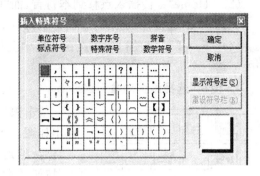

图 3.13　"插入特殊符号"对话框

（3）使用符号栏。选择菜单"视图"、"工具栏"、"符号栏",或右击菜单右侧空白处选择快捷菜单中的"符号栏",打开"符号栏"使用。用户可以自己设置"符号栏"上的符号,请注意图3.13 的"插入特殊符号"对话框上的"显示符号栏"按钮,可以打开符号栏任意选取该对话框中六个选项卡上的符号放在符号栏中。

（4）使用软键盘。右击输入法提示器上的"软键盘"按钮 ,在出现的快捷菜单中选择所需符号的类别选项(默认的选项是"PC 键盘"),如选择"希腊字母",即可在弹出的"希腊字母"软键盘上用鼠标选取需要的字符,按住 Shift 键并单击可以选取上档字符。单击"软键盘"按钮可关闭软键盘,注意关闭前应恢复到"PC 键盘"。

（5）如果是编辑数学计算式,请使用"公式编辑器"。选择菜单"插入"、"对象"、"新建"选项卡、选取列表框中的"Microsoft 公式 3.0"即可打开。在 3.7.3 节中将详细介绍。

3.3.3　在文档中移动

在编辑较长文档的时候,希望能以最简捷的方式实现插入点的定位,这就需要掌握下面几种在文档中移动的方法:

1. 使用鼠标

将鼠标停在想要插入的位置并单击。

2. 使用滚动条

如果文档超出了一个屏幕,这时可以使用滚动条来翻动页面,到达预定的页时将鼠标停在想要插入的位置并单击。

（1）若是上下移动一行,则单击垂直滚动条顶部或底部的箭头。

（2）若是上下移动一个屏幕,则单击滚动条上下的灰色区域。而如果要上下翻动一页,则单击垂直滚动条底部的"前一页"和"下一页"按钮。

（3）如果需要在文档中连续滚动,可以单击并按住上下单箭头,或者上下拖动垂直滚动条中的滑块,同时将有一弹出式窗口显示当前所在页。当然也可以在垂直滚动条上下的空白区域单击。

3. 使用键盘

（1）使用光标键↑、↓使得插入点每次上下移动一行,若同时按住"Ctrl"键将每次跳过一个段落。光标键←、→使得插入点每次左右移动一个字符,若同时按住"Ctrl"键将每次跳过一个词(英文的一个单词或汉字的一个词组)。

(2)"Home"键使插入点移到本行首,而"Ctrl+Home"将使插入点移到文档的开头。

(3)"End"键使插入点移到本行尾,而"Ctrl+End"将使插入点移到文档的末尾。

(4)"PageUp"键使得插入点在文档中上移一个屏幕,而"PageDown"键使得插入点在文档中下移一个屏幕。

4. 使用"选择浏览对象"按钮

图 3.14　"选择浏览对象"

单击窗口垂直滚动条下方的"选择浏览对象"按钮 ，弹出如图 3.14 所示的选择框,它提供了 12 种不同的定位方式,默认的是"按页浏览",其他选择将改变"前一页"和"后一页"按钮的意义,变成"前一张图形"/"下一张图形"等等。

如果希望跳过文字等元素依次浏览文档中的图片,可以选择"按图形浏览"。同样可以按表格、脚注、尾注、批注、域、页、节等来定位。如果需要精确的定位,可以使用"定位"选项卡,在 3.3.7 节中将详细介绍。

3.3.4　文本区的选取

有时可能需要对文档中的某一块文本进行操作,如移动、复制等,这就要先选定这一块文本。通常有如下几种选取文本的方式:

(1)首先将光标定位在待选择区域的开头(或结尾),然后按住鼠标左键,在文档中向后(或向前)拖拽鼠标,选中的文本将以当前所用的颜色完全相反的方式反显。注意,按住 Ctrl 键可以再选取不相邻的区域。

(2)将光标定位在想要选择区域的开头(或结尾),在选择区域的结尾(或开头)按住 Shift 键并单击,同样将选中连续的一段文本区。这种选择方式一般用于文本区横跨多屏,而文本区在一个屏幕以内可用第一种方式。

(3)若要选中一行,可把光标移至文档的最左侧直至 I 型鼠标变成右上箭头 ，将此箭头指向要选定的行并单击。

(4)若要选中一词,将光标停在该词的任何部分双击光标即可。

(5)若要选中一段可以在该段的任何部分连击三次即可,也可以把光标移至该段的左侧,鼠标呈 时双击。

(6)若要选中整个文档,可以用菜单命令"编辑"、"全选",或者用键盘"Ctrl+A",也可以将光标移至文档的最左侧连击三次。

任何时候要取消文本选定,在文档的任意位置单击鼠标左键即可。实际上还可以对文档中的其他元素如表格、图形等进行同样的选取,操作完全相同。后面为了叙述的方便,仍然称选定的文档区域为文本区。

3.3.5　对选定文本区的操作

一旦文本区被选定,就可以根据自己的需要对这块文本区进行复制、删除和移动等操作。在 Windows 系统中专门在内存中开辟了一块存储区域作为移动或复制的中转站,即剪贴板。实际上,移动或复制的文本区内容是暂存于剪贴板中的,当插入点定位到目的地后,再通过粘贴的方式将那些内容放在目的地。也可以在不同的文档或其他应用程序之间进行内容的复制和移动。相关的操作是：

剪切：将文档中选定区的内容移到剪贴板上，文档中该内容将被移去。该操作可以直接点击工具栏中的剪切按钮，或使用 Ctrl＋X 组合键。

复制：将文档中选定区的内容"克隆"到剪贴板上，文档中该内容仍保留。该操作可以直接点击工具栏中的复制按钮，或使用 Ctrl＋C 组合键。

粘贴：将剪贴板上的信息插入到目标位置。可以多次粘贴。该操作可以直接点击工具栏中的粘贴按钮，或使用 Ctrl＋V 组合键。

1. 复制

复制的操作步骤如下：

（1）选定需要复制的文本。

（2）选择"编辑"、"复制"。

（3）将光标移动至要插入文本的位置，然后选择"编辑"、"粘贴"。

如果要复制的文本距离目的地较近，可以使用鼠标拖动来直接实现。方法为：选定文本区并同时按住 Ctrl 键和鼠标左键拖动到新插入点位置，拖动时鼠标呈 形状。

在 Word 2003 中剪贴板可以存放最近 24 次剪贴或复制的内容。使用粘贴命令的时候，复制的信息总是最后一次的剪切记录。如果想查看或使用前面的剪贴记录，选择"编辑"、"Office 剪贴板"，在任务窗格中打开"剪贴板"记录列表框，单击剪贴记录即可复制该项内容到当前插入点。

2. 删除

选定需要删除的文本区域，直接按 Delete 键或 Backspace 键。

3. 移动

所谓移动，就是对选定的一块文本区的内容，将其从当前位置移动到另一个地方去。显然，移动后，原有的文本将消失。操作步骤如下：

（1）选定需要移动的文本。

（2）选择"编辑"、"剪切"。

（3）将光标移动至要插入文本的位置，然后选择"编辑"、"粘贴"。

如果要移动的文本距离目的地较近，一般在一个屏幕内，可以使用鼠标拖动来完成。在选定的文本区内任意位置按住鼠标左键拖动到新插入点位置即可，拖动时鼠标变成带虚线矩形框的指针 。

4. 撤销与恢复

若操作过程进行了错误的删除、移动和复制等操作时，可以选定"编辑"、"撤销"或者单击常用工具栏上的"撤销"按钮 来撤销所作操作（单击该按钮右侧的下拉按钮可以选择撤销到哪一步），Word 可以连续使用撤销命令。"恢复"按钮 的作用是相反的。

顺便补充一下，在对文档编辑时，如果文档内容较多，想要同时看到文档的首段和末段可以选择菜单"窗口"、"拆分"，当窗口分解为两个窗格时，每个窗格都有自己独立的滚动条以供翻阅。"窗口"菜单中还具有能对多个同时打开的文档窗口重排的"全部重排"命令，以及允许两个文档进行对比并且同步滚动的"与…并排比较命令"等。

3.3.6 批注、脚注、尾注、题注和超级链接

在编辑文档的时候,可能需要对文档在某些特殊的地方做一些标记,并加上一些必要的注释以方便于将来的阅读和查找,这时就要用到批注、脚注和尾注;当然也可能需要将文档中的某些元素(如文本、图形等)链接到其他网页,或者本文档的某一位置,而这就要用到超级链接了。

1. 批注

这种注释在审阅文件时很有用,可以应用于文档中的任何位置的对象(文本、表格或图形)。批注建立后,当鼠标指向建立了批注的对象时,该对象的批注信息便显示出来。

创建批注的方法为:

(1) 选定对象。

(2) 选择"插入"、"批注",这时选定对象呈红色,右侧出现批注窗格,如图 3.15 所示。

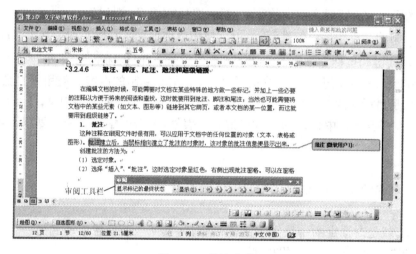

图 3.15 批注窗格

(3) 在批注窗格内输入对该对象的注释。

(4) 编辑结束后,单击"关闭"按钮。

如果需要对建立的批注进行修改,将鼠标移到该窗格中,将插入点定位在需要修改的位置,进行修改即可。如果要删除某批注,先指向该批注,然后使用工具栏或快捷菜单中的"删除批注"。

注意图 3.15 中的"审阅"工具栏,常用的按钮有"前一(后一)修订或批注"、"接受(拒绝)所选修订"、"插入批注"等八个按钮,可以用来对批注或修定的内容进行处理。

2. 脚注和尾注

脚注和尾注的作用是对文档中的词汇(如专业术语)进行说明与注释,以便在不影响文章连续性的前提下,能把问题说明得更清楚。脚注和尾注都是由注释标记和注释正文组成。脚注出现在文档中每一页的底端,尾注一般位于整个文档或每一节的结尾。在一篇文档中可同时包含脚注和尾注。如果需要的话,可以在文档中添加、删除或移动脚注。

先选择要说明的词汇,再选择菜单"插入"、"引用"、"脚注和尾注",打开"脚注和尾注"对话框,如图 3.16 所示。

（1）选择"脚注/尾注"单选钮：首先要确定插入的是脚注还是尾注，并注意设置它们出现的位置，其中尾注只能出现在节或文档的末尾。

（2）"格式"：可以为脚注或尾注选择"编号格式"、"编号方式"、"起始编号"等，也可以"自定义标记"，还可以单击"符号"按钮，打开"符号"对话框从中选择喜欢的符号。

（3）当在"脚注和尾注"对话框设置满意后，单击"插入"按钮后即可输入作为"脚注和尾注"的说明性文字。

3. 题注

假设写了一篇 300 页的文档，其中包含了各种插图有 100 张。在写的时候，插图已经被标上了"图 1"、"图 2"之类的标号。如果在后期修改时需要在第二张图前插入一张图，则后面所有图的标号都要顺延 1，也就是手工要修改每一张图的标号，这样工作量太大，是令人不能接受的。这时就可以用到"题注"了。

图 3.16　"脚注和尾注"对话框

自动插入题注的操作步骤如下：

（1）选择："插入"、"引用"、"题注"，打开"题注"对话框，如图 3.17 所示。

（2）单击"自动插入题注"按钮，打开对话框如图 3.18 所示。

图 3.17　"题注"对话框

图 3.18　"自动插入题注"对话框

（3）在"插入时添加题注"列表中，选择要 Microsoft Word 为其插入题注的对象，如：图片、表格等。

（4）在"使用标签"列表中选择一个现有的标签，如果列表未提供正确的标签，请单击"新建标签"，在"标签"框中键入新的标签。

（5）单击"确定"返回上级对话框（如图 3.17），选择其他所需选项，单击"确定"。

（6）在文档中插入对象。每当插入在步骤 3 选中的某个对象时，Word 将自动添加适当的题注和连续的编号。

（7）如果要为题注添加更多的文字，请在题注之后单击，然后键入所需文字。

现在可以解决刚才遇到的问题了。如果为已有的表格、图表、公式或其他对象手动添加题注，请先选择要为其添加题注的项目，再在"题注"对话框上的"标签"列表中，选择最能准确描述对象的标签，例如图表或公式，也可以"新建标签"，然后选择其他选项并确定。

4. 超级链接

在 Word 2003 中,超级链接是一项十分重要的功能。利用超级链接不仅可以使 Office 各应用程序产生的文档在文档内部、文档之间、应用程序之间以及应用程序和 Internet 之间建立联系,而且还可以利用超级链接来管理文档、编写具有 Word 帮助格式的文件、方便地记录和调用 Internet 网络地址。创建超级链接的步骤如下:

(1) 选定要创建链接的对象。

图 3.19　"插入超级链接"对话框

(2) 单击工具栏上的"插入超级链接"按钮(也可以在"插入"菜单或右击快捷菜单中选取),出现"插入超级链接"对话框,如图 3.19 所示。

(3) 为该超级链接指定链接目标。可以在左边的"链接到"区域确定链接目标,也可以在"搜索列表"中选取最近使用的网页或文件作为链接目标。

(4) 修改屏幕显示的文字及其他选项。

(5) 单击"确定"按钮。

此时超级链接已经建好,此时把鼠标停在选定的文本或图像上,鼠标呈手状,按住 Ctrl 键并单击将转到指定的目标位置。

3.3.7　查找、替换与定位

1. 查找

查找操作有助于用户在长文档中无遗漏地快速检索。查找的操作步骤如下:

(1) 插入点置于文档的开始或选择要查找的区域;

(2) 选择菜单"编辑"、"查找",则打开了"查找和替换"对话框的"查找"选项卡(如图 3.20)。

(3) 在"查找内容"输入框中输入要查找的文本,要查找特殊字符请单击"高级"按钮,再单击"特殊字符"按钮然后选取。如查找以"张"打头的二字词,输入"张"后再在特殊字符中选取"任意字符"即可,也可以使用通配符。

(4) 选择其他选项。如:确定搜索方向为"向下",或根据需要选择"区分大小写"等。

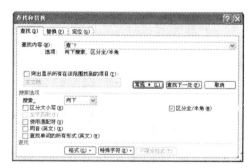

图 3.20　"查找"选项卡

(5) 单击"查找下一处",则插入点自动定位到文本实例并将高亮显示。若要定位文本的下一个实例,再次单击"查找下一处"按钮。没找到时系统会弹出对话框提示"未找到搜索项"等。

2. 替换

替换操作可将文档中多处重复出现的某个字词或特殊符号自动地全部替换成另外指定的字词或特殊符号。例如,把文档中所有的"电脑"替换为"计算机",或者把文档中所有的手动换行符全部替换成段落标记等,也可以替换某个词的文字格式等。

替换操作步骤如下:

（1）插入点置于文档的开始或选择要替换的区域。

（2）选择菜单"编辑"、"替换"，则打开了"查找和替换"对话框的"替换"选项卡（如图 3.21）。

（3）先输入"查找内容"，再在"替换为"框中输入用来替换的内容。注意，可以通过"格式"按钮指定被查找或替换的内容的格式。

（4）单击"替换"按钮并配合"查找下一处"按钮逐个替换或放弃替换直接查找下一处，或直接单击"全部替换"按钮。

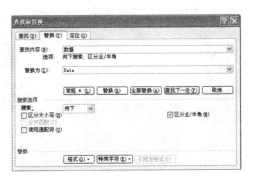

图 3.21　"替换"选项卡

3. 定位

如果只想到达文档中的某个特定区域而不考虑其具体内容，则可使用"定位"这种查找方式。先选取菜单"编辑"、"定位"，打开"查找和替换"对话框的"定位"选项卡（如图 3.22），在对话框中先确定"定位目标"，然后在右侧文本框中输入参数，再点击"下一处"或"前一处"跳转即可。

图 3.22　"定位"选项卡

其中，"定位目标"是指定位的方式，比如，用户指定"页"，再在右侧的"输入页号"文本框中输入页码即可。这些目标通常包括：页、节、行、书签、批注、脚注、尾注、域、图形、表格、公式、对象、标题等。其他选项不再赘述，可以自己尝试着使用。

3.4　文档显示和工具选项

编辑或查阅文档时采用不同的浏览方式将有益于提高工作效率，这就要选择不同的视图方式。而对于文档是否需要安全保护，输入错误是否需要系统自动校正，可能也是关心的问题，这些都可以在"选项"对话框里进行设置。

3.4.1　文档的显示方式

Word 提供了几种浏览文档的方式，称之为"视图"。包括：普通、Web 版式、页面、大纲和阅读版式等。不同的视图方式一般有不同的用途，可以通过"视图"菜单来选取所要的视图方式，也可以直接单击位于窗口左下角的 5 个视图按钮来快速切换。

1. 普通视图

普通视图可以显示文本格式，但简化了页面的布局，可便捷地进行键入和编辑，最适于录入文字。编辑时可通过选取"视图"、"显示比例"或者在常用工具栏上指定显示比例以改变视图效果。在普通视图中，不显示页边距、页眉和页脚、背景图形对象且没有设置为"嵌入型"环绕方式的图片，分页和分节之处将显示单或双的横虚线。

2. 页面视图

页面视图（如图 3.23）是一种"所见即所得"的浏览方式，最常用，适用于查看整个文档的

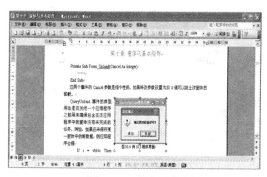

图 3.23 "页面"视图

总体效果。它可以显示出页面大小、布局，在此视图下可以设置页眉和页脚，查看并调整页边距，处理分栏及图形对象等。

3. Web 版式视图

使用 Web 版式可快速预览当前文本在浏览器中的显示效果，便于再做进一步地调整。在 Web 版式视图中，Microsoft Word 对网页进行优化，使用户可以看到在网站上或 Intranet 上发布时网页的外观，以及背景、自选图形和其他在 Web 文档及屏幕上查看文档时常用的效果。

4. 大纲视图

通常在建立一个较大的文档时，比如，写一篇学期论文，习惯于先建立它的大纲，然后再在每个标题下插入详细内容。大纲视图(如图 3.24)提供了这样一种建立和查看文档的方式，它将所有的标题分级显示出来。但大纲视图中不显示页边距、页眉和页脚、图片和背景。

在此视图下键入大纲内容时，文字默认为"标题1"样式，按 Tab 键或点击大纲工具栏上的右箭头("降低"按钮)时，该行文字将下降一级变为"标题2"

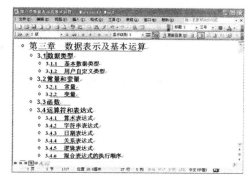

图 3.24 "大纲"视图

样式，按 Shift＋Tab 键或点击大纲工具栏上的左箭头可以升级，以此类推，请逐行键入并根据层次升级或降级。

大纲工具栏在此视图下自动显示。下面按从左到右，说明常用按钮的功能：

(1) 提升 ⬅ :将选定的项目向上移到较高的一级。

(2) 降低 ➡ :将选定的项目向下移到较低的一级。

(3) 降为"正文文字" ⮕ :将选定的项目降级为正文段落。

(4) 上移 ⬆ :将选定的项目移到它前面的项目之上，而级别保持不变。

(5) 下移 ⬇ :将选定的项目移到它前面的项目之下，而级别保持不变。

(6) 展开 ➕ 与折叠 ➖ :类似于 Windows 中文件夹的展开与折叠。

(7) 显示级别1—7:标题可以分为7层，选择在大纲视图中显示到哪一层。单击"全部"将显示全部标题和正文。

在大纲视图下查看文档的结构时还可以通过拖动标题来移动、复制和重新组织文本，因此它特别适合编辑那种含有大量章节的长文档，能让文档层次结构清晰明了，并可根据需要进行调整。

需要注意的是，大纲视图和文档结构图要求文档具备诸如标题样式、大纲符号等表明文章结构的元素。不是所有的文章都具备这样的结构，比如，某个文档中的文字仅有正文样式，尽管字体有所不同，仍然不能在此视图下看到一层层结构分明的标题。将来在页面视图下打开"文档结构图"时也看不到任何"文档结构"。

5. 文档结构图

作为大纲视图的补充,它可以在任何视图中显示大纲视图的结构。选择菜单"视图"、"文档结构图"(或点击常用工具栏上的"文档结构图"按钮),则窗口分为左右两部分,左侧窗格中显示文档的各级标题,而右侧窗格中是具体的文档内容。

6. 阅读版式

在该视图方式下最适合阅读长篇文章。阅读版式将原来的文章编辑区缩小,而文字大小保持不变。如果字数多,它会自动分成多屏。在该视图下同样可以进行文字的编辑工作,但视觉效果好,眼睛不会感到疲劳。

要使用"阅读版式",只需在打开的 Word 文档中,点击工具栏上"阅读"按钮就能开始阅读了。阅读版式视图会隐藏除"阅读版式"和"审阅"工具栏以外的所有工具栏,这样的好处是扩大显示区且方便用户进行审阅编辑。"审阅"工具栏自动显示在阅读版式视图中,这样,就可以方便地使用修订记录和注释来标记文档。

想要停止阅读文档时,请单击"阅读版式"工具栏上的"关闭"按钮或按 Esc 或 Alt+C,可以从阅读版式视图切换回来。如果要修改文档,只需在阅读时简单地编辑文本,而不必从阅读版式视图切换出来。

7. 全屏显示

这是显示区域最大的一种方式。在这种方式下,所有的工具栏、菜单、状态栏,滚动条、标尺等屏幕元素都不见了,只有文档内容和一个悬浮的"关闭全屏显示"按钮。如果要在全屏模式下选择菜单命令,可将鼠标指针移动到屏幕顶部,菜单栏即可显示出来。单击"关闭全屏显示"按钮,就可以回到之前的视图模式下。

8. 打印预览

用于模拟显示在打印机上打印文档所得到的结果。只有安装了打印机的情况下才能使用该功能。如果想将文档打印,在打印前使用"打印预览"来查看打印的结果是很有必要的,因为它能轻松自如的设置文档的打印形式,避免无效的打印。

选择"视图"、"打印预览"(或者单击"打印预览"按钮 ），进入打印预览状态。在打印预览的视图方式下,可以通过"打印预览"工具栏(如图 3.25)进行单页或多页显示,可调整显示比例,可以看到分页符、隐藏文字以及水印,调整页面设置等,单击关闭按钮退出打印预览状态。

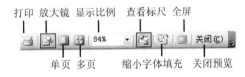

图 3.25　"打印预览"工具栏

3.4.2　关于工具选项

Word 允许通过"工具"菜单中的"选项"命令来进行更多的个性化选项设置。如设置用户信息,输入文档时进行拼写和语法检查等。选择菜单"工具"、"选项",将打开"选项"对话框,共有 12 个选项卡,每一个都提供了许多的功能选项。下面将对其中常用的几个选项卡做简单介绍。

1. 视图选项卡

视图选项卡(如图 3.26)主要用于自定义 Word 显示文档的方式。对话框包括四个区域:显示、格式标记、页面视图和 Web 版式视图选项、大纲视图和普通试图选项。

如果不想显示书签、状态栏、水平滚动条、垂直滚动条等，可以去掉对应复选框前面的勾号。同样，还可以控制制表符、段落标记等格式标记的显示与否。如果不希望文字在窗口内自动换行（这样是为了方便阅读），可以禁止窗口内自动换行。

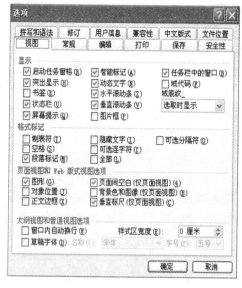

图 3.26 "选项|视图"

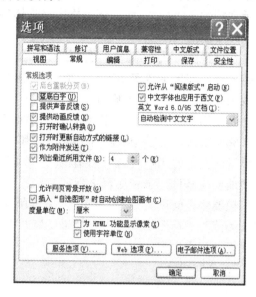

图 3.27 "选项|常规"

2. 常规选项卡

常规选项卡（如图 3.27）中的选项相对简单。例如，可以将显示方式由默认的"白底黑字"改为"蓝底白字"，复选"列出最近所用文件"并在右侧输入数值将控制文件菜单中显示的文件数。还有，Word 默认的度量单位是字符，可以改变系统的度量单位，如厘米、英寸和磅等。

3. 打印选项卡

打印选项卡允许设置一些有关打印的选项。例如，设置"后台打印"、"逆页序打印"，在打印前自动"更新域"和"更新链接"，还可以决定是否打印文档的附加信息如批注、域代码和文档属性等。

4. 保存选项卡

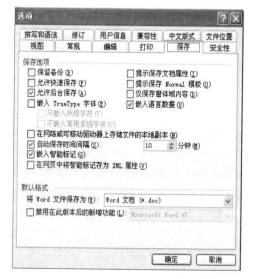

图 3.28 "选项|保存"

保存选项卡（如图 3.28）为了获取合适的保存方式和效果，可以对保存选项进行设置，其中"自动保存"功能最为常用。默认情况下，Word 每隔 10 分钟对正在编辑的文档进行自动保存，可以更改这个自动保存的时间间隔以适合的工作需要。注意，"自动保存"不能代替正常的文件保存！但在发生断电或意外死机的情况下，这一功能可保证用户仅丢失最近几分钟编辑的内容。"允许快速保存"，指当以快速保存方式保存文档时，Word 只记录对文档所做的修改，将修改列表（不能查看修改列表）与原来存储的工作结果分开保存，从而可以加快保存的速度。若清除"快速保存"复选框，则 Word 将以完整保存方式保存文档。

5. 安全性选项卡

为了某些特殊文件的安全考虑,选择"选项"对话框中的"安全性"选项卡(如图3.29),一般可以设置两个保存密码:打开权限密码和修改权限密码。设置了密码后必须保存文件才能有效。如果设置了打开权限密码,将来打开时需要输入该密码,如果不能正确输入 Word 将拒绝打开该文档。如果对文档设置了修改权限密码,则以后在打开该文档时,系统将弹出"密码"输入对话框,要求输入修改密码。如果不能输入密码,则只能以只读方式打开。

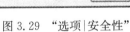

图 3.29　"选项|安全性"　　　　　　　　图 3.30　"选项|拼写和语法"

6. 拼写和语法选项卡

该选项卡(如图3.30)中的选项可以纠正在输入时拼写和语法方面的一些错误。主要分为拼写和语法两个区域。在"拼写"区,可以设置"在输入时检查拼写"、"总提出更正建议"和"忽略 Internet 和文件地址"等。在"语法"区,可以设置"键入时检查语法"和"隐藏文档中的语法错误"等。此外,还可以在"写作风格"下拉列表中指定 Word 进行拼写检查的写作风格,或单击"设置"按钮自定义自己的语法检查。

7. 用户信息选项卡

有些文档将自动插入有关它们创建者的信息,可以编辑姓名、缩写以及通讯地址等。

8. 文件位置选项卡

使用此选项卡可以设置 Word 查找不同类型文档时的缺省目录。默认文件夹是"我的文档",意味着"打开"和"保存"时,默认的位置是该文件夹。可以通过对话框中的"修改"按钮将默认文件夹重新设置为其他常用的文件夹。此外,还可以为用户模板、自动恢复文件和工具等指定缺省目录。

除了以上介绍的内容之外,在"工具"菜单中还有许多常用的功能,比如"字数统计"、"拼写和语法"、"修定"等,可以自己在实践中学习。

3.5　文档排版

在本节中,将介绍与文档格式相关的操作,以及样式和模板的使用。使用样式和模板可以节省排版的时间,以达到重复使用某种格式的目的。

文档的主要成分有字符、段落、页和节。字符为最基本的、最小的文档组成成分;若干字符可以组成段落,段落是以回车符作为结束标志的一个文本块;页是与页面对应的内容划分方式,页内所包含的内容与页面的尺寸等格式设置有关;节由若干页组成,节内的页具有相同的格式,一个文档可以只有一节,也可以分为多个节。

对应于文档的四种主要成分,Word 为文档提供了四种不同级别的格式化,即字符的格式化、段落的格式化、页面的格式化和节的格式化。四种格式化中,字符格式化是最常用的方法。在处理一个长文档时,四种格式化可能要交替使用,以便获取最佳的表现效果。

3.5.1 字符的格式化

在 Word 中可以为字符设置多种格式,尽管字符的格式化在文本格式中是一项比较简单的工作,但它对文本外观的影响最大。因为文本的主要目的在于传递信息,而字符格式化的目的就是通过建立文本的总体视觉样式、增强可读性或者强调某一文本元素如标题等使得文本有效地传递信息。

3.5.1.1 格式工具栏

通常比较常用的字符格式选项都在格式工具栏中,如图 3.31 所示。主要按钮的作用如下:

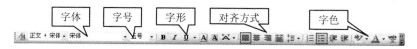

图 3.31 格式工具栏

字体:可以单击该按钮右侧的下拉箭头来设置文字的各种不同形状,例如英文的 TimesNewRoman、Courier、和 Arial 等,汉字的方正舒体、华文彩云和隶书等。

字号:有两种表示字体大小的度量单位。一种是磅,磅是打印机使用的计量单位,等于 1/72 英寸,磅数越大则字体越大;另一种是常用的中文字体的计量单位如初号、一号以及默认的五号等,号数越小则字体越大。注意:字符的宽度与高度是成比例的。

常用字形为:加粗、倾斜,单击相应按钮可使所选文本加粗或向右倾斜。

下划线:单击该按钮将在所选文本下加下划线,而且可以单击"下划线"右边的下拉按钮来设置不同的下划线以及下划线的颜色,如图 3.32 所示。

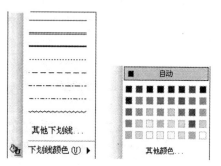

图 3.32 "下划线"的设置

字体颜色:单击该按钮将使所选文本为红色,同样可以单击"颜色"右边的下拉按钮来设置不同的字符颜色。

3.5.1.2 字体对话框

如果需要对字符格式化的更多选项,可以选择"格式"、"字体"命令或者右击鼠标在弹出式菜单中选择"字体",打开字体对话框。该对话框有三个选项卡。

1. 字体选项卡

如图 3.33,在该选项卡下,具有与格式工具栏上的按钮同样功能的多个选项。例如:字体明确地分为"中文字体"和"西文字体",同样有字形、字号、字体颜色和下划线等。

不仅如此,还有一些新的格式化选项,在"效果"栏中包括:删除线、双删除线、上标、下标、阴影、空心、阳文、阴文、小型大写字母和全部大写字母,而"隐藏文字"则是将选定的文本隐藏显示等。

"字体"选项卡底部的预览窗口能即时看到文字效果。

注意左下侧的"默认"按钮,它是设置 Word 默认的字体用的。文档默认使用"(中文)宋体,(默认)TimesNewRoman",也可以设置为自己常用的字体。方法为:

(1)先在"字体"对话框中,选择需要的字体、字型、字号、颜色等。

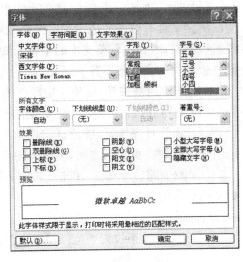

图 3.33 "字体"选项卡

(2)然后单击"默认"按钮,Word 弹出确认框,单击"是"。

这时新的设置将会应用于当前文档,下一次打开新的文档时,同样会使用新的设置。

2. 字符间距选项卡

该选项卡为提供了下列三种控制功能:

(1)缩放:调整所选文本的宽度而不改变它的磅值。如果向上调整(大于 100%),文本看起来将更宽更扁;而向下调整(小于 100%),文本看起来将更高更瘦。

(2)间距:调整字符间的距离。可以从中选择"标准"、"加宽"或"紧缩",在右边的"磅值"输入框中指定要增加或减少的间距数量。

(3)位置:调整文本相对于正常基线的位置。从中可选择标准、提升和降低,同样可以指定调整的磅值。

3. 文字效果选项卡

可以在"动态效果"中选择"礼花绽放"、"七彩霓虹"等,在"预览"窗口中会看到字符展示出特殊的显示效果。不过动态文字效果只能显示,对打印文档并无任何意义。

此外,需要补充说明的是,除了使用"字体"对话框以外,其实在"格式"菜单栏中,还有其他常用的设置文字格式的命令,比如,"更改大小写"可将文档中的英文的大小写直接转换;还有专用于中文排版的"中文版式",可以利用这一功能为文字添加拼音等等。

3.5.2 段落的格式化

段落格式化是以段落为处理对象的格式化过程。

3.5.2.1 段落格式按钮

如图 3.34,几个常用的段落格式选项可以在格式工具栏上找到。使用时,首先将"插入点"置于需要格式化的段落中。如果是连续的多段,应该先选中这些段落。然后选择需要的某种对齐方式的按钮,该段落便按照指定的方式对齐。一般情况下,对标题型文本采用"居中对齐",对其他文本采用"两端对齐"。按钮功能说明如下:

图 3.34 常用段落格式按钮

（1）两端对齐按钮：能调整文字的水平间距，使其均匀分布在左右页边距之间，两端对齐使两侧文字具有整齐的边缘。这个功能对于中文起到的作用跟左对齐差不多，但对于英文来说就很不同，因为一行英文中的单词长短不一，两端对齐后 Word 会对字间距自动调整，每行的右边界就不会参差不齐了。

（2）居中对齐按钮：能使选定段落的所有行在页面上水平居中，常用于标题行。

（3）右对齐按钮：能使选定段落的所有行按右边界对齐。

（4）分散对齐按钮：能使选定段落的所有行的字间距自动调整，对于中、英文都能使文字均匀分散在左右页边距之间，字数少的行文字间距将很宽。

（5）减少缩进量按钮：单击此按钮，选定段落将减少半英寸的缩进量。但它不会把段落移到文档边界的左边。

（6）增加缩进量按钮：单击此按钮，选定段落将增加半英寸的缩进量。

（7）行距：其下拉列表可供设置段落的不同的行距，如单倍或 1.5 倍等。

3.5.2.2　段落对话框

有关段落格式的更多选项，可以选择"格式"、"段落"，或者单击鼠标右键在弹出式菜单中选取"段落"以激活"段落"对话框，该对话框下共有三个选项卡。

1. 缩进与间距选项卡

如图 3.35，该选项卡的控制功能划分为"常规"、"缩进"、"间距"和"预览"四栏。其中"预览"栏有助于观察设置后的效果。其他栏的功能说明如下：

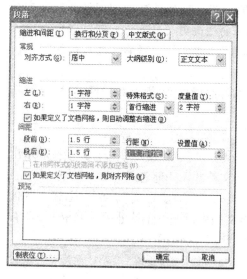

图 3.35　"缩进和间距"选项卡

（1）常规

提供了"对齐方式"和"大纲级别"的设置。

（2）缩进

可以通过该栏中各个选项精确地调整左右缩进值以及特殊格式。可以在"左"、"右"输入框中设置选定段距离页面左右边界的距离。而特殊格式则提供了"首行缩进"和"悬挂缩进"两种缩进方法，这两种方法对段落的第一行采用了与其他行不同的排列方法。

① 首行缩进：使得段落第一行的开头自动缩进不需输入空格。可以在其右边的"度量值"输入框中设置缩进值，如"2 字符"。

② 悬挂缩进：与首行缩进相反，使得第一行的开头位于其他行的左边。它通常用于一系列项目列表，同样可以设置缩进值。

（3）间距

可以设置段间距和行间距。对于某些特殊的段落，比如标题，希望它与前后段之间保留更大的间距。这时可以在"段前"、"段后"输入框中输入需要空出的距离。而行间距则是用于设置段中行与行之间的距离。

行距是指从一行文字的底部到另一行文字底部的间距，取决于各行中文字的字体和字号。单击"行距"组合框的下拉列表，将看到六个选项：单倍行距、1.5 倍行距、2 倍行距、最小值、固定值、多倍行距等。

其中"单倍行距"是从一行文字的底部到另一行文字底部的间距的一倍,"1.5 倍行距"和"2 倍行距"分别是单倍行距的 1.5 倍和 2 倍,其余三种行距设置时均需要在右侧的"设置值"文本框中输入具体的值。请看图 3.36 中的例子。

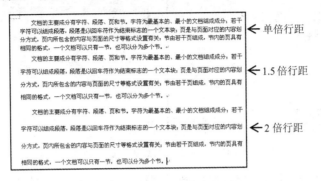

图 3.36　单倍、1.5、2 倍行距对比

当行距不足以显示该行最高的文字或图片时,Word 能根据"最小值"的设定自动调整行距适应。设置"固定值"时需要注意,若设置的值不够大可能造成较大的文字和图片不能完全显示。"多倍行距"不仅仅是指"许多倍"的意思,实际上设置的倍数可以是"1.3"、"3"或其他任意倍数,具有较高的灵活性,很常用。

2. 换行与分页选项卡

该选项卡如图 3.37 所示,用于控制段落中文本的走向,常用的选项说明如下:

(1) 孤行控制:在一页的开始处留有一段的最后一行,或在一页的结尾处开始新段的第一行,分别称为页首孤行和页末孤行。如果不希望这样的情况出现,可以使用孤行控制来避免。

(2) 与下段同页:防止在所选段与后面一段之间出现分页符。

(3) 段中不分页:强制一个段落的内容必须放在同一页上,以保证段落的可读性。通常可用于避免页末的一段没有打印完就换页的情况。

(4) 取消行号:若在文档中设置了行号,这个选项使行号在当前选定的段落中不显示。

图 3.37　"换行和分页"选项卡

3. 中文版式选项卡

在中文版式选项卡(如图 3.38 左)中可以设置"按中文习惯设置首尾字符"、"自动调整中文与西文的间距"、"自动调整中文与数字的间距"等,其中"文本对齐方式"是指垂直方向,当同一段落中的文本字号不同时设置,则同一行文字的对齐方式可选择"底端对齐"或"居中等"。点击"选项"按钮后可在随后出现的对话框(如图 3.38 右)中定制"后置标点"和"前置标点"等。此外,在任一选项卡中都可以点击"制表位"按钮打开"制表位"对话框,如图 3.39 所示。有关制表位的介绍请看下一节。

3.5.2.3　制表位

制表位使您能够向左、向右或居中对齐文本行;或者将文本与小数字符或竖线字符对齐。

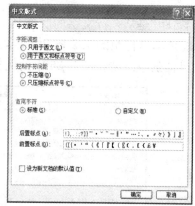

图 3.38 "中文版式"选项卡及点击"选项"按钮后的对话框

也可在制表符前自动插入特定字符,如句号或划线。Word 默认的是从左边界起每隔 2 字符设置一个制表位,可以自己设置期望的制表位,并且可以设置在制表位输入文本的对齐方式。设置了制表位后,录入时每按一次 Tab 键,插入点从当前位置可以跳到的下一制表位。

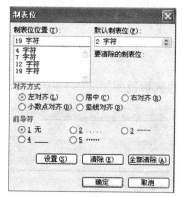

图 3.39 "制表位"对话框

设置制表位的方法是:先选择菜单"格式"、"制表位",将弹出"制表位"对话框,如图 3.39 所示。然后在"制表位位置"输入框中输入需要的位置,然后选择"对齐方式"和"前导符"。其中对齐方式包括:左对齐、小数点对齐、居中、竖线对齐、右对齐。前导符将被插入到制表位的前边。单击"设置"按钮,即可增加一个新的制表位。对于不需要的制表位,先在列表中选择它再单击"清除"按钮即可清除。

可以使用水平标尺上的几个标记来设置缩进和制表位。

用标尺设置缩进的方法为:

(1) 左缩进 ▢ :最下面的小方块状标记,左右拖拉此标记,直到其向下箭头到达需要定位的地方,然后释放小方块;

(2) 首行缩进 ▽ :向右拖动最上面的漏斗状标记,直到其向下箭头到达想要第一行缩进的地方,然后释放小方块;

(3) 悬挂缩进 △ :该按钮一般位于左缩进按钮的紧上侧,呈倒漏斗状标记,向右拖动该按钮直到其向下箭头到达想要第一行缩进的地方,然后释放;

(4) 右缩进 △ :也是倒漏斗状标记,一般位于右侧。如果需要改变某段的右边距,则向左右拖动该标记。

用标尺来设置制表位的方法为:

(1) 将插入点放在想要设置的段落;

(2) 反复单击标尺最左端的制表符标记 ⌐ ,可循环显示不同类型的制表符,选择需要的一种。然后在标尺上的适当位置单击,一个新制表位就设置好了。如果需要,可以继续设置。双击标尺上的制表符可以修改,用鼠标将标尺上制表符"拖离"标尺即可清除。

3.5.2.4 格式刷

有时,可能需要将选定文本(文字或段落)的格式复制到文档中的其他地方,使其他文本具有同样格式。可以使用格式刷来实现格式复制操作极其方便。步骤如下：

(1) 选取格式化好的文本。

(2) 单击工具栏上的"格式刷"按钮 ，这时鼠标变成一个小刷子。

(3) 用刷子刷过目标文本。

此时被刷过的文本将采用所选中的源文本的格式。注意：单击格式刷只可以刷一次，双击则可以连续刷多处文本，再单击"格式刷"按钮或按 Esc 键则取消"格式刷"功能。

除了以上介绍的功能之外，还有一些需要补充的有关段落格式的命令，比如，选择菜单"格式"、"首字下沉"就可以将所选段落的第一个字放大并下沉若干行，这种效果常见于报纸杂志的文章的首段。"格式"菜单上的"主题"命令将提供一套统一的设计元素和颜色方案，利用主题，可以非常容易地创建具有专业水准、设计精美的文档，然后通过 Microsoft Word、电子邮件或网站进行阅读，这是"懒人"最喜欢的功能。

3.5.3 页面的格式化

页面格式化控制文档中所有页的外观，主要包括页面设置，创建页眉和页脚，使用分栏等。

3.5.3.1 页面设置

选取"文件"、"页面设置"，打开"页面设置"对话框，如图 3.40 所示。其中有四个选项卡，分别是：页边距、纸型、纸张来源、版式和文档网络。下面介绍常用的功能。

1. 页边距

"页边距"选项卡使能够设置页四周的边缘与文本起始部分之间的距离。注意它与段落缩进的区别。

1) 页边距

在上、下、左、右四个输入框中设置需要的页边距的大小。如果选择了"对称页边距"，这时"左"、"右"选项将变为"内侧"、"外侧"选项。它应用于创建的文档中含有对开页，像杂志那样。"内侧"指距两页展开图中心最近的页边距，而"外侧"指外边缘的页边距。如果使用的是可折叠的纸张，那么可选择"拼页"复选框，这时两页将拼接在同一张纸上打印。

图 3.40 "页边距"选项卡

2) 装订线

在对话框中间"装订线位置"处提供了两种装订位置："顶端"和"左侧"。还可以在"装订线"输入框中设置预留装订线的宽度。

3) 应用范围

还有一个"应用于"下拉列表框，从中选择将此次设置的页面格式应用于整篇文档、插入点之后的各页或者选定的某一节。

4) 页眉页脚与边界的距离

此外，在"版式"选项卡中可以设置页眉距离上边界的距离以及页脚距离下边界的距离。但要注意：正常情况下，这个数值应小于上下两端的页边距。

2. 纸型

"纸型"选项卡指定用于打印文档的纸型。

（1）可以在"纸型"下拉列表框中选择使用的纸张尺寸，如 16 开、32 开和 A4 等。当然也可以在"宽度"与"高度"两个输入框中定义具体纸张的尺寸。

（2）在"方向"中选择"纵向"表示使纸张纵向打印，而"横向"表示使纸张横向打印。

（3）在"应用于"中选择作用的范围是"整篇文档"还是"插入点之后"，是指当前设置产生作用的范围。

3.5.3.2　页眉和页脚

使用"页眉和页脚"可以使文档的顶部和底部出现一些有利于使用者阅读的信息。所谓页眉是指显示在文档每一页顶端的文本或图形，而页脚是指显示在文档每一页底部的文本或图形。当打开书本或杂志时，大多能发现较精致的页眉和页脚。

要创建页眉和页脚，选择"视图"、"页眉和页脚"，此时文档中的文本部分将成为灰色。在页面的顶端出现文本输入框，并同时将出现"页眉和页脚"工具栏，如图 3.41 所示。

图 3.41　"页眉和页脚"工具栏

就像输入文本那样在页眉和页脚输入框中键入文本，也可以像对普通文本那样进行各种格式化操作。

当页眉或页脚中需要出现诸如页码、日期和时间时，可以使用"页眉和页脚"工具栏，下面对工具栏上的按钮从左到右逐个说明：

（1）自动图文集：单击"插入自动图文集"按钮，将显示项目组菜单。选择需要的项目，Word 将自动添加到正在创建的页眉或页脚中。

（2）插入页码、插入页数和页码格式：这三个按钮用于添加页码，如果想在页眉和页脚中自动插入文档的总页数，单击"插入页数"按钮；如果想在页眉和页脚中自动插入当前页的页号，单击"插入页码"按钮；而如果想修改页码的数字格式，可以单击"页码格式"按钮，这将弹出"页码格式"对话框，如图 3.42 所示。如果仅仅要添加页码，可以直接使用菜单"插入"、"页码"。

（3）插入日期和插入时间：单击这两个按钮分别插入当前日期和时间。

图 3.42　"页码格式"对话框

（4）页面设置：单击该按钮，能打开前面介绍过的"页面设置"对话框。

（5）显示和隐藏文本：如果在处理页眉和页脚时可以单击该按钮以隐藏文本。

（6）同前：此按钮只是在当前文档包含有一个以上的"节"时才是有效的，它使得当前节中的与上一节中的页眉和页脚相同。

（7）在页眉和页脚间切换：单击此按钮可以在页眉和页脚间切换，也可以在页中上下滚动（如按 PageUp、PageDown 键）来实现切换。

（8）显示前一项和显示下一项：假定当前在奇数页编辑页眉，如果选择了"页面设置"中的"奇偶页不同"，则单击"显示下一项"按钮进入偶数页的页眉编辑，反之亦然。因此，如果选择了"奇偶页不同"或者"首页不同"的话，或是节与节之间的页眉和页脚不同的话，单击这两个按钮可以在其间移动。

3.5.3.3　使用分栏

分栏组织文本是一种以少量的空白分隔大片打印区域的方法，在看报纸、杂志的时候，经常能看到分栏的形式。既可以在输入正文之前就设置好分栏，也可以对已有的文档进行分栏。选择"格式"、"分栏"，对话框如图 3.43 所示。

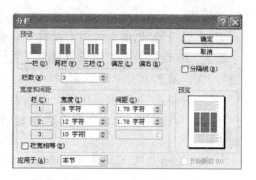

可以预设要分的栏数，如果超过三栏，则需要在"栏数"输入框中设置。"栏宽相等"复选框是默认被选中的。对于两栏，单击"偏左"、"偏右"意味着左右两栏的栏宽是不相等的；对于多栏，可以为各栏指定不同的宽度和栏间距。

图 3.43　"分栏"对话框

如果需要在栏与栏之间设置分隔线，选中"分隔线"复选框即可。最后在"应用范围"下拉框中选择分栏的作用区域。如果仅仅是对某一部分文本设置分栏，则可以在设置分栏之前先选中该部分文本。

3.5.4　项目符号与编号

文档中的某些段落之间存在明显的次序关系，比如，章节标题前的编号、列举的内容的段前的项目符号等，给这些段落加项目符号或编号不但能使文档条理清楚和重点突出，而且在插入或删除段落时能自动调整编号和项目符号，不必手工修改。用户既可以在创建前预先设置好项目符号和编号列表的选项，也可以在完成创建后再改变它们的样式。

如果要创建一个简单的数字编号列表，单击"格式"工具栏上的"编号"按钮 ，Word 自动在选定文本的每一段的段首插入一个数字编号；而要创建一个项目符号表，应单击"项目符号"按钮 ，Word 将自动在选定文本的每一段的段首插入一个项目符号。

如果需要更丰富的项目符号或编号列表，可以选择"格式"、"项目符号和编号"，则打开"项目符号和编号"对话框，其中有四个选项卡：项目符号、编号、多级符号、列表样式，如图 3.44 所示。

在已经创建了项目符号或编号的文本区按下回车键时，下一个数字或同样的一个项目符号将自动插入。如果不需要这个项目符号或编号，可按 Back-

图 3.44　"项目符号和编号"对话框

Space 键或回车键来取消。

通过"项目符号和编号"对话框设置可以采用如下方法：

1. 使用标准设置

点击需要的某一个选项卡，从 Word 提供的选项中选择合适的列表样式并单击"确定"按钮。

"项目符号"选项卡适用于设置段落的项目符号，项目符号是放在文本（如列表中的项目）前以添加强调效果的点或其他符号。

"编号"选项卡适用于设置段落的编号，编号格式多种多样，能在增删段落的情况下自动调整编号值。

"多级符号"选项卡可用于设置多级符号列表以不同的级别显示列表项，而不是只缩进一个级别。多级符号列表用于为列表或文档设置层次结构而创建的列表，适用于长文档的章节编号，文档最多可有 9 个级别。

"列表样式"选项卡可用于设置列表样式。除了 Microsoft Word 中的内置列表样式外，用户还可以自己创建"列表样式"，以将相似的对齐方式、编号或项目符号字符以及字体应用于列表。

样式是指字体、字号和缩进等格式设置特性的组合，将这一组合作为集合加以命名和存储。应用样式时，将同时应用该样式中所有的格式设置指令。有关样式的内容将在 3.5.7 节介绍。

2. 自定义

如果不满意 Word 提供的列表选项，在每一个选项卡上都提供了"自定义"按钮，可以单击该按钮来设计自己期望的符号或编号形式。

图 3.45 "自定义项目符号列表"
对话框

1）自定义项目符号列表

在"自定义项目符号列表"对话框中另外列出了六种项目符号供用户选择，如图 3.45 所示。可以单击"字体"按钮来改变选定符号的字体格式，也可以单击"字符"按钮，这时将打开"符号"对话框，从中可以选择喜欢的符号。还有一个"图片"按钮，单击该按钮将打开图片库，选择喜欢的图片作为项目符号并单击"确定"按钮。注意，可以使用"项目符号位置"和"文字位置"来控制项目符号和文字的缩进。

2）自定义编号列表

该对话框如图 3.46 所示，同样允许为编号设置样式、格式、对齐方式、对齐位置和缩进值。在"预览"窗口中可以看到设置的编号效果。

3）自定义多级符号列表

点击"多级符号"选项卡的"自定义"按钮可打开"自定义多级符号列表"对话框（如图 3.47），

图 3.46 "自定义编号列表"对话框

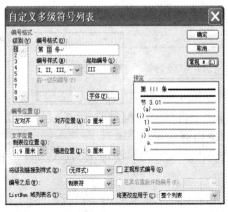

图 3.47 "自定义多级符号列表"对话框

除了可以自定义代表大纲九个等级的符号外,还提供了"高级"按钮来改变与多级符号连接的样式等。

3.5.5 分隔符

从"插入"菜单中选择"分隔符"命令,打开"分隔符"对话框,如图 3.48 所示。Word 提供了分页符、分栏符、换行符和分节符等四种分隔符号,分栏已经介绍过。下面介绍其余三种分隔符的使用方法。

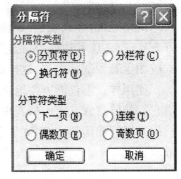

图 3.48 "分隔符"对话框

1. 分页符和换行符

当确定了页面大小和页边距后,页面上每行文本的字数以及每页能容纳的文本的行数也就确定下来,Word 能够自动计算出应该分页的位置,自动插入分页符。有时候,虽然一页未满,但希望开始新的一页,这时就需要人工插入分页符。

只要将插入点定位在应该分页的行,在"分隔符"对话框的"分隔符类型"栏选中"分页符",单击"确定"即可。这时如果在页面视图下,将看到插入点之后的文本另起一页。

"换行符"的插入完全类似,Word 将在确定换行的地方插入↓,后面的文字将换行。

插入分页符可以按快捷键"Crtl+Enter",插入换行符可按"Shift+Enter"。

2. 分节符

在一篇文档中,有时候需要分很多个部分,每个部分可能使用不同的格式。这时候可以通过插入分节符(具体插入方法同分页符)将每一个部分设置为单独的一节,然后对每一节单独进行页面、页边距、页眉和页脚以及分栏等设置。

下面对"分节符类型"区的四个单选按钮作一说明:

(1) 下一页:新建的节将开始于下一页的开头,Word 在前面的文本与新的一节的文本之间插入了一个分页符。

(2) 连续:新建的节将紧挨着上面的文本,而没有分页符。

(3) 偶数页:使得新建的节位于下一偶数页的开头。

(4) 奇数页:使得新建的节位于下一奇数页的开头。

插入"分节符"后,在"普通视图"下可以看到分节符标志。

3.5.6 节的格式化

在整个文档中,如果需要多种不同的页面格式,可以采用分节的办法。文档分节后,各节可以有自己的页面格式,节的格式化实际上是通过设置本节页面格式来完成的。

如一个 200 页的文档,前 100 页和后 100 页需要采用两种不同的页面格式,则可以采用插入分节符的方法将该文档分为两节。然后,将光标停在某一节的任意位置,设置其页面格式,参见 3.5.3。需要注意的是,设置完毕后,需要对话框中的"应用于"下拉按钮,选择"本节"。这样,该节的页面设置结束。其余节可以根据需要分别设置。

3.5.7 样式与模板

编写篇幅长且结构复杂的文档时,使用"样式"能够轻松地让整个文档保持规范、一致的格式,使人看起来文章结构清晰、条理清楚,使用同一样式的文本的格式可以通过修改样式来自动修改。推而广之,如果把"样式"定义保存到了"模板",让多个文档保持同样的风格也变得轻而易举了。

3.5.7.1　样式

简单地说,样式就是系统或用户定义并保存的一系列排版格式,诸如字体、字号、段落的对齐方式、制表位和边框等,把它们看作一个整体并给一个名字,这就是样式名。可以将一个样式应用于若干部分文本,这样这些文本就会具有相同的格式。

使用样式不仅能方便地进行格式的设置,而且一旦对某一样式发生修改,则整个文档中应用它们的段落或文本的格式也将相应地发生变化,而无需一一修改。例如,假设原来想要让文档的一级标题用斜体、粗体显示,但后来觉得去掉斜体更好一些,这时如果要手工格式化,就得依次寻找每一个标题并修改格式。如果使用了"样式",只要重新修改"样式"一次,整个文档的所有一级标题的格式都会根据新的"样式"定义去掉斜体属性。

Word 提供了两种样式类型:段落样式和字符样式。顾名思义,字符样式仅仅用于格式化一个文本区域如字、词、短语;而段落样式则用于格式化整个段落,不仅包括字符的格式化,还包括段落的格式化操作如对齐方式、缩进、间距等。

1. 样式的应用

使用已经建立的样式来作用于文本,一般可以用下面两种方法:

1) 使用工具栏

步骤如下:

(1) 选取要格式化的文本。

(2) 单击"格式"工具栏中"样式"下拉框右边的箭头,打开"样式"列表。

(3) 单击需要的样式,则选中的文本将使用新的样式。

(4) 如果错误的对某一个段落使用了一个样式,则选定该段按"Ctrl+Shift+N"将取消该样式。同样的,若是错误的使用了字符样式,则选定该文本按"Ctrl+Space"来取消。

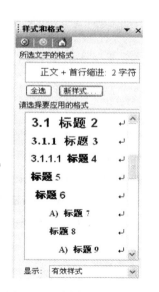

图 3.49　"样式和格式"窗格

2) 使用菜单

步骤如下:

(1) 选择"格式"、"样式和格式"(或点击"格式"工具栏最左边的"格式窗格"按钮),打开"样式和格式"任务窗格,如图 3.49 所示。

(2) 在任务窗格下方的"显示"右侧的下拉列表中有"有效格式"、"使用中的格式"、"有效样式"、"所有样式"和"自定义……"五种选择。在此选择的格式或样式类型将出现在上方的列表框中,当将鼠标指向该列表框中的某一项,Word 会弹出该样式的提示。单击这一项,则该样式将应用于已经选择的文本。

2. 样式的创建

样式实际上是一组排版格式命令。因此,在建立一个文档时,可以先将该文档中可能用到的各种样式加以定义,需要的时候用于各个部分。创建样式的步骤为:

（1）在"样式"对话框中，单击"新样式"按钮打开"新建样式"对话框，如图 3.50 所示。

（2）在"名称"框中输入该新建样式的名称。

（3）选择"样式类型"，即该样式是用于段落还是字符。

（4）"样式基于"即是否以某一已有样式为基础创建新的样式，这样就可以使用基准样式的所有格式来设置，再作适当的修改即可。这对于快速地建立样式是很有帮助的。但值得注意的是，一旦基准样式发生变化，则以其为基准的所有样式也将发生变化。

（5）"后续段落样式"确定了使用该新建样式的段落的下一段应该使用的样式。比如选择"正文"。

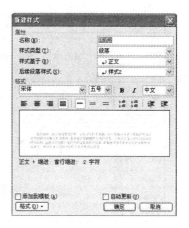

图 3.50　"新建样式"对话框

（6）单击"格式"按钮，可以设置所建样式的具体格式，如字体、段落、边框、编号、快捷键等。如果想要给新建的样式定义一个快捷键，单击"快捷键"菜单项将进入"自定义键盘"对话框，给出所期望的定义即可。

（7）新建的样式将随当前文档保存，如果想保存到模板（有关模板在下一部分介绍）中，则选取"添至模板"。

也可以对一个已经格式化的段落创建样式，步骤为：

（1）将插入点置于需要建立样式的段落。

（2）选择"格式"、"样式"，单击"样式"对话框中的"样式"框中的任一个样式名，然后单击"新建"按钮，在"新建样式"对话框中输入样式的名字，按"确定"按钮将返回到"样式"对话框。这时将在"样式"列表框中看到该样式名，在"说明框"中将看到对该样式的具体设置。

3. 修改和删除样式

对于建立好的样式，如果对它具体的格式设置不满意，可以进行修改，操作类似于样式的新建。

用户自定义的样式可以删除，在"样式和格式"任务窗格中选中应该删除的样式，单击其右侧的下拉列表选择"删除"命令即可。注意 Word 预定义的样式也可以删除，但这只意味着该样式从当前使用的文档中消失，但不会在 Word 中消失。

3.5.7.2　模板

如果在一个文档中创建的样式在另外一些文档中也要使用，反复地进行复制就很麻烦了，这时可以使用模板。模板就是预先设置好的最终文档的外观框架的特殊文档，其扩展名为 .dot。Word 提供了许多类型的模板，包括简历、信函、传真、目录、手册和备忘录等。

实际上，所有的文档都是建立在模板的基础上，在启动 Word 的时候，缺省的模板就是"空白文档"，即 Normal.dot 文件。

在模板中，所有保持不变的项目都将自动插入到文档中，例如"典雅型备忘录"中，收件人、发件人、关于、日期、抄送等信息的位置、格式都已经设置好了，只要在相应的位置单击并输入内容即可（如图 3.51）。另外，工具栏上的"样式"列表框中将即时出现很多与该文档相关的可使用的样式。

自己也可以创建模板，创建时可以根据已有的模板或文档创建，也可以从空白文档开始。步骤如下：

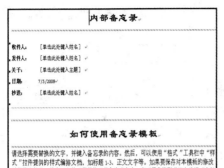

图 3.51 典雅型备忘录

（1）选择"文件"、"新建"，在"新建文档"任务窗格中单击"本机上的模板"并选择与要创建的模板相似的模板，或选择"空白文档"或其他文档。

（2）在新建的文档中创建所需的内容，如：文本、图片、表格、样式、域、自动图文集，并更改页边距设置、页面大小和方向、样式等。

（3）在"文件"菜单上，单击"另存为"。

（4）在"保存类型"框中，单击"文档模板"。

（5）"模板"文件夹是"保存位置"框中的默认文件夹。要使模板出现在"常用"选项卡以外的其他选项卡中，请切换到"模板"文件夹中的相应子文件夹或创建新文件夹。

（6）在"文件名"框中，键入新模板的名称，然后单击"保存"按钮。

当然，也可以把现有的文档保存为模板，只要在"另存为"对话框中将"保存类型"选取为"文档模板（.dot）"即可。

3.6 表格

表格是信息的一种重要表现形式，可以轻松地显示并组织文件中的资料。有时候比文字更直观，而且也便于做一些基本的计算。例如，当求职时，个人信息、社会履历、学习工作情况等用一张表格来表示显然比纯粹的文字表示更自然，更让人容易接受。

表格是 Word 中处理信息最常用的方法之一，对表格的创建者和阅读者都很有意义。创建者可以使用 Word 提供的功能对表格中的信息进行排序、汇总等操作，阅读者可以更清楚地了解表中所插入信息条目之间的关系。

3.6.1 创建表格

在 Word 中，可以使用多种方法建立表格，如：使用常用工具栏中的"插入表格"按钮、使用"表格"菜单中的"插入表格"或"绘制表格"，以及将文字直接转换成表格等。具体操作如下：

1. 表格工具

这是一种最简单快速的方法，单击常用工具栏上的"插入表格"按钮 ▦ ，将出现一个 4 行 5 列的网格。在网格上拖动鼠标以选择需要的行数和列数，即可生成表格。

2. 插入表格

用表格菜单插入表格的操作步骤如下：

（1）选择菜单"表格"、"插入"、"表格"，打开"插入表格"对话框，如图 3.52 所示。

（2）输入表格的行数、列数。

（3）选择"自动调整操作"区中的某一个单选项：

① 固定列宽：列的宽度将保持不变，输入文本若超出列宽将自动换行。

② 根据内容调整表格：表格会自动调整以贴近单元格中的文本。

③ 根据窗口调整表格：将根据页面设置的页边距自动调整表格宽度以适应。

如果以后要建立的表格的尺寸与当前创建的表格的尺寸一致,则可以选中"为新表格记忆此尺寸"复选框。

还可以单击对话框中的"自动套用格式"按钮(或者选择"表格"、"表格自动套用格式"),打开"自动套用格式"对话框,如图 3.53 所示。先在"类别"列表中选择需要的格式,然后在"表格样式"选择需要的表格样式,在下方的"将特殊格式应用于"栏中可以根据需要在多个项目中选择并预览,最后单击"确定"。

图 3.52　"插入表格"对话框	图 3.53　"表格自动套用格式"对话框

3. 绘制表格

前两种方法都是由系统自动建立一张规则的表格,熟练用户也可以手工绘制一张不规则的表格。选择"表格"、"绘制表格",这时鼠标指针将会变成一枝铅笔的形状 ✐ ,同时屏幕上将出现浮动的"表格和边框"工具栏,如图 3.54 所示。

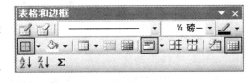

图 3.54　"表格和边框"工具栏

可以通过该工具栏上的按钮,为绘图笔选择线型、粗细,然后用绘图笔将表格绘制成需要的形状。该工具栏的按钮有:"绘制表格"、"线型"、"粗细"、"边框颜色"、"外侧框线"、"底纹颜色"、"插入表格"、"合并单元格"、"拆分单元格"、"对齐方式"、"平均分布各行"、"平均分布各列"、"表格自动套用格式样式"、"隐藏虚框"、"升序"、"降序"和"自定求和"等,这些功能将陆续学到。请大家自己试着使用。

一般地,可以用前两种方法之一建立好一张规则表格,再用"表格和边框"工具栏添加或删除一些线条以得到不规则的表格。

4. 表格与文本的转换

有时候,可能需要将某些文本信息转换为表格形式。而另外一些时候,需要将表格转换为普通文本段落。这就要用到表格与文本的相互转换。

选择"表格"、"转换",再选择"文本转换为表格"或"表格转换为文本"。

1) 文本转换为表格

首先要确定待转换的文本信息的列与列之间的分隔符是什么,Word 将根据用户指定的分隔符决定表格的列数。Word 允许使用段落标记、逗号、空格、制表符及其他自定义的字符作为分隔符。操作步骤为:

（1）选中要转换为表格的文本区域。

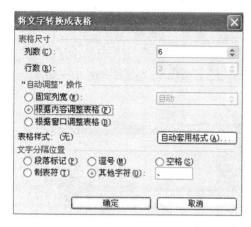

图 3.55 "将文字转换成表格"对话框

（2）选择"表格"、"转换"、"表格转换为文本"，此时出现对话框如图 3.55 所示。

（3）要注意的是行数是自动设定的，先选定列数，并在"自动调整"操作区选择需要的操作，然后选择文字分隔符。

（4）单击"确定"按钮。

例如，文本如下：

东边路、西边路、南边路、五里铺、七里铺、十里铺

行一步、盼一步、懒一步、霎时间、天也暮、日也暮

云也暮、斜阳满地铺、回首生烟雾、兀的不山无数、水无数、情无数

选定这部分文本，在对话框中输入列数 6，并选择"根据内容调整表格"，"文字分隔位置"请选择"其他字符"并输入"、"号，转换结果如表格 3.1：

表 3.1　文字转换得到的表格

东边路	西边路	南边路	五里铺	七里铺	十里铺
行一步	盼一步	懒一步	霎时间	天也暮	日也暮
云也暮	斜阳满地铺	回首生烟雾	兀的不山无数	水无数	情无数

2）表格转换为文本

同样，可以将表格转换为文本，先选择要转换为文本的那部分表格，选择"表格"、"转换"、"表格转换为文本"。弹出的对话框很简单，选择需要的文字分隔符即可。

3.6.2　编辑表格

可以把表格的每个单元格看作一个分隔的小型字处理窗口，将插入点定位到需要添加数据的单元格中，然后直接输入内容。当然也可以实现表格对象的编辑，行、列和单元格的插入或删除，单元格的拆分和合并等操作。

1. 选取表格编辑对象

可以采用鼠标拖动的方式来选取单元格区域：

（1）若要选定某个单元格，可以将鼠标停在该单元格内的左下角，当鼠标呈黑箭头状 ➚ 时单击，或在单元格内三击鼠标。

（2）若要选定表格的某一列，将鼠标停在该列的上方，待鼠标呈向下的黑箭头 ↓ 时单击。选定表格的某一行类似。

（3）如果要选定表格中连续的若干个单元格：横向、纵向或矩形块，则将鼠标停在起始单元格内，横向、纵向或斜向拖动即可。

一旦选定了单元格后，注意一下标尺，将看到在原标尺区域内相应于单元格尺寸的较小标

尺。可以像在文档窗口内一样设置缩进、对齐方式等等。同样可以对选定单元格内的文本实施各种需要的格式化操作。

2. 插入单元格、行、列

如果想对一张表格插入一些单元格、行或列,首先将光标定位在应该插入的位置,选择"表格"、"插入",出现一个级连菜单,对其中的选项说明如下:

(1) 表格:在单元格中插入一张新表,前面在"创建表格"已介绍过。

(2) 列(在左侧):在插入点所在列的左侧插入一个新列。

(3) 列(在右侧):在插入点所在列的右侧插入一个新列。

(4) 行(在上方):在插入点所在行的上方插入一个新行。

(5) 行(在下方):在插入点所在行的下方插入一个新行。

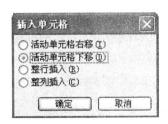

(6) 单元格:弹出"插入单元格"对话框如图 3.56 所示,有四个单选项,其中"整行插入"和"整列插入"相当于"行(在上方)"和"列(在左侧)"的插入。若选择"活动单元格下移",新单元格会使所在列中插入点以下的单元格均下移一个,以为其腾出位置,"右移单元格"类似。

图 3.56 "插入单元格"对话框

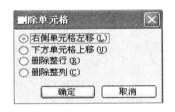

图 3.57 "删除单元格"对话框

3. 删除单元格、行、列

相反的,可以选择"表格"、"删除",它能够删除整张表格,或是删除插入点所在的行、列和单元格。选择删除"单元格"时,弹出对话框如图 3.57 所示,该对话框和图 3.56 很相似,不过现在询问的是否将单元格所在的列或行中其他的单元格上移或左移。注意,按 Del 键只能清除单元格的内容并不能删除它。

4. 调整行高和列宽

在建好了表格以后,实际使用中某些行高、列宽或单元格的宽度可能需要调整,Word 提供了调整的功能。精确的调整可以使用"表格"、"表格属性"来完成,参见下一小节。现以列宽为例,介绍两种简单直观的调整方法:

(1) 将鼠标停在要调整列的垂直线上,当鼠标呈具有左右两个方向箭头的形状 ╫ 时,向左或向右拖动鼠标即可。

(2) 若标尺处于显示状态,插入点在表格内,观察标尺,将看到标尺上显示与表格中列数项数相同的列表格标记,用鼠标拖动该标记即可。

5. 拆分和合并单元格

有时候可能需要将一个单元格拆分成两个或多个较小的单元格,这就要用到单元格的拆分。选定需要拆分的一个或多个单元格,然后选择"表格"、"拆分单元格",将弹出如图 3.58 所示的对话框。

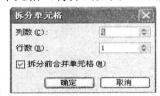

选定需要的行数和列数,其中"拆分前合并单元格"复选框表示先将选中的单元格合并为一个,再把它分割成指定的行数和列数。

单元格合并时先选定需要合并的单元格,选择"表格"、"合并单元格"即可。

图 3.58 "拆分单元格"对话框

有时候,需要将一张表转换为两张独立的表。将插入点置于应该分割的位置,选择"表格"、"拆分表格"即可。

3.6.3　其他表格操作

可能需要对表格的某些部分设置特殊的边框和底纹,也可能需要绘制斜线表头,有关这方面的一些常用操作介绍如下:

1. 标题行重复

这一命令在表格将要横跨多页时非常有用。例如,要打印一个班级某门课的成绩表,而班级人数很多,需要打印多页。这时正常的打印,后两页表格是没有"学号"、"姓名"这样的表头的。可以选中第一页的标题行,选择"表格"、"标题行重复",这样表格的后面的所有页也出现了标题行。

2. 绘制斜线表头

实际制表时,对于表头通常需要绘制一些斜线,这时可使用 Word 提供的斜线表头,选择"表格"、"绘制斜线表头",弹出"插入斜线表头"对话框如图 3.59 所示。

Word 提供了五种表头样式,在"预览"窗口可以看到其形式。选择好样式后(这里选的是样式二),逐个输入标题的内容并设置字号。

3. 文字方向

如果希望某些单元格的文字方向发生变化,以获得特殊的视觉效果,则先选中这些单元格,单击工具栏上的"更改文字方向"按钮，单元格内的文字方向将由水平变为垂直,再次单击该按钮,又恢复垂直。

也可以选择"格式"、"文字方向",或者右击鼠标在快捷菜单里选择"文字方向",这时将弹出"文字方向－主文档"对话框,如图 3.60 所示。有五种方向,可以选择合适的方向。

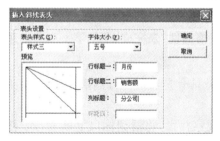

图 3.59　"插入斜线表头"对话框

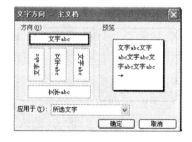

图 3.60　"文字方向"对话框

4. 表格属性

"表格属性"是修改表格格式时最常用的。可用于设置整个表格位置,表格的某些行、列和单元格的尺寸,表格和单元格的对齐方式等。

"表格属性"对话框有四个选项卡,它们分别是:

(1)表格选项卡,如图 3.61 所示,它可以制定表格的尺寸、对齐方式和文本环绕。

(2)行选项卡,如图 3.62 所示,可以设置一行或若干行的高度。

(3) 列选项卡,该选项卡与"行"选项卡非常相似。

(4) 单元格选项卡,可以设置单元格尺寸、垂直对齐方式及其他选项。

图 3.61 "表格"选项卡

图 3.62 "行"选项卡

5. 边框和底纹

如果希望对文档的文本设置底纹,设置个性化的表格边框和底纹,给文档的页面添加边框,均可使用 Word 提供的"边框和底纹"。

选择菜单"格式"、"边框和底纹",打开"边框和底纹"对话框,如图 3.63 所示。该对话框下有三个选项卡,分别是:边框、页面边框和底纹。

1) 边框选项卡

如果希望对选定的文档对象(文本、图像和表格)设置边框的话,使用"边框"选项卡,如图 3.63 所示。

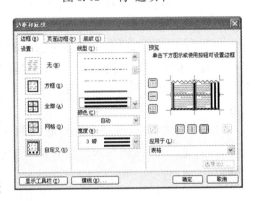

图 3.63 "边框"选项卡

下面以表格为例,对各选项的功能作一简单介绍:

(1) 设置:该栏位于对话框左侧,决定使用的边框类型。

(2) 线型:在线型列表中可选择边框的线型。

(3) 颜色:选择期望的边框或线条的颜色。

(4) 宽度:选择线条的宽度,且可用的宽度种类取决于线型。

(5) 预览:注意,它不仅能够预览选定的边框,而且允许取消一面或更多面的边框,甚至可以调整表格的外框、内部的分隔线以及添加斜线等。观察一下该窗口左侧和下侧的按钮,通过单击需要的按钮或者直接单击窗口中的线条,可以增加或者删除对应的边框。

(6) 应用范围:选择边框的应用范围,注意对于文本和表格有不同的应用范围。

例如,对于单线框的表格 3.2 加以粗的外边框及双线等,设置后得到表格 3.3。

表 3.2 单线框成绩表

学号	姓名	分数
200190018	欧阳燕	75
200190019	吴 娟	50
200190020	周广亮	90
200190021	黄永进	100
200190022	张 勇	60
200190023	席 燕	45

表 3.3 设置格式的成绩表

学号	姓名	分数
200190018	欧阳燕	75
200190019	吴 娟	50
200190020	周广亮	90
200190021	黄永进	100
200190022	张 勇	60
200190023	席 燕	45

图 3.64　"页面边框"选项卡

2）页面边框选项卡

如果是要对整个页面进行边框设置,应该使用"页面边框"选项卡,如图 3.64 所示。类似于"边框"选项卡,但不同处在于:

（1）增加了"艺术型"选项,它允许为页面添加装饰性的边框。

（2）由于是页面边框,在"预览"仅有四个按钮用于设置线条。

（3）"应用范围"有所区别,可将页面边框用于整个表格、本节、本节首页和本节除首页外的其他页。此外,还可以为图片、网页、图形对象添加边框。

3）底纹选项卡

使用"底纹"选项卡将能够对选定的文本对象进行丰富多彩的背景颜色设置。可以对段落、表格、文本或整个页面设置底纹。"底纹"选项卡（如图 3.65）的主要设置如下:

（1）填充:在调色板中选择底纹的颜色,也可以单击"其他颜色"按钮在弹出的对话框中挑选满意的颜色。

（2）图案:使用"样式"下拉列表选择各种底纹和底纹中图案的样式。

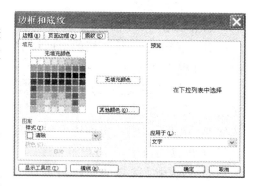

图 3.65　"底纹"选项卡

（3）颜色:在下拉列表中选择底纹图案中线条和点的颜色。

（4）应用范围:选择将底纹用于文字、段落、单元格还是表格。

（5）在预览窗口中可以看到底纹效果。

如果对整个文档进行某种颜色的底纹设置以方便阅读,可以使用"格式"、"背景"。

6. 背景和水印

1）背景

背景主要用于 Web 浏览器中,可为联机查看创建更有趣的背景。背景是不能打印的。可以在除普通视图和大纲视图以外的 Web 版式视图和大多数其他视图中显示背景。

选择"格式"、"背景",弹出如图 3.66 所示界面,可从中选择合适的颜色,或者添加特殊效果,如渐变、纹理或图案等。若选择"无填充颜色",将取消背景。

可将图案、图片、纯色、渐变或纹理作为背景。渐变、图案、图片和纹理将以平铺或重复的方式填充页面。当将文档保存为网页时,纹理和渐变将保存为 JPEG 文件,图案将保存为 GIF 文件。

图 3.66　"背景"颜色

2）水印

水印是显示在文档文本后面的文字或图片。它们可以增加趣味或标识文档的状态。水印是针对打印文档设计的,因此在普通视图或 Web 版式视图中看不到它们。如果要向用于在线查看的文档应用类似于水印的背景,请应用背景。

选择"格式"、"背景"、"水印",弹出如图 3.67 所示对话框。如果使用文字,可从内置词组中选择或亲自输入。如果使用图片,可将其淡化或冲蚀,以不影响文档文本的显示。如果文档包含大量的文本,最好选择一张细节较少的图片,以便不会转移阅读者对于文本的注意力。

图 3.67 "水印"对话框

3.6.4 表格处理

一般地,如果需要对大量的数据进行复杂的计算,应该使用更专业的处理软件如 Excel 来进行。如果只要做一些简单的计算或者是排序工作,Word 也完全可以胜任。

1. 表格的计算

首先需要了解在 Word 中如何引用表格中的单元格,表格中的行号用阿拉伯数字 1、2 来表示,列号用英文字母 A、B 来表示。如 B3 表示第二列中第三个单元格。

如果需要对表格中的数据进行计算,步骤如下:

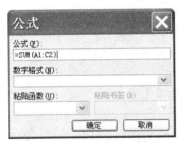

(1) 选择"表格"、"公式",打开"公式"对话框,如图 3.68 所示。

(2) 在"公式"输入框中输入计算公式,如计算从 A1 至 C2 区域的单元格中数值之和应输入"＝sum(A1:C2)";也可以在"粘贴函数"列表框中选择需要的函数,再修改参数。

(3) 单击"确定"按钮。

当然熟练的话,也可以在直接在单元格中键入计算公式。

图 3.68 "公式"对话框

另外需要熟悉 Word 表格处理时常用的一些计算函数,如:求平均值函数 average( ),计数函数 count( ),最大值函数 max( ),等等。

2. 表格的排序

有时候可能需要对表格中的数据排序,例如,将成绩表格 3.4 按总成绩从低到高排序。操作如下:

(1) 选择"表格"、"排序",打开"排序"对话框,如图 3.69 所示。

(2) 设置排序关键字,并确定升序还是降序以及关键字类型,最多设置三个关键字。

(3) 选择有/无标题行等。

(4) 根据需要点击"选项"按钮设置。

(5) 单击"确定"。

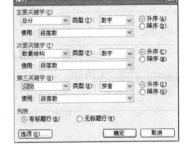

图 3.69 "排序"对话框

按图 3.69 设置,排序后的成绩表见表格 3.5。

表 3.4 排序前的成绩表

姓名	数据结构	操作系统	电子商务	总分
张 美	80	90	95	265
李沉沉	60	75	85	220
王 倩	80	95	90	265

表 3.5 排序后的成绩表

姓名	数据结构	操作系统	电子商务	总分
李沉沉	60	75	85	220
王 倩	80	95	90	265
张 美	80	90	95	265

3.7 图形

有时候,为美化文档或者内容的需要,可能需要在文档中插入一些图片并对图片做一些简单的处理。Word 不仅提供了强大的字处理的功能,也提供了简单的图片处理的功能。在本节中,首先介绍如何在文档中插入图形,然后介绍对插入的图形进行缩放、裁减和亮度、对比度控制等编辑操作,最后介绍两种特殊图形的操作:文本框和公式编辑。

3.7.1 插入图形

选择"插入"、"图片",可以看到在 Word 中允许插入这样几种图片:剪贴画、图片文件、艺术字、自选图形、图表以及来自扫描仪和相机的图片。

1. 插入剪贴画

Microsoft 剪辑库是一个独立的软件,它把图片按类别进行分类,使能够方便地在各类图片中进行查找和浏览,使用步骤为:

(1) 插入点置于应该插入图片的地方。

(2) 选择"插入"、"图片"、"剪切画",文档窗口右侧弹出"剪贴画"对话框,如图 3.70 所示。

(3) 搜索并选择合适的剪贴画单击插入。

2. 插入图形文件

如果插入的图片来自一个图形文件(如 JPG 文件、BMP 文件、GIF 文件等),则选择"插入"、"图片"、"来自文件",打开"插入图片"对话框,在"查找范围"中定位文件的位置,然后选中需要打开的文件,单击"插入"按钮。

3. 插入艺术字

图 3.70 "插入剪贴画"对话框

艺术字是 Office 提供的独立的应用程序,它能够插入具有艺术格式的文本。步骤如下:

(1) 插入点置于艺术字应该插入的位置,选择"插入"、"图片"、"艺术字",打开艺术字对话框,如图 3.71 所示。

(2) 选择一种合适的样式,单击"确定"按钮。

(3) 在弹出的"编辑艺术字"对话框中,首先"文字"输入框输入文本(如"淡泊明志宁静致远"),然后选择字体、字号等(如方正舒体、44 号、加粗并倾斜)。

(4) 单击"确定"即可。

4. 插入自选图形

"自选图形"是 Word 能够自动绘制的图形,它们包括线条、基本形状、箭头总汇、流程图、星与旗帜等。若要插入自选图形,具体步骤为:

(1) 选择"插入"、"图片"、"自选图形",弹出"自选图形"工

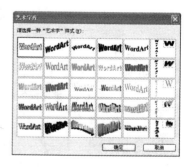

图 3.71 "艺术字库"对话框

具栏,如图 3.72 所示。

(2) 选择所需图形组的按钮单击,再在下拉列表中选择一个图形。

(3) 此时,光标呈"＋"形状,将"＋"中心置于要插入的位置,单击鼠标,选定的图形将出现,如图 3.73 所示的人面符。

(4) 注意一下该图形,自选图形还包括若干个黄色的菱形控点,单击并拖动之可以改变图形的形状。有关对插入图形的调整,参阅后面的"编辑图片"。

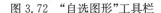

图 3.72 "自选图形"工具栏 　　　　　　　图 3.73 "人面符"图形

5. "绘图"工具栏

可以使用"绘图"工具栏来实现自选图形的插入。如果该工具栏未显示,选择"视图"、"工具栏"、"绘图"即可打开绘图工具栏,如图 3.74 所示。

图 3.74 "绘图"工具栏

实际上,可以利用绘图工具栏提供的直线、箭头、矩形、椭圆及其他元素和工具绘制所需的简单图形。

对于由很多图形组成的图通常需要将它们组合成一个图形,以便于对其进行整体操作。鼠标单击"绘图"工具栏的"选择对象"按钮 ,拖动鼠标选中需要组合的图形,然后右击鼠标,在弹出的快捷菜单中选择"组合",需要分解图形就选择"取消组合"。建议自己试着使用这一颇为有用的工具。

6. 拷屏

有时根据需要,可能要把计算机上正在运行的其他软件的窗口或屏幕内容作为文档中的插图插入进来。这时,可按以下步骤操作:

(1) 复制窗口或屏幕内容。若要复制活动窗口的副本,按 Alt＋Print Screen;若要在活动窗口出现在监视器上时复制整个屏幕,按 Print Screen。

(2) 将图像粘贴到文档中。选择文档中的合适位置,再"粘贴"即可。

3.7.2 编辑图片

图片插入后,一般还需要对图片进行一些修饰,如改变图片的尺寸大小、适当地裁剪、设置图片的位置、方式、颜色、亮度、对比度和背景等。这些功能的实现可以通过"图片"工具栏来实现。

1. 缩放图片

图形的周围有八个小方块形控点,将鼠标停在四角的某一个控点上,鼠标呈斜向的双向箭头,拖动将使得图形成比例放大或缩小。更精确的缩放可以使用"设置图片格式"中的"大小"选项卡。

2. "图片"工具栏

图片插入后,"图片"工具栏自动打开。选择"视图"、"工具栏"、"图片",将弹出"图片"工具栏。如图 3.75 所示,其中的按钮有:插入图片、颜色、增加对比度、降低对比度、增加亮度、降低亮度、裁剪、向左旋转 90 度、线型、压缩图片、文字环绕、设置对象格式、设置透明色、重设图片等。

图 3.75 "图片"工具栏

3.7.3 文本框和公式编辑器

文本框和公式编辑器的编辑结果都可以看作特殊的图形元素。文本框可以用于编辑特殊标题,对绘制的图形添加必要的文本等,而公式编辑器对于输入数学运算式是很有帮助的。

1. 文本框

Word 提供了两种形式的文本框:横排和竖排文本框。其中竖排文本框对于汉字的排版非常有用。下面给出文本框的使用方法:

(1) 选择"插入"、"文本框"、"横排(或竖排)",或者在"绘图"工具栏上单击对应的按钮 📄 或 📄 。

(2) 将鼠标指向应该插入文本框的位置,拖曳鼠标,文档窗口内将出现一横排文本框(或竖排文本框)。

(3) 在文本框内输入文本,对文本实施需要的格式化操作。

(4) 对文本框大小的调整如同对图片大小的调整。

(5) 如果想设置文本框格式,插入点置于文本框,选择"格式"、"文本框",将弹出图 3.76 所示的"设置文本框格式"对话框,可以依据自己的需要进行各种设置。这里给出了一个不带边框的竖排文本框的例子,如图 3.77 所示。

图 3.76 "设置文本框格式"对话框   图 3.77 竖排文本框示例

2. 公式编辑器

在输入文本时,有时可能需要用到一些特殊的公式,如分式、求和符号、积分公式等,这时就要用到公式编辑器,它在工具栏上的按钮是 √α 。如果工具栏上没有的话,可以选择"工具"、"自定义",在"命令"选项卡的"类别"选择"插入",在右边的"命令"下拖动滚动条找到" √α 公式编辑器",用鼠标拖到工具栏上即可。

下面介绍一下插入公式的方法：

（1）将插入点置于应该插入公式的位置。

（2）选择"插入"、"对象"，弹出"对象"对话框，在"新建"选项卡的"对象类型"列表中找到"Microsoft 公式 3.0"，单击"确定"（或者直接在工具栏上双击按钮  ）。这时将弹出公式编辑器对话框，如图 3.78 所示。

图 3.78　使用公式编辑器

（3）可以使用弹出的"公式"工具栏编辑需要的公式，如编辑求根公式：$x_{1,2} = \dfrac{-b \pm \sqrt{b^2-4ac}}{2a}$ 完成后在文档其他位置单击鼠标即可退出公式编辑状态。

3.8　Word 自动功能

一旦输入文本后，Word 可以通过自动更正选项对文本进行更正或格式化。若要调整"自动更正选项"，可选择"工具"、"自动更正选项"，打开"自动更正"对话框（如图 3.79）。该对话框中共有五个选项卡，分别为："自动图文集"、"自动更正"、"自动套用格式"、"键入时自动套用格式"、"智能标记"，各选项卡所提供的主要选项如下。

图 3.79　"自动更正｜自动图文集"对话框

3.8.1　自动图文集选项卡

这一项功能在输入特定项目时，Word 会自动跟踪输入，以前四个字母为基础，尽量理解所输入的单词或短语，并给出完成的单词或短语的建议。它使用的是当前模板中的信息。例如，现在使用的是共用模板，输入星期一的前四个字母"Mond"，一个小的弹出式提示将显示完整的提示"Monday，June 16，2008"，按回车键或 F3 键，Word 将插入整个单词；如果要忽略自动图文集建议，则继续输入。

用户可以在"自动图文集"选项卡（如图 3.79）中添加自己的单词或短语。这样，下一次当输入这个单词或短语的前四个字母时，Word 将自动提示帮助完成。"自动图文集"中的条目包括格式，甚至是类似图形之类的对象。要删除其中的条目，则选中该条目并单击"删除"按钮。单击"插入"按钮则可在当前文档中插入选中的条目。

3.8.2　自动更正选项卡

在半角状态下输入（c）后变成了这样的一个带圈的 C，按一下 BackSpace 键，就可以恢复

图 3.80　"自动更正"选项卡

原来的样子了。这就是 Word 的自动更正功能在起作用。

选择"工具"、"自动更正选项",打开"自动更正"选项卡,如图 3.80 所示。上半部分的复选项是常用的一些英文格式,如果勾选了该项,则输入时出现了这样的问题,Word 将自动加以更正。例如选择了"句首字母大写",在英文半角状态下输入一段英文,输入的过程中每个句子的首字母自动变成大写。其他复选框不再赘述。

3.8.3　自动套用格式选项卡

利用"自动更正"里面的"自动套用格式",给一个文档套用一些常用文档的格式。键盘上的引号键在半角状态下是输入直引号的,现在在半角状态下敲这个键,结果输入的还是一个弯引号,这就是 Word 的自动套用格式在起作用。

单击"自动套用格式"选项卡,如图 3.81 所示,主要包括两部分:"应用"和"替换"。

"应用"主要包括:内置标题样式、自动项目符号列表、列表样式、其他段落样式。其中"内置标题样式"指套用指定模板中的各级标题样式,对文档中使用标题样式的文本有效。若选择"自动项目符号列表",则当在句首键入＊、一、＞等项目符号时,并在后面跟一个空格或 Tab 键,接着输入文本,可把文本格式应用为项目符号列表,使用此功能时应同时选中"列表样式"项。

图 3.81　"自动套用格式"选项卡

"替换"部分的选项主要用来设置将某个符号替换为另一种符号,如:直引号替换为弯引号、序号(1st)替换为上标、分数(1/2)替换为分数字符、连字符(——)替换为长划线(－)、段落开头空格采用首行缩进、匹配左右括号、删除中文和西文文字之间不必要的空格等。

3.8.4　键入时自动套用格式选项卡

Word 不仅可以自动更正错误,它还可以自动应用格式,这个功能可以节省操作的时间。可以在"键入时自动套用格式"选项卡(如图 3.82)中作出相应的设置,该选项卡由三部分组成:键入时自动替换、键入时自动应用和键入时自动实现。

其中"键入时自动替换"功能将用键盘上无法输入但看起来更好的条目,去自动替换键盘上容易输入的条目。

"键入时自动应用"有六项功能:自动项目符号列表、自动编号列表、框线、表格、日期样式、内置标题样式等。

"键入时自动实现"的主要功能有:将列表项开始的格式设为与前一项相似、用 Tab 和 Backspace 设置左缩进和首行缩进、基于所用格式定义样式、匹配左右括号等。

3.8.5　自动编写摘要

Word 2003 的"自动编写摘要"功能可以自动概括文档要点,它采用统计分析等方法从文档中找出论述的要点,然后再将这些要点集中到一起即成为摘要。由于 Word 既可将摘要单独汇编成文,也可将它们放在源文档中突出显示,其详略程度也可任意进行调整,所以这将大大减轻完全手工编写摘要的工作量。

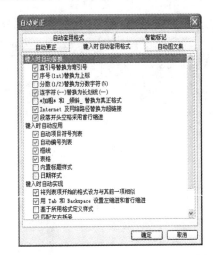

图 3.82　"键入时自动套用格式"选项卡

先打开已经完成的文档。再选择"工具"、"自动编写摘要",会弹出如图 3.83 所示的对话框。在"摘要类型"框中选择合适的摘要类型。

如果对 Word 自动生成的摘要不太满意,希望重新设置,则只需点击工具栏上的"撤销"按钮,再调出"自动编写摘要"对话框即可。如要调整摘要的详细程度,可拖动鼠标或单击"相当于原长的百分比"框上的箭头。如果要切换摘要的显示方式,直接在"摘要类型"中重新选择即可。

当然,自动编写摘要功能只是获得有效摘要的起点,不能完全取代人的思维。显然,还要对结果进行一定的编辑才能达到期望的效果。但是,它确实能帮助节省大量的时间。

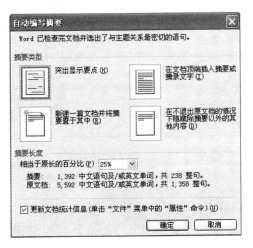

图 3.83　"自动编写摘要"对话框

3.8.6　编制目录

有时候,一个完成排版的 Word 文档需要编制一个目录,如书本、论文前面的目录,它用一系列标题来显示文档中的信息,从这一点看,它与大纲很相似。

1. 创建目录

在 Word 中编制目录最简单的方法是对要显示在目录中的标题使用内置的标题样式或大纲级别格式。步骤如下:

(1) 首先对要显示在目录中的标题应用标题样式。

(2) 把光标定位到要建立目录的位置,目录一般位于文档的开始。

(3) 选择"插入"、"引用"、"索引和目录",弹出"索引和目录"对话框,选择"目录"选项卡,如图 3.84 所示。

(4) 设置页码、对齐方式、制表符等,如果复选了"使用超级链接而不使用页码"选项,则单

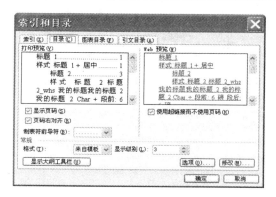

图 3.84　"索引和目录｜目录"对话框

击目录条目或页码,可以直接跳转它所对应的标题。

（5）要改变目录的样式,可单击"修改"按钮,打开"样式"对话框,如图 3.85 所示,选择其他样式或对样式修改,再单击"确定"返回。

（6）也可以单击"选项"按钮,在随后弹出的"目录选项"对话框中设置目录级别数等,如图 3.86 所示,单击"确定"返回。

（7）在"索引和目录"对话框中单击"确定",目录即插入指定位置。

图 3.85　"样式"对话框

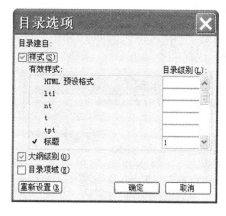

图 3.86　"目录选项"对话框

2. 更新目录

Word 是以域的形式创建目录的,如果文档中的页码或者标题发生了变化,就需要更新目录,使它与文档的内容保持一致。选择目录单击鼠标右键,选择"更新域"。Word 还可以创建图表目录和引用目录,可以自行使用。

3.9　域和邮件合并

3.9.1　域

域是一组能够嵌入文档的指令,它是 Word 中一项很重要很实用的功能。插入在文档中的域能够完成很多繁琐的工作,为用户编辑文档提供了极大的便利。在文档的编辑过程中,熟练地运用域可以实现许多神奇的字符、特殊的编辑和独特的排版效果,明显增强文档编辑的灵活性,实现很多看起来并不容易实现的任务。

域代码是用来在文档中插入动态数据的一种方法。所谓动态数据,即随时间会发生变化的信息,例如时间就是一个典型的动态数据。域代码可以插入到文档中的任何位置,也可以用于模板中以自动插入信息。

1. 域代码的插入

插入域代码的步骤如下：

（1）选择"插入"、"域"，弹出"域"对话框，如图 3.87 所示。

（2）选择域的类别和域名，在"域属性"中选择域的显示格式。对于有的域，右侧窗口有"域选项"，可以进行相关的选择域。

（3）单击"域代码"按钮，这时代码将显示在"域代码"区域。

（4）单击"确定"按钮，新的域将插入到文档中（如 2008 年 8 月 19 日星期二）。

图 3.87 "域"对话框

2. 域代码的查看

在大多数时间里，域代码是不可见的，因为更关心的是插入信息本身。不过，有的时候可能需要编辑域代码，或者是查看有哪些域代码在工作。

若要在文档中显示所有的域代码，按"Alt＋F9"；再次按"Alt＋F9"将屏蔽域代码。若要单独显示某一个域代码，则将插入点置于该域代码中，按"Shift＋F9"（也可以选定一组域代码操作）；同样，再次按"Shift＋F9"将屏蔽该域代码。

3. 域代码的更新

对于域代码来说，作为动态数据其重要性在于能够显示动态信息。插入域代码时，显示的信息就是当时的。而在使用文档如打印、阅读时，各种域代码显示的信息不应该是过时的，故可能需要对域代码按"F9"进行更新。

4. 域的锁定

在更新域的时候，希望某些域不随文档中其他域一起更新，这就要用到域代码的锁定，方法为：对于要锁定的域，把插入点置于其中，按"Ctrl＋F11"；如果要解除锁定，单击已锁定的域并按"Ctrl＋Shift＋F11"。

3.9.2 邮件合并

在实际工作中，经常会遇到这种情况：需要处理的文件主要内容基本相同，只是具体数据有变化。比如学生的录取通知书、成绩报告单、获奖证书等等。如果是一份一份编辑打印，虽然每份文件只需修改个别数据，那也够麻烦的。可以使用 Word 提供的邮件合并功能。邮件合并功能并不是一定要发邮件，它的意思是先建立两个文档：一个包括所有文件共有内容的主文档和一个包括变化信息的数据源，然后使用邮件合并功能在主文档中插入变化的信息。合成后的文件可以保存为 Word 文档，可以打印出来，当然也可以以邮件形式发出去。

"邮件合并"，实际上可以用于合并任何种类的数据与文档，以创建一系列包含不同个人数据的文档。无论合并的是何种数据或文档，其基本过程如下：

（1）创建主文档。主文档本质上是模板，也就是与任何数据合并都不变的那一部分。

（2）创建或指定数据源。数据源就是使得每个文档个性化的信息，如姓名、性别、出生年月和地址等信息，可以是电子表格或来自数据库的表。

（3）定义主文档中的合并域。用于指示 Word 将数据源中的数据放置在主文档中的位置。

（4）合并数据和主文档。Word 能根据指令在同一主文档的基础上创建一系列个人文档，其中每一份个人文档包含来自数据源的一组数据。

例如：教务处有学生的"补考名单"，如图 3.88 中的表格"补考名单"，它可以是电子表格或来自于数据库的表格。教务部门希望给每一位要补考的同学产生一份补考通知书，就可以利用上述方法，先建立主文档，如图 3.89 所示。再经过上述步骤即可生成合并的文档，图 3.90 所示的是插入域之后的主文档正文。其中一个同学补考通知单的实例文档如图 3.91 所示。

图 3.88　数据源"补考名单"表

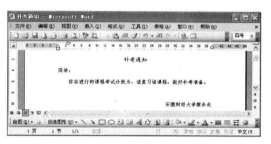

图 3.89　主文档"补考通知"

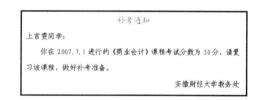

图 3.90　插入域之后的主文档正文

图 3.91　"补考通知单"实例

当然，Word 包括的功能非常多，本章介绍的只是作为文字处理必须要掌握的一部分。其他还有窗体、索引、邮件编辑器、主控文档等功能，读者可以在使用 Word 的过程中自学。熟能生巧，多看、多做、多学、多练，就能熟练掌握 Word 这一强大的文字处理工具。

习题 3

3-1　Word 提供了多少组菜单？每一组菜单包括哪些功能项？

3-2　什么是工具栏？工具栏如何显示、隐藏和放置？

3-3　如何快速准确地在文档中实施光标定位和文本对象的选取？

3-4　Word 有哪几种视图方式？它们各用于什么环境？

3-5　"保存"和"另存为"的区别是什么？如何使用自动保存？

3-6　如何灵活使用查找和替换功能？

3-7　批注、脚注、题注有什么作用？如何建立和修改它们？

3-8　如何为文本对象创建超级链接？

3-9　请按要求顺序完成下面的格式化操作。

（1）输入自选的文章，至少包括三个段落。

（2）将第二段与第三段交换位置。

（3）给文档加标题，如"演示实验"。

（4）标题设置为隶书、三号加粗、居中、红色底纹。

（5）正文部分为华文楷体、小四号、两端对齐、1.2 倍行距。

（6）给前三段加编号"一、"，"二、"，"三、"等。

（7）正文的段落左右各缩进 1.2 厘米，首行缩进 2 字符，段后间距 12 磅，将标题段的段后间距设置为 16 磅。

（8）将第二段的文本分为三栏，栏宽分别为 10、11 和 12 个字符。

（9）在文档中插入合适的图片，或使用绘图工具绘制一些简单的图形。调整图形大小、位置、环绕方式等。

（10）给文档添加页眉"我的演示文档"并右对齐，页脚添加页码，居中。

3-10 完成下面要求的表格操作。

姓名	软件工程	操作系统	算法设计	计算机图形学	总分
魏 华	78	80	77	85	
乔冠琴	90	82	81	86	
方家芸	72	73	65	71	

（1）在 WORD 中创建以上表格。

（2）在表格中输入内容。标题行设为华文新魏，四号。所有文字水平居中。

（3）用公式计算每位同学的总分。

（4）在表格下方增加一行，用于计算每门课的平均分。

（5）对学生记录按总分降序排列。

3-11 制表位有几种设置方法，如何设置和取消制表位？

第 4 章　电子表格

本章概要

电子表格应用非常广泛,无论是学校中的成绩表,还是企业或事业单位的各种销售、管理、报表等数据都可以用电子表格进行处理分析和计算。Excel 是 Microsoft Office 系列组件中的一员,它的主要作用就是对数据进行组织、计算、分析等。在 Excel 中,各种用于统计和计算的功能,以及用于时间、字符串、数值处理的各种函数都十分丰富,还可以用图表的形式来表现统计、汇总数据,并且能与其他文字、数据处理软件方便地交换数据。Excel 是日常数据处理工作中最为流行、用户最多的软件之一。同时,其界面风格和基本操作方法与 Word 相似,因此易学易用。当然,Excel 的数值处理函数也为进行复杂数据处理和分析提供了有力的支持,要想完全掌握 Excel 的高级功能也得在理论和实践上多下功夫才行。

在本章里将学习以下主要内容:如何建立 Excel 工作簿及工作表;基本数据操作;格式设置;运用函数和公式进行统计和计算;数据排序;数据筛选;数据分类汇总;图表;数据透视表;数据安全保护等。

学习完本章后,您将能够:

- 以工作簿及工作表的形式组织处理工作数据
- 采用格式化技术优化工作表外观
- 在工作表中利用函数和公式进行较复杂的数据计算
- 对工作表的数据进行排序或筛选
- 对数据进行分类汇总
- 建立便于数据分析的图表
- 建立便于分析汇总值的数据透视表
- 对工作簿及工作表中的数据采取一定的保护措施

4.1　Excel 简介

Excel 是 Microsoft Office 系列组件中的一员,它的主要作用就是对数据进行组织、计算、分析等处理。Excel 的版本随 Microsoft Office 的新版本同步地发行,其主要功能不变,但在界面外观上、处理能力上均不断地调整和加强。Excel 是最常见、使用最广泛的电子表格软件之一。本章将主要基于 Excel 2003 进行介绍。

4.1.1　Excel 功能简介

Excel 2003 不但提供了各种方便的填入数据的方式,如自动填充等,而且可在电子表格中使用多种数据格式,并完成许多复杂的数据运算。同时,Excel 2003 提供了比过去版本更丰富地用于数据统计的函数,并且具有强大的图表制作功能,对数据的分析和预测提供了很好的工作平台。通过数据透视表的交叉统计,可以对数据的汇总值进行进一步地分析,它还可以将电子表格制作成网页形式,具有功能强大、技术先进和使用方便等特点。

此外,Excel 可与 Office 其他组件(如 Word、Access)交换数据。许多种数据库管理系统都能通过导入和导出功能与 Excel 交换数据,便于不同系统间的数据共享。

Excel 2003 提供了 Microsoft Office 2003 风格的工作环境,比如,与 Word 类似,它也提供了并排比较功能,可用于工作簿的并排比较,十分方便。Microsoft Office 2003 具有开放的、充满活力的新外观,还提供了许多新增或改良的任务窗格,新增任务窗格包括:"开始工作"、"帮助"、"搜索结果"、"共享工作区"、"文档更新"和"信息检索"。

Excel 2003 也是 Office 2003 的一个重要组件,同 Word 2003 一样,在安装 Office 2003 时一同安装。

4.1.2　Excel 工作界面简介

使用 Excel 的第一步是启动 Excel,启动 Excel 的方法很多。首先,可以通过"开始"菜单启动 Excel,选择"开始","所有程序",找到"Microsoft Office"后在诸多选项中选择"Excel"即可;其次,也可以通过双击一个已经存在的 Excel 电子表格文件(扩展名为. xls),即可启动 Excel 并打开该工作簿;再次,可以通过双击桌面快捷方式或在快速启动栏建立启动按钮来启动 Excel。

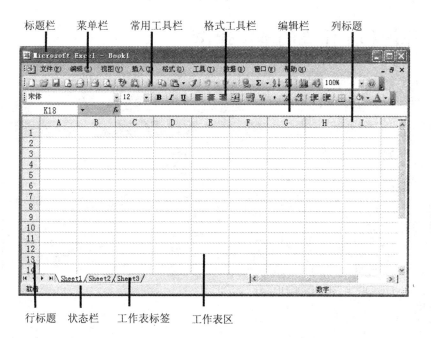

图 4.1　Microsoft Excel 2003 的工作界面

成功启动 Excel 2003 后,将看到图 4.1 所示的工作界面。使用 Excel 编制数据表,基本上都要在这个界面上进行工作,因此需要对这个工作环境有充分地了解。在图 4.1 上,已对窗口的主要部分做了标注,下面再做一些必要地说明。

1. 标题栏

显示正在运行的应用程序名称"Excel"以及正在编辑的文件名。如果正在编辑的文件还没有命名,Excel 自动将其默认命名为 Book1。

2. 编辑栏

显示光标所在的单元格的内容。

3. 工作表区

是窗口中最大的区域,是用户输入数据的地方。

4. 列标与行号

一个报表由很多行和列组成。Excel 使用列标和行号来表示报表中的一个单元格。列标用 A、B、C、D 等表示 ,如第 1 列的列标为 A,第 2 列的列标为 B。行号用 1、2、3、4 等表示,如第 1 行的行号为 1,第 2 行的行号为 2。列标和行号连起来,就可以表示一个单元格的名称,如第 1 列第 1 行这个单元格的名称就是 A1,第 7 列第 5 行这个单元格的名称为 G5。

5. 名称框

显示当前选定的单元格、图表项或绘图对象的名称,若在此框中直接输入单元格的名称,然后按 Enter 键,可以快速移动光标到指定的单元格。

6. 工作表标签

一个电子表格文件就是一个工作簿,一个工作簿中可以包含多个工作表。默认情况下,一个工作簿中有 3 个工作表,分别用标签 sheet1、sheet2 和 sheet3 来表示。在实际操作过程中,可根据需要增加或减少工作表,一个工作簿最多可以包含多达 255 个工作表。

4.2　工作簿和工作表的基本操作

工作簿是 Excel 里的基本文档,形象地说,工作簿就是工作表的"容器",一个工作簿可以容纳若干工作表。本节将分别介绍工作簿和工作表的基本操作。

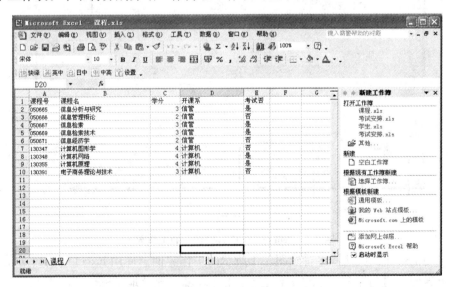

图 4.2　新建工作簿

4.2.1　建立工作簿

直接启动 Excel 时，Excel 将自动建立一个新工作簿，可以在这个新工作簿中进行数据的录入和处理，完成任务后保存它。如果想在使用 Excel 过程中建立一个新工作簿，可以直接点击"新建"按钮，这时将建立一个空的新工作簿。如果在"文件"菜单上选择"新建"命令，将会在窗体右侧显示"新建工作簿"任务窗格（如图 4.2），可以选择"空白工作簿"，也可以选择"根据现有工作簿"或选择"本机上的模板"等方式来建立新的工作簿，如果已经连接了网络，还可以查找网上的模板。

4.2.2　打开已存在的工作簿

需要打开已经存在的工作簿时，可以采用以下方法：如果它最近曾被打开过，在"文件"菜单选项的底部有最近用过的若干文件名，从中选择所需的文件名即可（如图 4.3）。如果要打开的并不是"最近的"，可以使用标准的"打开"方式，即从"文件"菜单上选择"打开"，或在"常用工具栏"上单击"打开"按钮，再从"打开"对话框（如图 4.4）中选择要处理的文件。

图 4.3　打开最近使用的文件　　　　　　　　　图 4.4　"打开"对话框

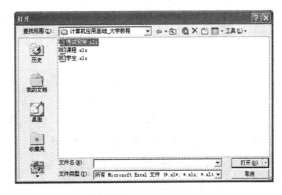

通常，"打开"对话框中的初始文件列表是根据默认的文件夹列出的，而"查找范围"文本框中一般默认的是"我的文档"。通过"工具"菜单中的"选项"命令，打开"选项"对话框找到"常规"选项卡，可以重新设置"默认文件位置"。

4.2.3　保存及正确关闭工作簿

一般情况下，保存文件时选择"文件"菜单中的"保存"（或单击"常用"工具栏的"保存"按钮）就行了。对于新建的工作簿，Excel 给出的默认文件名是"Book1"，一般应该根据工作簿的内容或用途重新命名。首次保存时，Excel 会弹出"另存为"对话框（如图 4.5），首先应该选择相应的"保存位置"，然后在"文件名"组合框中键入文件名，或选择"文件名"列表中列出的最近用过的某个文件名再加以修改后使用，单击"保存"按钮，这个文件就保存到指定的位置了。

如果是以前保存过的工作簿，再次使用"保存"命令时就不会弹出这个对话框，而是直接保存到原来的位置，用现在的新内容替换掉原来的内容。

保存好文件之后如果不再使用 Excel 就可以退出，如果还需要创建或修改其他电子表格只要关闭当前的电子表格文档即可。要注意区别 Excel 窗口和工作簿窗口不是一回事，Excel

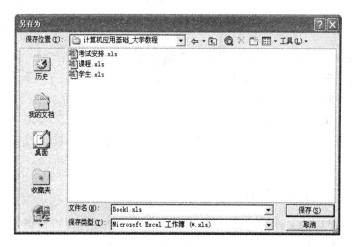

图 4.5 "另存为"对话框

窗口是 Excel 的工作界面,在 Excel 运行时,每个正在由 Excel 处理的工作簿也将会开出一个窗口,但工作簿窗口是包含在 Excel 窗口之中的子窗口。单击位于 Excel 窗口标题栏上的"关闭"按钮的作用是退出 Excel。如果同时打开了两个工作簿,这种关闭会同时将这两个工作簿都关闭,且结束 Excel。如果点击位于菜单栏右侧的"关闭窗口"按钮要关闭的只是当前编辑的工作簿。

4.2.4 添加和删除工作表

在 Excel 中一个新工作簿默认含有 3 个不同的工作表(修改该默认值请选择菜单"工具"、"选项"、"常规"选项卡),各工作表之间是独立的,它们分别有名为"Sheet1"、"Sheet2"、"Sheet3"的工作表标签,可以选择工作表标签来使用具体的工作表。一个工作表的名称最多可以有 31 个字符,工作表标签的尺寸会根据工作表的名称缩放。要重新给工作表命名的话,在工作表标签上双击,该工作表的名称就会高亮显示,这时只要重新键入新的名称就行了。工作表可以根据需要而添加、删除、移动、复制。

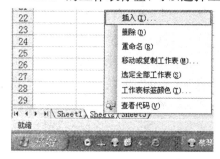

图 4.6 工作表标签弹出式菜单

想在某张工作表之前添加一张新工作表,首先要点击它的标签,然后在菜单上选择"插入"、"工作表"。也可用鼠标右键点击标签,在弹出式菜单(如图 4.6)上选择"插入"来添加新工作表。

删除时用鼠标右键单击工作表标签,然后从弹出式菜单上选择"删除",将被询问确认或取消这次删除,如果确认删除就点击"删除"按钮,要取消删除就点击"取消"按钮。

4.2.5 移动和复制工作表

要在某个工作簿内移动一张工作表,只要拖动它的工作表标签到需要的位置即可,如果先按住 Ctrl 键再拖的话,就可起到复制的作用。也可以按下列步骤操作:

鼠标右键单击被移动的工作表标签。

（1）从弹出式菜单（如图 4.6）选择"移动或复制工作表"。

（2）当弹出"移动或复制工作表"对话框（如图 4.7）时，在其下拉列表中选择目标工作簿的文件名。

（3）对话框有一个"下列选定工作表之前"列表框，其中将列出目标工作簿的所有工作表名称，想将它置于哪个工作表之前就选择哪个工作表名称，或选择"移至最后"。

（4）如果是复制而不是移动的话，请选择"建立副本"复选框。

（5）最后，单击"确定"按钮即可完成操作。

图 4.7　"移动或复制工作表"对话框

4.3　在工作表中填入数据

数据是工作表的真正内容，是要加工处理的工作对象。在工作表中正确、快速地输入数据是非常重要的，但有时这不容易做到，因为数据有很多类型，比如：数值型、文本型、日期型、货币型等。各种数据有着自己特定的表示范围和格式，对不同类型数据的操作也是不同的。若能够利用系统提供的各种诸如自动填充之类的数据填入方法，将能大幅度提高输入数据的速度。下面，先从如何输入数据开始，逐步学习如何处理数据。

4.3.1　认识行和列

工作簿由一个或多个工作表构成，每个工作表又由一个或多个单元格构成，工作簿相当于一个账本，一个工作表就相当于账本中的一页。工作表实际上就是由单元格按行和列组织排列成的网格。每一行有它自己的数字标识，范围从 1 到 65536。工作表的总列数是 256，每一列有一个字母标识，开始的 26 列是从 A 到 Z 标识，以后它们是从 AA 到 AZ、BA 到 BZ 等等，以此类推。每个单元格有它自己单独的标识，该标识是以其所在列和行作为基础，例如，在 D 列和 5 行交叉点的单元格是"D5"。

4.3.2　键入和编辑数据

工作表中的单元格，可以用来容纳单项数据。单元格显示的大小是无关紧要的，可以根据需要任意改变单元格的大小，以便完整地看到单元格中所存放的数据内容。

单击 D 列和 5 行的单元格，该单元格变为粗框，并且在"名称框"中显示出该单元格的标识（如图 4.8）。

向单元格中输入数据时，在编辑栏上将出现与单元格中相对应的内容，并且会出现"取消"和"输入"两个工具按钮（　✕✓　）。

✕：单击此按钮将取消此次输入，按 Esc 键也可以取消此次输入。

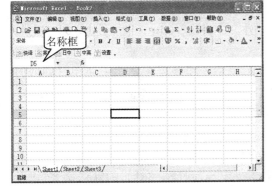

图 4.8　选中的单元格

■ :单击此按钮确认刚才的输入有效,按 Enter 键也可以确认输入有效。

此外,按四个方向键中的某一个时,会使焦点离开此单元格,转向其他的单元格。

在编辑状态时,单元格和编辑栏就充当了一个微型的文本编辑器。可以使用方向键来前后移动,使用 Home 键或 End 键跳到数据的开头或结尾,用 Insert 键切换"改写/插入"模式,用 Delete 键或退格键来删除字符或选定文本等。在进行数据编辑时,上下光标键也具有特殊功能,它们也能令光标键跳转到数据的开头和结尾。

当输入完一个单元格的内容按下回车键时,希望光标如何自动跳转,可以选择菜单"工具"、"选项"、"编辑"选项卡,在"选项"对话框中的"按 Enter 键后移动方向"一栏中进行设置。这个操作很常用,如果一行行输入,通常设置为向右跳转,如果一列列输入,常设置为向下跳转。

输入数字和输入文本一样简单,但有些限制和约束要注意。

(1) 数字格式:Excel 默认的单元格格式(称为常规格式)将只显示 11 个字符。就数字而言,这种方式只显示 11 位阿拉伯数字,如果要输入并显示多于 11 位的数字,可以使用内置的科学记数格式(指数格式)或自定义的数字格式。注意,Excel 会限制 15 位有效数字,任何超过 15 位有效数字的数将被当作是零处理。

(2) 输入负数:请在负数前键入减号(—),或将其置于括号( )中。

(3) 输入分数:如果得用分数的话,可输入 7　1/2 表示七又二分之一(注意,7 与 1/2 之间有空格)。但如果输入 1/8,Excel 会把它当作一月八日处理,Excel 把跟在整数后面的分式按分数处理,但是单独的一个分数(如 1/8)会被认为是日期。为避免这个问题,要么先设置单元格格式以接受分数,要么输入一个前置的零(比如　0　1/8)。

(4) 将数字作为文本输入:使用"单元格"命令将包含数字的单元格设置为"文本"格式,Excel 仍将其保存为数字型数据。如果要使 Excel 将类似于"学号"之类的数字解释为文本,需要先将空单元格设置为"文本"格式,再输入数字。

(5) 对齐数字:在默认状态下,所有数字在单元格中均右对齐。如果要改变其对齐方式,选择"格式"、"单元格"命令,再单击"对齐"选项卡,并从中选择所需的选项。当输入日期和时间时,用斜杠或减号分隔日期的年、月、日部分:例如,可以键入"2002/9/5"或"5-Sep-2002"。当相应的日期和时间被输入进单元格时,它们会自动地设置单元格格式,Excel 能够解释任何常规的日期或时间格式,如"2/2/1990"或"6:54P. M"。

如果要在同一单元格中同时键入时期和时间,请在其间用空格分隔。如果要基于 12 小时制键入时间,请在时间后键入一个空格,然后键入 AM 或 PM(也可 A 或 P),用来表示上午或下午。否则,Excel 将基于二十四小时制计算时间。例如,如果键入 3:00 而不是 3:00 PM,将被视为 3:00 AM 保存。

时间和日期可以相加、相减,并可以包含到其他运算中。如果要在公式中使用日期或时间,请用带引号的文本形式输入日期或时间值。例如,下面的公式得出差值为

$$68:=\text{"2004/5/12"}-\text{"2004/3/5"}$$

如果要输入当天的日期,请按 Ctrl+;(分号)。

如果要输入当前的时间,请按 Ctrl+Shift+;(分号)。

在操作系统"控制面板"的"区域设置"中的选项将决定当前日期和时间的默认格式,以及默认的日期和时间符号。例如,对于美国的时间系统,斜线(/)和连字符号(—)用作日期分

隔符,冒号（:）用作时间分隔符。

4.3.3 数据标题

设置标题的基本方式是使用一行,将该行单元的内容输入为列标题,这样可以标识各列数据的意义;或者使用一列,该列置于工作表的侧面,该列中的单元内容为行标题,用以标识各行数据的意义;或者两者同时使用。一般情况下,标题都是从数据区的首列或首行开始的,特殊表格可以另外设计。有时,还有必要为工作表设置一个总标题,它应该在标题行的上方。请看图 4.9 中的"年销售预测表"实例局部截图。

图 4.9 "年销售预测表"实例局部截图

4.3.4 自动填充

Excel 的自动填充方式,可以快速输入一些特殊的序列,如年份、月份、星期等,也可以创建并使用自定义序列。

如果要填充相同数据,可以使用鼠标拖拽方法。在选中的源单元格的右下角上的点就是该单元格的填充句柄,鼠标移到该点上时,将变形为小十字。左键单击填充句柄,向下或向其他方向拖动,拖动所涉及的区域内的单元格将被填入源单元格的数据。

也可按如下步骤进行相同数据的填充:

(1) 同时选取已有数据的单元格和要输入相同数据的单元格。

(2) 选择菜单"编辑"、"填充",再根据需要填充的方向选择相应的填充命令,比如"向下填充"。

如果要填充数字、日期等有序的序列,可按下步骤进行:

(1) 选定待填充数据区的起始单元格,然后输入序列的初始值,如数字"1"。

(2) 如果要让序列按给定的步长增长,再选定下一单元格,在其中输入序列的第二个数值,如数字"2"。头两个单元格中数值的差额将决定该序列的增长步长。

(3) 选定包含初始值的这两个单元格。

(4) 用鼠标拖动填充句柄经过待填充区域。如果要按升序排列,请从上向下或从左到右填充;如果要按降序排列,请从下向上或从右到左填充。

如果要指定序列类型,请先按住鼠标右键,再拖动填充句柄,在到达填充区域之上时,单击快捷菜单中的相应命令。例如,如果序列的初始值为 2006-6-1,单击"以工作日填充",可生成序列 2006-6-2、2006-6-3、2006-6-4 等;单击"以月填充"将生成序列 2006-6-1、2007-6-1;2008-6-1 等。如图 4.10 所示。

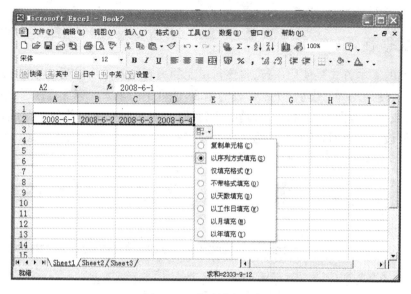

图 4.10　自动填充示例

此外,还可以使用"编辑"菜单中的"填充"、"序列"命令创建等差和等比序列。方法如下:

(1) 选择序列开始处的单元格。该单元格中必须含有序列的第一个值。

(2) 在"编辑"菜单上,选择"填充",然后单击"序列"。

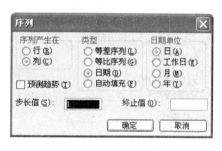

图 4.11　"序列"对话框

(3) 出现"序列"对话框,如图 4.11 所示。要在页面上纵向填充序列,单击"列";要在页面上横向填充序列,单击"行"。

(4) 单击"类型"下的"等差序列"或"等比序列"等。

(5) 在"步长值"框中,输入序列的递增值。在等差序列中,初始值与步长值的和为第二个值,而其他后续值是当前值与步长值的和。在等比序列中,初始值与步长值的乘积为第二个值,而后续值为当前值与步长值的乘积。

(6) 对于日期序列应当指定增长的"日期单位"。

(7) 在"终止值"框中,输入希望停止序列的限制值。

(8) "确定"后,系统将自动按序列的设置在一系列单元格中填入相应值。

对于一些特殊的标题,可以使用自定义序列填充,比如,一张课程表的首行标题通常是"MON 、TUE、……、SUN"或者"星期一"……"星期六"等,输入"MON"然后鼠标左键单击填充句柄拖动几个单元格的距离,释放鼠标键时其他的几个单元格内将被填入后续数据。只要是在"工具"、"选项"、"自定义序列"选项卡中定义过的序列,均可以用此方法进行填充,只要输入序列中的任一个值,再向任意方向拖动鼠标即可获得序列中的后续值。这种自定义序列中的序列也可以在排序时被指定为"自定义排序次序",以便用户按"自己的次序"排序。

4.3.5　冻结与拆分

当一张报表中的行列较多时,表格会很宽或很长,当编辑表尾或表的最右侧的数据时会因为看不到表头或表左侧的标题而填错位置。运用"冻结窗格"或"拆分窗口"的技巧就可解决这一问题。

冻结和撤销对窗格的冻结的操作步骤如下：

（1）选择冻结位置：如果要在窗口顶部生成水平冻结窗格，选定待冻结处下边一行；如果要在窗口左侧生成垂直冻结窗格，选定待冻结处右边一列；如果要同时生成顶部和左侧冻结的窗格，请单击待冻结处右下方的单元格。

（2）单击菜单中的"窗口"、"冻结窗格"。

操作完成后能看到冻结位置的黑线条标志，被冻结的列或行不参与屏幕滚动，结果如图4.12所示。如果要撤销对窗格的冻结，可以单击"窗口"菜单中的"撤销窗口冻结"。

窗口拆分可以同时显示一张大工作表的不同区域，在滚动时保持行列标志可见。可以将窗口拆分为两个窗口，按垂直或水平方向并列排放。如果同时按水平和垂直方向对窗口进行拆分，将显示四个窗口。

窗口拆分方法是：选择菜单中的"窗口"、"拆分"命令，这时会发现窗口被拆分成了四个部分（如图4.13），可以拖动窗口间的分割条以改变各个窗口的大小，或者双击不需要的分割条，令它消失。如果要将一分为二的两个窗格还原成一个窗口，可在任意点双击分割条。

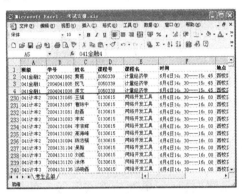

图 4.12　冻结窗格

图 4.13　拆分窗口

4.4　单元格与区域的基本操作

单元格是存放数据的容器，当数据比较多的时候就会使用较多数量的单元格。有时需要在大量数据中选择和定位需修改的数据，于是就需要选择或定位那些包含特定数据的单元格，以便进行编辑处理。

如果需要处理的单元格多于一个，就可以以区域操作方式进行处理。选择操作区域的方法有很多，如：单击行标可以选中一行、单击列标可以选中整列、单击全选按钮（行列标志左上角交叉处，如图4.14）可以选中整个工作表。如果要选择一些连续的单元格，在要选择区域的开始的单元格处按下鼠标左键并拖动到最终的单元格就可以了，而对于范围较大的连续区域使用 Shift 键配合选择操作更为方便。连续区域的标识由该区域左上角和右下角两个单元格标识组合而成，如：左上角单元格标识为"B2"、右下角单元格标识为"F7"，则该区域将被标识为"B2：F7"。

图 4.14　行列及全选标识

"区域"不一定总是由一些相连的单元格组成,如果要选定不连续的多个单元格,可按住 Ctrl 键,再一一单击要选择的单元格就可以了。同样的方法可以选择连续的多行、多列;不连续的多行、多列;甚至行、列、单元格混合选择等等。

4.4.1　单元格或区域的定位

如果想找到某个单元格或单元格区域,可以使用"定位"命令。步骤如下:

（1）单击"编辑"菜单中的"定位",出现"定位"对话框,如图 4.15 所示。

（2）在定位对话框中的"引用位置"框中键入要选取的单元格或区域的标识名称。如,输入"B2：F7",即表示从 B2 开始到 F7 单元格之间的所有单元格。

（3）单击"确定"按钮,Excel 将定位并选中指定单元格或区域。

图 4.15 　"定位"对话框

在 Excel 窗口的"名称"框中键入相应单元格或区域标识名称,如"B2：F7",然后按回车键,也可迅速定位。

4.4.2．单元格的复制、移动、选择性粘贴与合并

有时可能需要从一个单元格把信息或格式复制到另一个单元格,或是移动单元格到工作表中的另一个位置,或对单元格的设计不满意而要重新组织单元格。Excel 提供了方便的工具来完成这些任务。

1. 复制和选择性粘贴

类似于 Word 操作,复制或移动单元格可以使用常用工具栏上的剪切 、复制 、按钮粘贴 。如果通过拖动鼠标的方法,或单击"复制"然后单击"粘贴"的方法来复制单元格,Microsoft Excel 将复制整个单元格,包括公式及其结果、批注和单元格格式等等。如果在选定的复制区域中包含隐藏单元格,Excel 将同时复制其中的隐藏单元格。如果在粘贴区域中包含隐藏的行或列,则需要显示其中的隐藏内容,才可以见到全部的复制单元格。

注意,要把同一内容复制到若干个不相邻的单元格的话,可以按住 Ctrl 键单击若干个不相邻的单元格,然后单击"粘贴"按钮。这样复制的内容就会被粘贴进所有选定的单元格。

"选择性粘贴"和"粘贴"的效果是不同的。粘贴将把源单元格原封不动地复制过来,选择性粘贴则可以选择复制单元格中的指定内容。这是 Excel 特别常用的功能,比如,单元格某项内容如果与其他单元格相同,具有同样的批注、有效性验证、格式等,可以运用"选择性粘贴"单独复制这一项。选择性粘贴的操作为:正常"复制"了源单元格区域后,用鼠标右键点击目标位置,从弹出菜单中选择"选择性粘贴"而不是"粘贴",出现"选择性粘贴"对话框(如图 4.16)。在该对话框中选择要粘贴的内容,"确定"后就可以把需要的内容粘贴过来了。

图 4.16 　"选择性粘贴"对话框

2. 移动

由于可以进行拖放操作,移动单元格就如在 Word 中复制文字一样简单!单击活动单元格边框上的任何地方(除了右下角的填充句柄之外),鼠标指针变成"空心箭头指针"🔖 ,按住鼠标拖动单元格到新的位置即可。若用 Ctrl 键配合鼠标拖动则起到复制的作用,空心箭头指针旁会出现小加号。

3. 合并

若创建的标题涵盖两行或两列甚至更多行和列时,"合并单元格"是好办法之一。虽然也可以通过改变行高和列宽等办法实现,但会影响同行或同列中的其他单元格。

先选定要合并的区域,然后在格式工具栏上单击"合并及居中"按钮 🔳 。通过"单元格格式"对话框的"对齐"选项卡中的"合并单元格"复选框也可以达到同样的目的。当然,也可能并不想居中,那可通过"格式"工具栏上的其他对齐按钮,如左对齐按钮等,来重新对齐。当然,只有相邻的单元格才能被合并,它们可以是水平的、竖直的或者是两者同时的。

要当心的是,如果这些要合并的单元格中不止一个包含数据,那么只有左上角的单元格中的数据会被保留。合并单元格时,所有和那些单元格相关的公式都将受到影响。

4.4.3　单元格/行/列的插入删除

如需在表格中插入单元格或整行整列,可按下列步骤操作:

(1) 选定需要插入单元格区域,点击右键,出现弹出式菜单(如图 4.17)。

(2) 选择"插入",出现"插入"对话框(如图 4.18)。

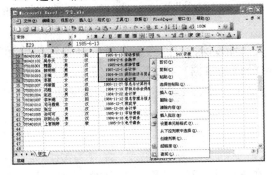

图 4.17　选择插入区域

图 4.18　"插入"对话框

(3) 在对话框中,选择插入后原区域的移动方式,然后点击"确定"。图 4.19 至图 4.22 为四种不同插入方式的结果。

图 4.19　单元格右移后的情况

图 4.20　单元格下移后的情况

图 4.21　插入整行的情况

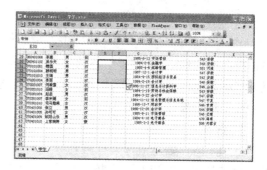
图 4.22　插入整列的情况

对于表格中不需要的单元格或行和列,可按如下步骤删除:

(1) 选定需要删除的单元格或区域,点击右键,出现弹出式菜单。

图 4.23　删除单元格对话框

(2) 选择"删除",出现"删除"对话框(如图 4.23)。

(3) 在对话框中,选择删除后周围的单元格和相关区域的移动方式,然后点击"确定"。

如需清除单元格的内容但保留单元格可采用清除操作,具体步骤为:

(1) 选定需要删除的单元格或区域,点击右键,出现弹出式菜单。

(2) 选择"清除内容",即可将所选单元格内容(不包括格式等)清除掉。或者在"编辑"菜单上选择"清除"命令,再根据需要选择"全部"、"内容"、"格式"或"批注"。

注意,清除和删除是不同的! 如果删除了单元格,Excel 将从工作表中移去这些单元格;而清除单元格,则只是删除了单元格中的内容(公式和数据)、格式(包括数字格式、条件格式和边界)或批注,单元格仍然保留在工作表中。选择单元格按 Del 键只能起到清除内容的作用。

4.4.4　引用单元格和区域

如果要在某个单元格中存入其他一些单元格中数据之和,就需要"引用"。引用是在目标单元格中使用其他单元格中数据的一种方法,在 Excel 中可采用:一般引用、绝对引用和名称引用等三种不同的方式实现引用。

1. 相对引用

通常在一个单元格中引用其他单元格或区域来进行计算时,要描述操作中所涉及的单元格或区域。比如,在工作表中对两个单元格求和,在 A1 中输入 89,在 B1 中输入 99,在 C1 中输入"=A1+B1",这里的 A1、B1 就是被引用的单元格,而"=A1+B1"则是一个描述如何生成本单元格数据的计算公式。

公式也是可以复制的。当在一个单元格中输入好公式后,可以拖动填充句柄,将它复制填充那些相关的单元格。在填入公式的单元格中,公式将随相对位置的变化自动调整公式中引用的单元格,如图 4.24 所示。

但是,当含计算公式的单元格被"移动"而不是"复制"到其他位置时,其公式内容不会变化。

图 4.24 用公式在 D3 单元格计算金额后向下复制

2. 绝对引用

绝对引用,是指在引用某个单元格或区域时,在其地址中需要绝对引用的行或列标识前加 $ 符号,如:＄A＄3、＄A3、A＄3。这种引用出现在公式中且存放该公式的单元格被复制时,公式中绝对引用的地址部分是不发生变化的。

3. 名称引用

采用名称引用单元格或区域的方法首先要给被引用者一个描述性的名称。比如,将某个固定的区域命名为:"合计"。然后,就可以引用它了,例如:＝合计 * 0.12。使用名称引用显然比 H88:K133 这样的引用更容易记忆。

命名的方法是先单击要命名的单元格或选择那个区域,然后单击"名称框",在此键入该单元格或区域的新名字并回车就可以了。

在一个公式里使用单元格名称,与绝对引用有同样的效果,公式中引用的单元格不会因移动或复制而改变。

4.4.5 批注

可以通过批注单元格上的便笺为单元格加上适当的说明,说明该项数据的意义、目的等。

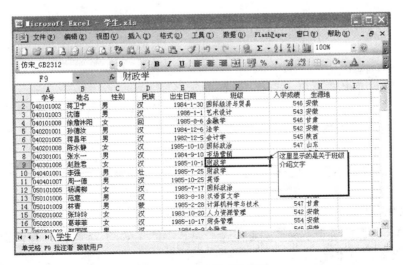

图 4.25 显示单元格批注

图 4.26 批注相关选项

浏览数据时,插入批注的单元格的右上角会出现一个红色小三角,鼠标指向该单元格时,批注就会自动显示出来,如图 4.25 所示。批注也可以被删除、复制、显示或隐藏。

给单元格添加批注的步骤如下:

(1) 选中需要添加批注的单元格。

(2) 单击鼠标右键,在弹出菜单中,选择"插入批注"。

(3) 在弹出的批注框中键入批注文本,完成文本键入后,单击批注框外部的工作表区域即可完成插入批注操作。

如果需要调整批注,可以选中该单元格,单击鼠标右键,在弹出菜单中,选择"编辑批注",如图 4.26 所示。

4.5 保护数据安全的基本措施

工作表最大的弱点之一就是,一旦完成了创建工作表的艰难工作,任何人都很容易一不小心变动它们。所有的"一不小心"只是一些错误的击键或某人不懂得他们在做什么,使得做过的数据处理工作就这样白费了。

幸运的是,Excel 可以防止工作表发生不想要的改变。Excel 提供了三个层次的保护,第一层是工作表的全部元素,如单元格和窗体控件,设置为默认保护状态;然而,除非第二层的保护工作——工作表保护被实行,否则第一层保护没有任何效果;第三层保护是工作簿层次,用来防止任何对工作表增加或删除等操作。

4.5.1 保护单元格

如果一个单元格含有公式,在用户用鼠标点击它时,仅仅想让他看到公式的计算结果,却不想让他看到公式,可以应该先设置它的格式为"隐藏"。禁止修改某单元格的操作,可将该单元格设置为"锁定"。

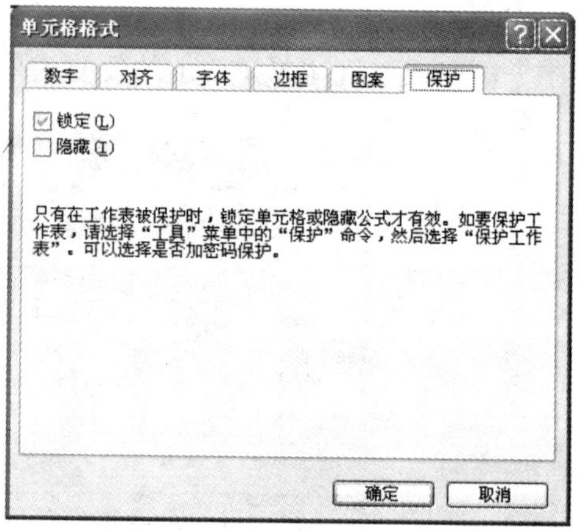

设置单元格或别的元素的格式为"隐藏"或"锁定"的步骤如下:

(1) 用鼠标右键单击单元格。

(2) 从出现的弹出式菜单中选择"设置单元格格式"。

(3) 在"单元格格式"对话框中单击"保护"选项卡,如图 4.27 所示。

(4) 选择"锁定"(用于禁止修改)或"隐藏"(用于隐藏公式)复选框。

(5) 单击"确定"。

图 4.27 "单元格格式"对话框"保护"选项卡

单元格层次的保护对于不保护的工作表来说是不能见效的。因为,只有设置了保护工作表,单元格层次的保护才有效。

4.5.2　保护工作表

设置工作表保护意味着被保护的对象不能发生任何改变,对被保护对象如单元格内容的任何改动尝试只会引起错误信息。

设置保护工作表的步骤如下:

(1) 从菜单中选择"工具"、"保护"、"保护工作表"。

(2) 在"保护工作表"对话框(如图 4.28)中,可以撤销保护或对一部分权限进行设置。

(3) 在该对话框中,可以键入一个密码,该密码将在解除保护时被要求输入。要注意,只有当这个密码是绝对必要时才这样做,否则忘了密码就不幸至极了。

(4) 单击"确定"按钮,完成保护操作。

图 4.28　"保护工作表"对话框

4.5.3　保护工作簿

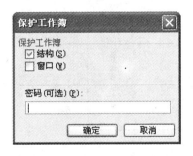

图 4.29　"保护工作簿"对话框

工作簿保护与整个工作簿相关,例如,如果试图重命名受保护工作簿中的工作表,将会被禁止。保护工作簿的步骤如下:

(1) 从菜单中选择"工具"、"保护"、"保护工作簿"。

(2) 在"保护工作簿"对话框(如图 4.29)中,选择保护类别。

(3) 在该对话框中,可以键入一个密码,该密码将在解除保护时被要求输入。

(4) 单击"确定"按钮,完成保护处理。

4.6　调整格式

在使用 Excel 进行数据处理工作的过程中,为了使工作表中的数据能够整齐、美观的布局和排列,有时需要对工作表中相关元素进行格式的设置和调整,以获取最佳的表现效果。本节将介绍几种常用格式的调整方法。

4.6.1　列宽、行高的调整及列和行的隐藏

为了使数据能够较完整、美观地显示出来,有时需要适当地调整列宽和行高,当列宽不足时只显示符号"♯"。调整列宽和行高的方法很多,常用的几种如下:

(1) 用鼠标直接拖动行/列标题的分隔线是改变行高或列宽的最简单办法。

(2) 可以用鼠标右击行/列标题,通过快捷菜单来修改行高和列宽的值。

(3) 通过双击列标题右侧列边框可以设置为"最适合的列宽",或于菜单中选择"格式"、"列"、"最适合的列宽"来调整列宽;可以双击行标题下边框来调整行高度到最适合状态,或者于菜单中选择"格式"、"行"、"最适合的行高"来调整行高。

想要一次性改变若干行的行高度,先选择要改变高度的这些行的行标题,然后拖动其中某

行的分隔线,则所有选中的行都会一起改变行高。对列的操作也是类似的。

暂时不需要显示的列和行可以隐藏,以便使目前需要处理的列和行能够更突出地得到表现。除了单元格的可见性之外,隐藏行和列不影响单元格其他特点和内容。

想要隐藏哪些列或哪些行,就用鼠标右键单击它的列/行标题,并在弹出式菜单(如图 4.30)上选择"隐藏"即可。想要取消刚才的隐藏,就得先选择此列两边相邻的列标题或此行上下的行标题,然后单击鼠标右键,从弹出式菜单上选择"取消隐藏",即可使被隐藏的列或行重新显示出来。

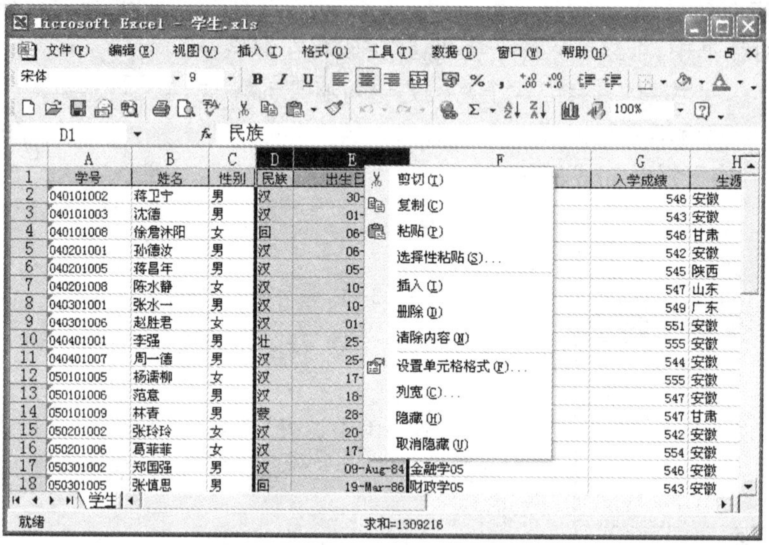

图 4.30   隐藏及取消隐藏菜单

4.6.2   自动套用格式

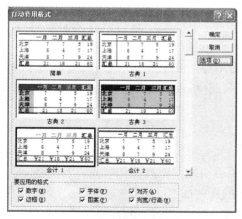

图 4.31   自动套用格式对话框

使用自动套用格式可以将事先设计好的格式套用于表格,免去了选择字号、边框、图案、颜色等等的麻烦。

使用自动套用格式前,先选择所要应用自动套用格式的单元格区域,再从系统菜单上选择"格式"、"自动套用格式",这时,出现如图 4.31 所示对话框,查看系统给定的十几个示例图像并从中选择所需的某个格式,单击"选项"按钮可以在对话框下面的复选框中对所选格式的各个项目(字体、边框等)进一步取舍,"确定"后,该格式就被应用于所选单元格区域。

4.6.3   设置单元格格式

在同一张表格中的不同部分可能应用到不同的格式,以便使需要特别关注或表现的数据更加醒目和突出。一些常用的格式可以在格式工具栏中点击相应按钮来实现,设置格式的更丰富的操作则可以通过设置单元格格式的方法来进行。

操作时,先选中要处理的单元格区域,点击右键选择"设置单元格格式"或选择菜单"格式"、"单元格",在随后弹出的"单元格格式"对话框(如图 4.32)中有六个选项卡,可分别对数字、对齐、字体、边框、图案、保护等项目进行设置。其中,保护选项卡已经在前面 4.5 节中介绍了,下面分别介绍其他设置。

1. 数字

在 Excel 工作表中经常出现的各种数据中,文本型数据的格式控制较为简单,其他一些类型,如数字、日期和时间等,则变化较为复杂。

"数字"选项卡(如图 4.32)中包含了各种数字类

图 4.32　"单元格格式"对话框

型的选择,操作时,先在"分类"列表中选择需要的分类,再适当调整该类型的参数,单击"确定"按钮即可。

各种类型的说明请参看表 4.1。

表 4.1　数字选项卡中各数字类型的简要说明

类型	说明
常规	这种类型是单元格默认的类型,既无逗号也无小数点,如 10000
数值	这种类型可选择千位分隔符或设置小数位数、负数的格式等,如 100,000.00
货币	这种类型有可供选择的所有主要货币类型标记,如￥240.00 等
日期	有适用于不同国家地区的多种日期格式,如 1998-11-23,2008 年 8 月 8 日,等
时间	有适用于不同国家地区的多种时间格式,如 1：30PM,13：00：00 等
百分比	输入的数据以百分数的形式显示,小数位数可以选择,如 98.5％
分数	有 9 种显示方式,如 1/2,2/4,3/10 等
文本	此方式可告诉 Excel,所输入的内容将作为文本处理
特殊	如邮政编码、中文小写数字、中文大写数字等
自定义	能以现有格式为基础生成自定义的数字格式

此外,有三个常用的表示数字的格式在"格式"工具栏中可以找到它们相应的按钮:"货币样式"、"百分比样式"和"千位分隔样式"。其具体样式如下:

货币样式:获取选定单元格中的数字然后把数字转换成为系统上设置的本地通货。就美元来说,数字"2000"将被转换成为"＄2,000.00",多了一个美元符号,而且每千位用逗号断开并且小数点后面跟上了两个零。

百分比样式:对单元格中的任何数字都乘以 100 并且添加一个百分号。例如,单元格中的"3"会变成"300％"。由于百分比符号紧靠着单元格最右侧的边框,所以它紧贴在数字后面。

千位分隔样式:同使用美元的货币样式是相同的,只是它不会添加一个美元货币符号。

　　工具栏上的还有两个用于调整小数位数的按钮，一个增加小数位数，一个减少小数位数，可用来快速调整数字格式。

2. 对齐

　　在对话框的"对齐"选项卡（如图 4.33）中，提供了文本"水平对齐"、"垂直对齐"方式的选项；"文字方向"的选项和"文本控制"等多种选项，其中自动换行可用于在单元格内显示多行文本。

3. 字体

　　使用"字体"选项卡（如图 4.34），可以对所选单元格或区域的数据的字体字形字号等进行设置。

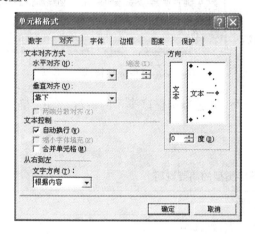
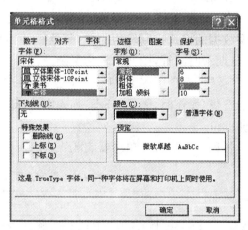

图 4.33　"对齐"选项卡　　　　　　　　　图 4.34　"字体"选项卡

4. 边框

　　一般情况下，新建的工作表中的单元格是没有边框的，通常所见浅色的、用于分隔各单元格的纵横线是网格线，在打印输出时，网格线是不会出现在纸上的，如图 4.35 和图 4.36 所示。

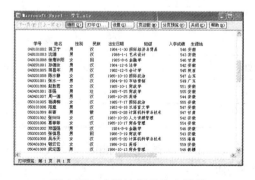
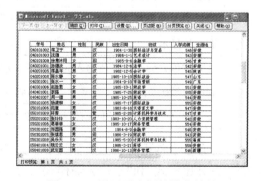

图 4.35　未设边框的输出效果　　　　　　　图 4.36　设置了边框的输出效果

　　如果需要给打印输出的内容加上常规的表格线，可以采用给单元格设置边框的方法来实现。用格式工具栏上的"边框"按钮给单元格应用边框是最常用也是最简单的方法，步骤如下：

　　（1）选择要添加边框的所有单元格。

　　（2）单击"格式"工具栏上的"边框"按钮的下拉列表（如图 4.37）。

　　（3）选择线型。

　　如果要应用其他边框样式,可以在"单元格格式"的"边框"选项卡(如图 4.38)中选取所需的线型样式,并可以设置边框应用的位置。如果要对包含旋转文本的选定单元格应用边框,请使用"边框"选项卡上的"外边框"按钮和"内部"按钮。边框应用于单元格的边界,并与文本旋转同样的角度。

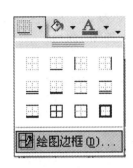

图 4.37　选择边框

图 4.38　"边框"选项卡

　　若要更改已有边框的线型样式,请选择显示着边框的单元格。接着,在"边框"选项卡上单击"样式"列表中的某一新线型样式,然后在"边框"下的图示中,单击要更改的边框。

5. 图案

　　图案可以使工作表得到更好的视觉效果,为了达到突出的效果,可以用不同图案设置表格的标题行与其他单元格,或设置奇数行/列图案与偶数行/列图案不同,如果配合不同颜色的边框并运用得当的图案色彩甚至可以得到立体感较强的效果,设置时请注意图案颜色与单元格中的文字的颜色要有一定的对比度。

　　图 4.39 中是一个奇数行与偶数行分别设置了不同图案和边框的工作表示例。

	A	B	D	E	F	G	H	I
1	序号	消费日期	消费项目	购买商品	单价	数量	消费金额	购物地址
2	1	2007-12-23	书籍	汉语字典	26.00	1	26.00	新华书店
3	2	2007-12-23	书籍	成语字典	26.00	1	26.00	新华书店
4	3	2007-12-23	书籍	红楼梦连环画	25.00	1	25.00	新华书店
5	4	2007-12-23	书籍	成语故事	12.80	1	12.80	新华书店
6	5	2007-12-23	食品	拉芳维他者哩	8.20	1	8.20	合家福财院店
7	6	2007-12-23	食品	恰恰香瓜子	3.60	1	3.60	合家福财院店
8	7	2007-12-23	食品	面包	4.20	1	4.20	合家福财院店

图 4.39　设置了边框和图案的工作表

设置图案的基本操作步骤如下:

(1) 选择要设置背景图案的单元格。

(2) 选取"单元格格式"对话框的"图案"选项卡,如图 4.40 所示。

(3) 根据需要选择单元格底纹的颜色和图案。

(4) 单击"确定"后,即可完成设置。

图 4.40　"图案"选项卡

4.6.4　条件格式

在显示数据时,有时需要根据不同的情况让那些单元格以不同
的颜色和字体来显示,以突出显示符合指定条件的数据。例如,在成绩表中想要以红色显示那
些不及格的分数,以蓝色或其他字体显示成绩优秀的分数等。虽然,可以手工地逐项地设置,
但 Excel 提供了按条件设置格式方法,可以让单元格的格式按所设条件自动变化。并且,条件
格式可以使用"格式刷"复制到其他单元格。设置条件格式的操作步骤如下:

(1) 选择需要设置的单元格区域,如,成绩表的所有分数单元格区域。

(2) 选择菜单中的"格式"、"条件格式",弹出"条件格式"对话框(如图 4.41)。

(3) 在条件格式对话框中设置条件,如,设置单元格数值小于 60。

(4) 点击"格式"按钮来设置格式,比如,设置字体为红色、加粗、单元格有图案等。

(5) 如果要加入其他条件,请单击"添加"按钮,然后重复进行上述设置步骤。图 4.42 是
设置完成后效果。

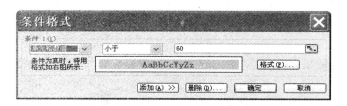

图 4.41　"条件格式"对话框　　　　　　　　图 4.42　设置过条件格式的成绩表

一个单元格可以指定至多三个条件。如果指定条件中没有一个为真,则单元格将保持已
有的格式。

4.7　计算公式和函数

为了方便对数据的各种处理,Excel 有较强的数据计算功能,允许通过使用计算公式对数
据进行各种计算处理,并且允许在计算公式中调用函数。这里的函数是指 Excel 预先设计好
专门用于某种数据处理的内部处理方法,每个函数都有一个名称,以便通过函数名进行调用。

4.7.1　计算公式及其输入

Excel 中的计算公式是根据计算的需要,运用各种运算符和函数构成的一种计算表达式。
该表达式需由用户自己写到指定单元格中。在单元格中输入一个公式后,就会看到在这个单
元格中显示的计算结果。通常,写入了公式的单元格并不显示公式,而是显示按该公式计算出
的数据结果。如果选中这种单元格的话,可在编辑栏中看见并可重新编辑该公式。

1. 计算公式的基本构成

简单的公式由两个基本元素构成:单元格引用和运算符,单元格引用就是工作表网格中的

单元格位置,用于告知 Excel 去哪里寻找要进行处理的数据;运算符是说明如何处理数据的符号。在下面表 4.2 中列出了 Excel 中可以使用的运算符。

表 4.2　Excel 中可以使用的运算符

序号	运算符	意义	序号	运算符	意义	序号	运算符	意义
1	—	负号	6	＋	加	11	＞	大于
2	％	百分比	7	—	减	12	<=	小于或等于
3	^	乘幂	8	&	连字符	13	>=	大于或等于
4	*	乘	9	=	等于	14	<>	不等于
5	/	除	10	<	小于			

上表中,运算符是以优先级从高到低的顺序进行排列的,序号小的通常优先于序号较大的(尽管其中有些运算符的优先级是相同的)。例如,乘和除(* 和/)优先于加和减(＋ 和一),所有的比较运算符(＝、＜、＞、<=、>=和<>)享有同等的优先级。

例如,如果有公式"＝B3＋B4 * B5",则乘法将发生在加法之前,因为乘法的优先级高于加法。但可使用圆括号改变运算顺序,因为 Excel 认为放在圆括号里的运算要比其他运算优先!比如,改为"＝(B3＋B4) * B5",则加法被强制在乘法之前运算。若优先级相同,则按它们出现的先后顺序,从左到右运算。

计算公式中除单元格引用和运算符外,还可以通过书写函数名的方式来调用函数。有关函数和具体的调用方法将在下一节中介绍。

需要的话,也可以为某个公式命名,步骤如下:

(1) 单击系统菜单中"插入"、"名称"、"定义"项,弹出"定义名称"对话框。

(2) 在"在当前工作簿中的名称"文本框内,键入公式所用的名称,如"合计"。

(3) 在"引用位置"文本框内键入公式或函数或引用公式的位置。

(4) 单击"添加"按钮,再单击"确定"。

2. 输入公式的一般方法

需输入公式的时候,选择要输入公式的单元格,在编辑栏的编辑框中输入一个等号"＝",接着输入公式的内容,最后按回车键确定。

4.7.2　常用函数及其使用方法

在 Excel 中,共有 300 多个工作表函数,分为 11 类,即:

(1) 数据库函数;

(2) 日期和时间函数;

(3) 外部函数;

(4) 工程函数;

(5) 财务函数;

(6) 信息函数;

(7) 逻辑函数;

(8) 查找和引用函数;

（9）数学和三角函数；

（10）统计函数；

（11）文本和数据函数。

限于篇幅，在这里不能对各类函数逐个地进行介绍，仅从数学、统计函数中选择最常用的几个作为代表给以重点介绍，说明它们的功能和用法。所有函数都可以在 Excel 的帮助中找到详细的说明和示例。

大多数函数在使用时都采用如下格式：

〈函数名〉（[参数 1][，参数 2][，参数 3] … [，参数 n]）

其中，<函数名>为具体要调用的函数名称。多数函数需要有参数，在一对圆括号中可以给出一到多个参数，具体参数的个数也与所使用的函数有关。参数可以多种方式表示，如：具体数据、单元格、区域、函数、计算公式等。

以下是几个最常用的函数：

1）AVERAGE 函数

AVERAGE 函数，返回参数的平均值（算术平均值）。如果参数是一个区域 B3：F8，这个区域里共含有 28 个单元格，在某单元格中输入公式"＝AVERAGE(B3：F8)"，则该公式将计算这一区域内所有数据的平均值。如果参数为一组不连续的单元格，如：B3、F8、G9、H12，则公式"＝AVERAGE(B3,F8,G9,H12)"将计算这四个单元格中数据的平均值。另外，该函数也可以计算具体数据的平均值，如"＝AVERAGE(22,948,65)"。

2）COUNT 函数

该函数用来计算参数列表中数字的个数。通常这时所给的参数是一个区域，如"＝COUNT(G2:G45)"。需要注意的是该函数的结果是统计指定范围内的数字个数，其中不包含其他类型数据个数的。

3）MAX 和 MIN 函数

用 MAX 函数可以返回一组单元格中最大数字的值。例如，如果在一个单元格区域 B1：B4 中有数值 234、854、461 和 129，用 MAX 来寻求最大值，如"＝MAX(B1：B4)"，可以得到 854。MIN 函数则是用来求最小值的，如"＝MIN(B1：B4)"，得到的值为 129。

4）SUM 函数

SUM 函数用来计算一组参数的和。SUM 函数的用法与 AVERAGE 函数类似，它的参数可以是一组单元格、单元格区域或一组具体的数。如"＝SUM(B1:B9)"，将得到 9 个单元格中数字的和。

对于初学者来说，可能记不住那么多的函数。除了直接在公式中输入函数的方式之外，Excel 还提供了其他帮助用户使用函数的方式。当用户在单元格编辑栏中输入"＝"后，名称栏就自动变成了函数栏，点击函数栏右边的小三角，就可以从中选择常用的函数了。如果想用的函数不在列表中，可以在列表末尾选择"其他函数"，或者点击编辑栏的"插入函数"按钮，从弹出的"函数参数"对话框中选择所需函数（如图 4.43）。

函数参数的输入方式也有多种，除了直接输入外，可以利用选择函数后弹出的"函数参数"对话框（如图 4.44）来输入参数。在此同时，可以直接在工作表中选取所需引用的单元格或者区域，选完后，点击"函数参数"对话框中的"确定"按钮。

当需要修改函数参数中的单元格或区域时，先在编辑栏的公式中选定要修改的单元格或

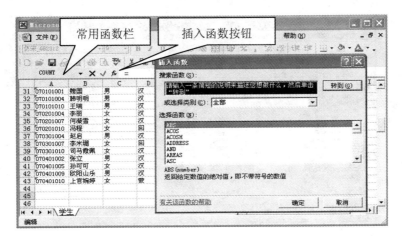

图 4.43 插入函数的方式

区域名称,然后在工作表上选择新的单元格或区域,选好后按回车键或者点击编辑栏的确认输入按钮,这样修改即可生效,如图 4.45 所示。

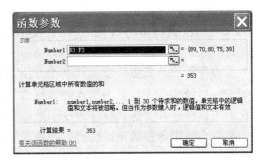

图 4.44 "函数参数"对话框

在系统工具栏中,"Σ"按钮为直接调用 SUM 函数进行自动求和的操作,点击它右边的小三角,可以从中选择"求和"、"平均值"、"最大"、"最小"和"其他函数"等。在使用这里提供的自动函数前,需先选择好要欲填写计算公式的单元格区域,然后选择所需的函数。自动求和类的函数执行

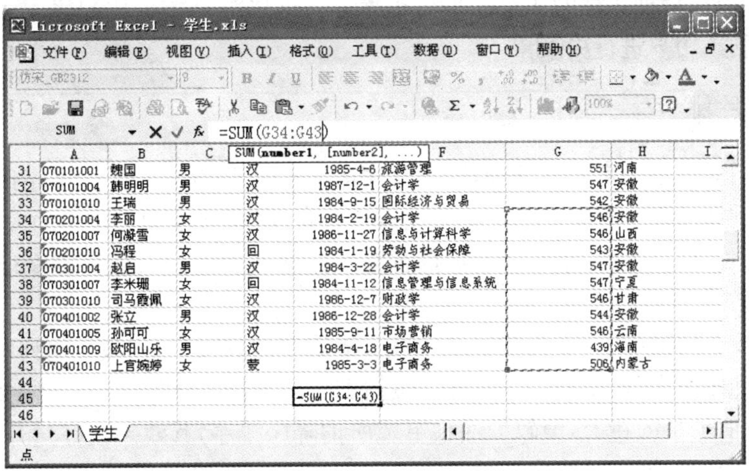

图 4.45 修改函数中的区域参数

后,根据单元格区域的排列情况,自动在该区域的下方或右方的单元格中填入相应计算公式,并显示出计算结果。

此外,在对数据的操作过程中,还可以在 Excel 窗口底部的状态栏上动态地显示当前选中区域内数据的:均值、计数、计数值、最大值、最小值和求和。使用或修改该效果,可用鼠标右键点击状态栏,从图 4.46 所示的快捷菜单中选择相应项目即可。

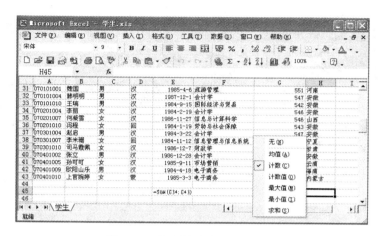

图 4.46　状态栏统计项目的选择

4.8　数据排序、筛选分类汇总

　　排序和筛选的重要意义就在于方便客户在大量的基础数据中快速查询出自己所需要的那些，所以，最初在工作表中输入的每行数据的次序并不重要，这是因为可以在它们被输入后对它们进行排序和筛选。排序改变了数据行排列的顺序，而筛选仅显示那些符合指定条件的行，把不符合指定条件的记录行暂时隐藏了。

　　分类汇总能将列表中的数据进行分类汇总计算便于用户得到更有价值的汇总数据以进行分析，比如，分别统计销售记录表中每个营业员的营业总额、公司的每日营业总额，人事信息表中每个部门的人数、每种职称的职员的平均年龄等。这些汇总数据比起表中大量的杂乱的基础数据来更有利于用户进行决策。

4.8.1　数据排序

　　排序是我们对表格经常做的处理，因为有序的数据便于检索。提供排序依据的数据列被称为关键字。例如按学号对学生表中的数据行进行排序，可以使学号较小的数据行排在上面，学号较大的数据行排在下面，某个学生数据行究竟排在表中的什么位置完全取决于那行数据中学号值的大小。

　　如果仅需按一列值（即一个关键字）来排序，最简单的方法是，在该数据列中选中任一单元格，然后单击"升序排序"按钮或"降序排序"按钮即可。所谓升序排序，是指按关键字的值从小到大进行排序，值较小的在上，值较大的在下。所谓降序排序，其效果正好与升序排序相反。

　　有时，对表中的数据需要按多个关键字来进行排序。例如，在学生的信息表中，先按生源地进行排序，由于来自同一个生源地的学生较多，进而希望再按班级排序等。这种多关键字排序，可以按以下步骤进行：

　　（1）选择需要排序的区域或单击其中任一单元格。

　　（2）从系统菜单上选择"数据"、"排序"。

　　（3）在"排序"对话框（如图 4.47）中，选择"主要关键字"和"次要关键字"，最多可以选择三个关键字。各关键字默认的排序方式为升序。

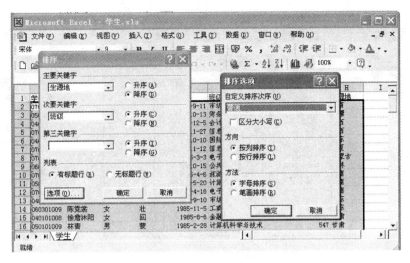

图 4.47 排序及排序选项

（4）如果待排序的数据区域中的标题行不参加排序，请选择"有标题行"，否则选择"无标题行"。

（5）点击"排序"对话框中的"选项"按钮，出现"排序选项"对话框，在该对话框中可以选定"自定义序列"来排序，或者改变排序的方向或方法。

（6）单击"确定"按钮，即可完成对表中数据行的排序。

4.8.2 数据筛选

筛选是查找和处理区域中数据子集的快捷方法。筛选区域仅显示满足条件的行，该条件由用户针对某列指定。与排序不同，筛选并不重排区域。筛选只是暂时隐藏不必显示的行。例如，需要在学生表中先选出生源地为"安徽"、班级为"会计学"、性别为"女"的数据行，筛选后所显示的行应该同时满足前面的三个条件，而其他数据行就被隐藏了。如果取消筛选，所有的数据行将重新被显示出来。

Microsoft Excel 提供了两种筛选区域的命令：自动筛选，包括按选定内容筛选，它适用于简单条件；高级筛选，适用于复杂条件。现分别介绍如下：

1. 自动筛选

如图 4.48，在系统菜单中选择使用"自动筛选"命令，工作表进入自动筛选状态；如果退出自动筛选状态，可再次选择"自动筛选"命令。

工作表进入自动筛选状态后，"自动筛选"箭头显示于筛选区域中列标签的右侧。例如点击"生源地"列右侧的箭头后，将出现如图 4.49 所示的选项列表。该列表通常由全部、前十个、自定义、可选项目、空白、非空白，及升序排列、降序排列等内容组成。其中，可选项目是根据当前列中不重复的值自动生成的，其他选项则是固有的。如果选择了列表中的一个值，表中所显示的将是该列具有该值的那些记录行。例如，在生源地列选择"山东"后，表中将显示生源地为"山东"的那些行，而其他行就暂时隐藏了。

如果需要，可以再对筛选区域中其他列的筛选方式进行设定。如果需要取消筛选显示全部记录，可以在筛选列表项中选择"全部"执行。

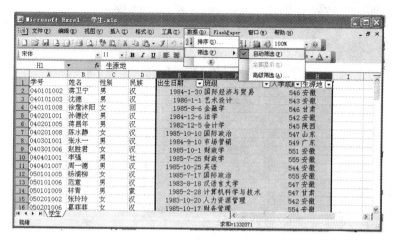

图 4.48　选择使用"自动筛选"命令　　　　图 4.49　筛选选项

2. 高级筛选

"高级筛选"命令可像"自动筛选"命令一样筛选区域,但不显示列的下拉列表,而是在区域上方单独的条件区域中键入筛选条件。条件区域允许根据更复杂的条件进行筛选。限于篇幅这里就不再介绍了。

4.8.3　分类汇总

在日常工作中,当搜集了大量基础数据之后,要做的最重要的事之一可能就是对数据进行分类汇总了。对数据进行分门别类地统计,可以反映出数据总体的特点,用户可以根据数据分析的结果作出准确的判断和决策。

在分类汇总之前,一定要弄清需要按哪个关键字分类。如果需要分别统计男女生的人数,就要按"性别"分类;如果要统计每个地区考生的人数,就得按"生源地"分类;如果要统计各民族的学生人数,就得按"民族"分类,等等。表格在分类汇总时数据记录必须是按关键字有序的,以便将要进行分类汇总的行组合到一起,然后,为包含数字的列计算分类汇总。这就意味着事先需要对数据按指定关键字排序。

分类汇总按以下步骤进行:

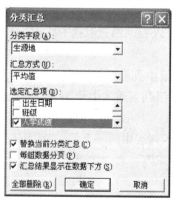

图 4.50　"分类汇总"对话框

（1）对需要分类汇总的工作表,按所需关键字列进行排序。

（2）从系统菜单上选择"数据"、"分类汇总"。

（3）在如图 4.50 的"分类汇总"对话框中进行相关设置选择:

① 选择分类字段。注意,工作表应该按该字段排序。

② 从"汇总方式"下拉列表中选择汇总方式。可用的方式包括:求和、计数、均值、最大值、最小值、乘积、计数值、标准偏差、总体标准偏差、方差、总体方差等。

③ 在"选定汇总项"中选择要汇总的一或多个字段,如入学成绩。

④ 如果想在每个分类汇总后有一个自动分页符,请选中

"每组数据分页"复选框。

⑤ 如果希望分类汇总结果出现在分类汇总的行的上方,而不是在行的下方,请清除"汇总结果显示在数据下方"复选框。

(4) 单击"确定"按钮,即会显示汇总结果,如图 4.51 和图 4.52 所示。

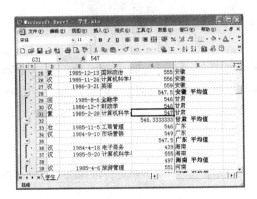

图 4.51 计算不同生源地学生入学成绩平均值

图 4.52 仅按不同生源地显示入学成绩平均值

生成分类汇总数据行将插入到表中各类数据的下方(或上方),此外还会产生一个总的汇总数据行。Microsoft Excel 可自动计算列表中的分类汇总和总计值。当插入自动分类汇总时,Excel 将分级显示列表,以便为每个分类汇总显示和隐藏明细数据行。在分类汇总后,表的左面将出现 3 级结构标识,注意行标最左侧的标志 1 2 3 ,分别对应三级数据,其中:一级为总的汇总数据、二级为分类汇总数据、三级为参与汇总的原始数据和汇总结果。可以点击相应标识查看不同级别的数据。图 4.51 中显示的为参与汇总的原始数据和汇总结果,图 4.52 中仅显示了分类汇总数据。

Excel 使用诸如 Sum 或 Average 等汇总函数进行分类汇总计算。在一个列表中可以一次使用多种计算来显示分类汇总。总计值来自于明细数据,而不是分类汇总行中的数据。例如,如果使用了 Average 汇总函数,则总计行将显示列表中所有明细数据行的平均值,而不是分类汇总行中汇总值的平均值。在编辑明细数据时,Excel 将自动重新计算相应的分类汇总和总计值。

分类汇总可以嵌套,即可以将更小的分组的分类汇总插入现有的分类汇总组中。对多个嵌套的分类汇总,应从最外层的分类汇总开始进行。注意,由于可多次使用"分类汇总"命令来添加多个具有不同汇总函数的分类汇总。若要防止覆盖已存在的分类汇总,请清除"分类汇总"对话框中的"替换当前分类汇总"复选框。

若要除去分类汇总,可以在刚刚进行完分类汇总后单击"取消"按钮。或者从系统菜单上选择"数据"、"分类汇总",然后单击"分类汇总"对话框中的"全部删除"按钮,这样可将工作表回到汇总前的状况。

4.9 数据透视表和数据透视图报表

数据透视表可以进一步对工作表中的数据进行分析,可以通过设置数据项,重新组织数据,并进行计算。可旋转其行和列以看到源数据的不同汇总,而且可显示感兴趣区域的明细数据。如果要分析相关的汇总值,尤其是在要合计较大的列表并对每个数字进行多种比较时,可以使用数据透视表。数据透视图报表以图形形式表示数据透视表中的数据,数据透视表和数据透视图报表的布局及显示的数据都是可以更改的。

4.9.1 数据透视表及其创建方法

由于数据透视表是对工作表中的数据源进行分析计算,所以数据透视表中显示的数据是只读的,不能进行修改。

使用系统菜单中的"数据"、"数据透视表和数据透视图"命令,可以完成建立数据透视表的操作。下面,以一个较为简单的学生信息表实例说明如何建立数据透视表,利用数据透视表对学生信息统计分析。具体任务是:现有来自不同生源地的各班学生数据,现在打算按班级统计来自各地区的学生人数。

操作步骤如下:

(1) 选择工作表中的数据源区域,选择"数据"菜单中的"数据透视表和数据透视图",如图4.53所示。

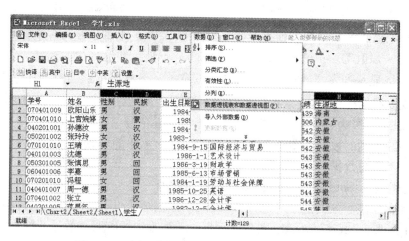

图 4.53 选择"数据"、"数据透视表和数据透视图"

(2) 打开"数据透视表和数据透视图向导——3 步骤之 1"对话框(如图 4.54)后,选择数据

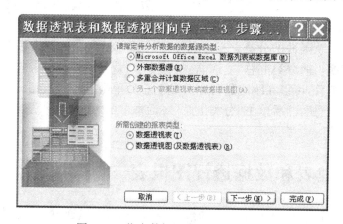

图 4.54 指定数据源类型及报表类型

源类型为"Microsoft Office Excel 数据列表或数据库",并将"所需创建的报表类型"设置为"数据透视表",单击"下一步"按钮。

（3）在"数据透视表和数据透视图向导——3 步骤之 2"对话框(如图 4.55)中,设置选定区域,单击"下一步"按钮。

图 4.55　确定或修改数据源区域

（4）打开"数据透视表和数据透视图向导——3 步骤之 3"对话框(如图 4.56),选择"数据透视表显示位置"为"新建工作表"。

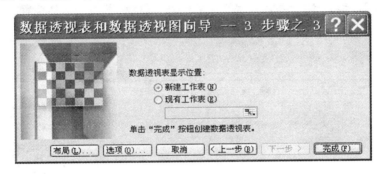

图 4.56　确定数据透视表的布局及显示位置等

（5）注意图 4.56 中的"布局"和"选项"按钮,需简单设置和选择后再点击"完成"按钮,方法如下:

① 单击"布局"按钮。

② 打开"布局"对话框(如图 4.57)后,将右边的字段拖到左边的图上,分类关键字按需要拖到列或行上,被统计的字段拖到数据区域中,并双击被统计的字段,在"数据透视表字段"对话框中设置其汇总方式(如图 4.58)。

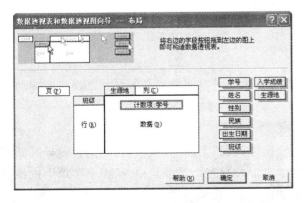

图 4.57　"布局"对话框

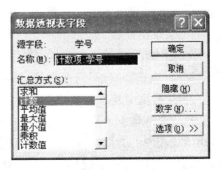

图 4.58　选择汇总方式

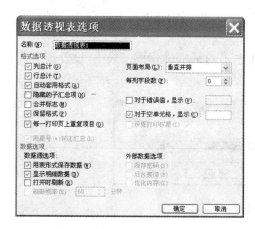

图 4.59 "数据透视表选项"对话框

③ 单击"选项"按钮,打开"数据透视表选项"对话框,如图 4.59 所示。可以对"格式选项"和"数据选项"进行设置。

(6) 单击"完成"按钮,结果如图 4.60 所示。

请注意,数据透视表是具有交互性的,在数据透视表中行或列项目旁有下拉列表的标识,点击后可以选择查看某个具体分类的统计情况。在这时,也可以把字段列表中的项目拖放到表中的某一区域,改变统计汇总的内容,或者将某项从表中移出,去除某种分类、统计。

此外,还可以用鼠标右键点击透视表中某单元格,从弹出菜单中选择执行相关的设置和操作。

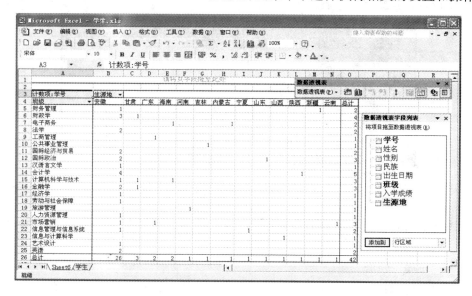

图 4.60 各生源地学生人数透视表

4.9.2 数据透视图及其创建方法

数据透视图以图形形式表示数据透视表中的数据。创建数据透视图主要有两种方法:

1. 从草稿创建

如同创建数据透视表一样,使用数据透视表和数据透视图向导。不过在选择所创建的报表类型时,应选择"数据透视图(及数据透视表)",其余步骤基本相同。

2. 从数据透视表创建或自定义报表

当创建好数据透视表后,在窗口中出现"数据透视表"工具栏,从中选择"图表向导",即可自动生成相应的数据透视图。或者用鼠标右键点击透视表中某单元格,从弹出菜单中选择执行"数据透视图",来生成相应的数据透视图,如图 4.61 所示。

对已经创建的数据透视图,可以根据需要进一步进行处理和调整,例如:更改数据透视图

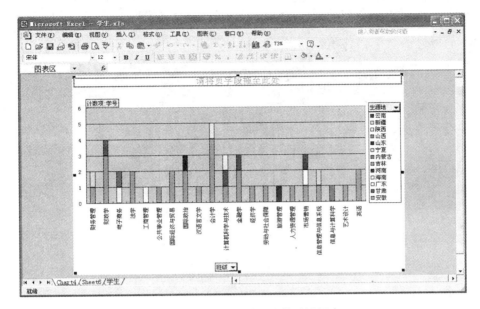

图 4.61　各生源地学生人数透视图表

的版式、显示或隐藏数据透视图中的字段按钮、更改数据透视图中显示的明细数据量、显示或隐藏数据透视表或数据透视图字段中的项、重命名数据透视图中的字段或项等。

　　此外,特别要指出的是,常规图表与数据透视图的许多操作是类似的,但它们之间也有一些区别。比如,常规图表的默认图表类型为簇状柱形图,它按分类比较数据,而数据透视图的默认图表类型为堆积柱形图,它比较各个数据在整个分类中所占的比例。可以将数据透视图类型更改为除 XY 散点图、股价图和气泡图之外的其他任何类型。默认情况下,常规图表是嵌入在工作表中,而数据透视图默认情况下是创建在图表工作表上的。数据透视图创建后,还可将其重新定位到工作表上。

　　常规图表可直接链接到工作表单元格中。而数据透视图可以基于多种类型的数据,包括 Excel 列表和数据库、要合并计算的多个数据区域以及外部源数据。

　　在数据透视图中,即使可为图例选择一个预设位置并可更改标题的字体大小,但是无法移动或重新调整绘图区、图例、图表标题或坐标轴标题的大小。而在常规图表中,可移动和重新调整这些元素的大小。在图表元素、格式设置等方面也略有差异。

4.10　图表

　　通常,表格在表现数据上是完整、详细的,但是不太直观。前面介绍的数据分类汇总以及数据透视表等,都能帮助我们进行数据分析。图表具有较好的视觉效果,可方便用户查看基础数据的差异、图案和预测趋势,有时不必分析工作表中的多个数据列就可以看出数据的变化状况或变化趋势。可以说图表给出的信息比数据表宏观,整体性强,所以许多情况下图和表联合使用,能达到更好的数据表现效果。

　　创建图表,是在具有相关数据的基础上进行的,因此,必须先在工作表中为图表输入数据,然后再选择用来创建图表的数据,并使用"图表向导"来逐步完成图表的创建任务。图 4.62 是根据学生期中成绩表建立的成绩图表,组成图表的各种元素在该图中做了简要标注。

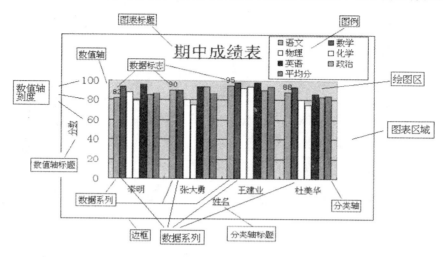

图 4.62   组成图表的元素

4.10.1   使用图表向导创建图表

利用图表向导是个简单有效的办法。创建图表的步骤如下:

(1) 选定需要创建图表的数据区域(如图 4.63),单击工具栏中的"图表向导"按钮。如果希望新数据的行列标志也显示在图表中,则选定区域还应包括含有标志的单元格。在本例中,我们只选择了按课程对学生成绩分类,而且不包括总分及平均分。

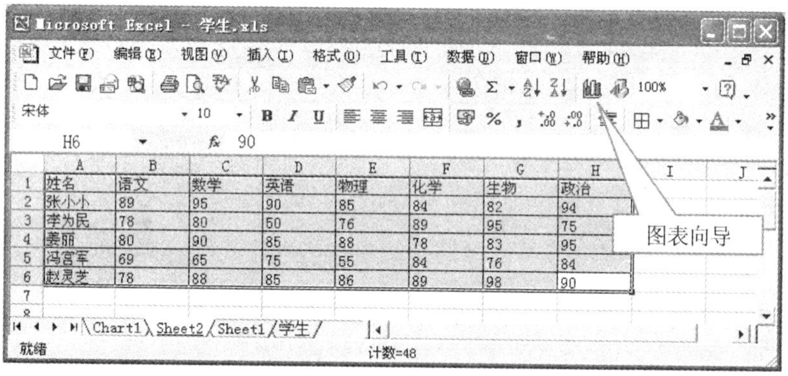

图 4.63   为图表选定数据区

(2) 在"图表向导"对话框(如图 4.64)中,首先选择需要的"图表类型"(图表类型将在下一节中详细介绍)。"按下不放可查看示例"按钮可供查看数据的外观,给出实际完成图表的近似图表。"自定义类型"选项卡提供了特别的图表类型的其他选项。完成类型选择后,单击"下一步"。

(3) 打开"图表源数据"对话框(如图 4.65),在这里更精确地显示了图表完成后的外观。在默认情况下,数据系列是从选定区域的行中获取的,如果需要从列中获取,单击对话框中的"列"单选按钮,也可以反复选取比较直到满意。注意,对话框上有两个选项卡,若要进一步查看和修改数据源的单元格区域,单击"系列"选项卡设置。完成该步骤后单击"下一步"。

图 4.64 "图表类型"对话框

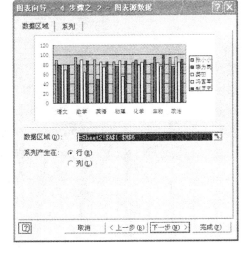

图 4.65 "图表源数据"对话框

(4) 打开"图表选项"对话框(如图 4.66),在此对话框中共有 6 个选项卡,分别用于"标题"等内容的设置。如在图表标题编辑框中输入用于此图表的标题:"学生成绩表";在"分类(X)轴"编辑框内输入 X 轴的标题:"课程名";在"数值(Y)轴"编辑框内输入 Y 轴的标题:"分数",等等。完成设置后,单击"下一步"。

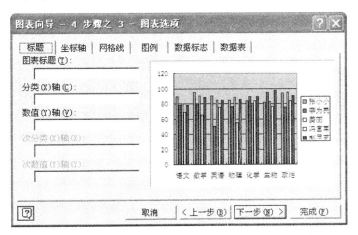

图 4.66 "图表选项"对话框

(5) 打开"图表位置"对话框(如图 4.67),选择"作为新工作表插入",将会新建一个新的独立的图表工作表,它可以具有特定名称。当要独立于工作表数据查看或编辑大而复杂的图表,或希望节省工作表上的屏幕空间时,可以使用图表工作表。另一个选择是"作为其中的对象插入",可将嵌入图表看作是一个图形对象,并作为工作表的一部分进行保存。当要与工作表数据一起显示或打印一个或多个图表时,可

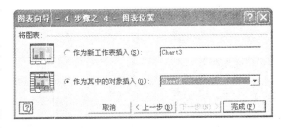

图 4.67 "图表位置"对话框

以使用嵌入图表。

(6) 单击"完成"按钮,结束图表创建过程,结果如图 4.68 所示。

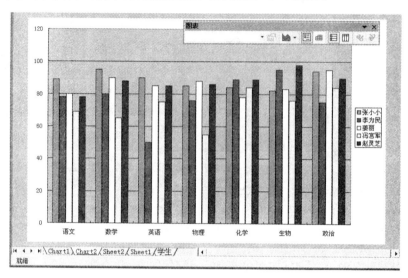

图 4.68　独立工作表的图表

4.10.2　调整图表项目

图表创建的过程中,及图表创建后,都可以根据需要对图表的各个项目进行调整。

"图表"菜单中提供选项包括了使用图表向导时涉及到的"图表类型"、"数据源"、"图表选项"、"位置"。此外,还包括了"添加数据"、"添加趋势线"和"设置三维视图格式"。本节中讨论其中相对重要的概念和方法。

1. 图表类型

在 Excel 里有 14 种标准图表类型,每种基础图表还有 1 到 6 种附带的子图表类型。另外有 20 种自定义图表类型,它们是从标准图表类型上变化而来或者是标准图表类型的结合,它们主要是在颜色上和图表外观上有所区别。其名称和主要用途如下:

(1) 面积图——显示了一段时间或其他分类中数值的相对比例。一个数值占用的面积越大,那么它在总数中所占比例也越大。

(2) 条形图——是最常见的图表类型。它们用水平的长条来显示数值。

(3) 气泡图——比较三组数值。它们很类似 XY 散点图,用 X 和 Y 协调表示两个数值,气泡的大小由第三个值确定。

(4) 柱状图——是条形图的一种变体。它们由被称作柱状物的垂直长条的高度决定(这同从工作表网格中取出的是按行还是按列来用作源数据系列无任何关系)。柱状图是 Excel 中默认的图表类型。

(5) 圆锥图——是条形图或柱状图类型的一个变体,只不过用圆锥代替了长条或柱状物。

(6) 圆柱图——也是条形图或柱状图类型的一个变体,只不过用圆柱代替了长条或柱状物。

(7) 圆环图——与饼图非常相似,但是它们并不限制单个的数据系列。各个不同系列用圆环来表示,而不是用圆饼。

(8) 折线图——每个 X 值都有一个 Y 值相对应,就像一个数学函数。折线图常常用于显示由于时间推移而产生的改变。

(9) 饼图——只限于表示单个数据系列(工作表上的一行或一列数据),而且不能显示更复杂的数据序列。数据系列中各个部分的值被指定为一小片饼,并且所有的饼片累加起来等于数据系列的总数。然而,它们具有视觉上的吸引力并且很容易理解。

(10) 棱锥图——是条形图或柱状图类型的一个变体,只不过用棱锥代替了长条或柱状物。

(11) 雷达图——从一个中央点向外辐射以表示数据。中央点是零,并且分类坐标轴从中央点向外延伸。每个系列有一个数据点处于每个分类坐标轴上,并由一条线连接。数据系列可以通过被它们线条所合闭区域的面积来进行比较。

(12) 股价图——用于绘测股票的价值。其变体所需的三到五个不同的数值要按一定顺序给出:盘高—盘低—收盘,开盘—盘高—盘低—收盘,成交量—盘高—盘低—收盘,成交量—开盘—盘高—盘低—收盘。

(13) 曲面图——把数值趋势表示成一个跨越两维的连续曲线。

(14) XY 散点图——比较成对的数值,把它们描写成 X 和 Y 的集合。某一种散点图的用处也许就是显示某次实验中的若干次试验结果。

我们应当根据具体的数据来决定使用哪一种类型的图表,不正确地选择图表类型不但不能提高数据的说服力,而且可能适得其反。如果最初的选择不是最佳方案时,可以修改图表的类型,以正确表达图表的将表达的信息。

修改图表的类型,只要从菜单上选择“图表”、“图表类型”,然后在对话框中重新选择,单击“确定”就行了。

另外,“图表”工具栏也有选择图表类型的选项,如图 4.69 所示。它包含了 18 种常用的类型图标,包括除股价图之外的所有标准类型和少许的常用子图表类型。单击“图表类型”按钮右边的箭头,从列举的类型选择一个,原先的图表就会被新的类型取代。要恢复原先的图表类型,可单击“常用”工具栏上的“取消”按钮,或者重选。

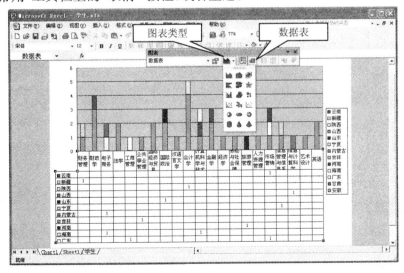

图 4.69　调整图表项目

2. 调整图表的源数据区域

如果想要改变从工作表提取的源数据,从系统菜单上选择"图表"、"源数据",在弹出"源数据"对话框中重新选择区域。

3. 更改图表选项

在创建了工作表图表之后,同样可以对图表的各种选项进行设置。从系统菜单上选择"图表"、"图表选项",在"图表选项"对话框中,可以进行各种设置,如更改标题、更改坐标轴、更改网格线、更改图例、更改数据标志、更改数据表等。

4. 重新布置图表

如果想把一个嵌入图表改为一个独立的图表工作表,或者将一个独立的图表工作表改为嵌入图表,只需从系统菜单上选择"图表"、"位置",在"图表位置"对话框中进行相应选择即可。

5. 设置图表格式

所有的图表项都是可以设置格式的,格式选项由于项目的不同而不断变动。它们唯一共有的是"图案",而文本项目还有"字体"和"对齐"两个共用选项,数字格式(有时)也有。以下是两种基本方法:

(1)用右键单击图表项目,再从弹出式菜单中选择"图表项目格式",然后设置它们的格式。

(2)在"图表"工具栏中,选择要处理的对象,然后单击"图表"工具栏上的相应的"XX 格式"按钮,即可对其格式进行设置。

如果找不到"图表"工具栏,那可能是由于多方面原因造成的,例如,图表是嵌入式的,则当在图表以外的区域工作时,"图表"工具栏将会消失,除非在图表上单击。不管在独立的图表工作表或一个嵌入对象的情况下,如果已经关闭了"图表"工具栏,那么可以通过用右键单击任何工具栏,然后从弹出式工具栏菜单上选择"图表"即可。

4.11 报表页面设置及打印

要想得到一张美观大方的报表,页面设置也是非常重要的。可以通过页面设置来确定打印时的纸张大小、打印位置、打印区域、打印方式等。打印前最好先预览,以便及时调整效果,避免纸张的浪费。

4.11.1 页面设置

使用菜单中的"文件"、"页面设置"命令,将会弹出"页面设置"对话框(如图 4.70),对话框中有四个选项卡,分别是:"页面"、"页边距"、"页眉/页脚"、"工作表"。

在"页面设置"对话框的"页面"选项卡(如图 4.70)中可选择合适的打印纸型号。操作步骤如下:

(1)请单击相应的工作表。

(2)选择菜单中的"文件"、"页面设置",然后

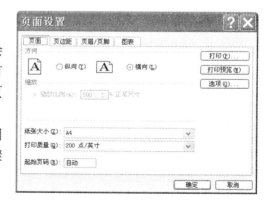

图 4.70 "页面设置"对话框

单击其中的"页面"选项卡。

（3）在"纸张大小"下拉列表框中，单击所需的纸张大小选项。当然，也可以顺便选择"横向"或"纵向"以改变打印方向，一般来说，对于较宽的表格，通常采用横向打印。

（4）单击"确定"按钮，完成设置。

4.11.2　设置页边距

在打印报表时，打印纸的上下左右都留有一定的空白，这就是页边距。Excel 自动设置了页边距，确定了报表在打印纸上的位置。要改变页边距，可用系统菜单中的"文件"、"页面设置"命令，在"页边距"选项卡（如图 4.71）中进行设置。

操作步骤如下：

（1）如果只为单张工作表设置页边距，请单击相应的工作表。如果要同时为多张工作表设置页边距，请单击选定相应的工作表组。

（2）单击菜单中的"文件"、"页面设置"命令，然后单击其中的"页边距"选项卡（如图 4.71）。

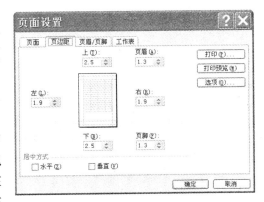

图 4.71　"页面设置"对话框"页边距"选项卡

（3）在"上"、"下"、"左"和"右"微调编辑框中键入或调整所需的页边距数值。注意，其中还包括页眉和页脚的高度。设置页边距后，若报表在打印时不满页宽，则忽略右页边距，在打印纸的左页边距处开始打印。

（4）还可以根据需要单击选择"水平居中"和"垂直居中"或其中一项，以使报表在水平方向或垂直方向上居中打印。

（5）可以单击"打印预览"按钮观察报表的打印位置。

（6）单击"确定"按钮，完成操作。

如果要查看页边距对打印文档的影响，请在打印文档之前单击"打印预览"按钮进行预览。如果要在打印预览中调整页边距，请单击"页边距"按钮，然后拖拽页边距控制柄到所需的位置。

4.11.3　设置页眉和页脚

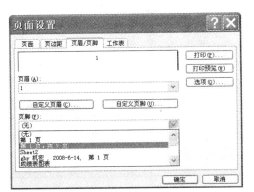

图 4.72　"页面设置"对话框"页眉/页脚"选项卡

在报表的页边距设置过程中，已经包含了页眉和页脚的设置，想要改变其位置，可以重新调整"页边距"选项卡中"页眉"和"页脚"数字框中的内容。

Excel 提供了一些常用的页眉和页脚格式，用户可以从中选择，也可以自己创建。操作步骤如下：

（1）选择系统菜单中的"文件"、"页面设置"命令，在打开的对话框中选择"页眉/页脚"选项卡（如图 4.72）。

（2）对于常用的页眉页脚格式，可以直接选择，单击打开"页眉"列表框或者"页脚"列表框，从中选择所需要的就行了。比如在"页脚"列表框中选择"第1页，共？页"，也可以自定义页眉和页脚。单击"确定"按钮，即可完成设置。

4.11.4　其他设置

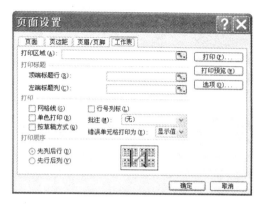

图 4.73　"页面设置"对话框"工作表"选项卡

在"工作表"选项卡（如图 4.73）上最常用的一般是"打印标题"栏，因为许多表格行数较多，可能会有很多页，特别是表格第一行或前几行上的标题如果只出现在第一页，那后面几页的内容就没有标题了，这时你可以设置"顶端标题行"，点击该栏的网格按钮直接从表中选取标题行即可，"左端标题列"指的左边第一列或前几列需要重复出现在每一页的标题。

这里也可设置打印顺序或决定是否打印行号列标等其他打印选项，选取相应的复选框或单选按钮就可以了，比较简单，就不再详细介绍了。

4.11.5　设置打印区域

在打印报表时，可以采取设置打印区域的方法，有选择性地打印报表中某些内容，不一定要全部打印。操作方法是这样的：

（1）先用鼠标选定要打印的区域。

（2）选择菜单上的"文件"、"打印区域"、"设置打印区域"。

注意，如果在报表的"页面设置"对话框中的"工作表"选项卡中定义了"左端标题列"和"顶端标题行"的话，那么不但能打印所设置的区域而且能打印行标题和列标题，否则将只打印所选择的打印区域。

再次选择菜单上的"文件"、"打印区域"、"取消打印区域"，则所选区域周围的虚线框消失，操作完成。对于要打印的内容，使用"打印预览"来预先查看一下打印效果是很有必要的。

4.11.6　打印

页面设置的工作完成后，通过"打印预览"来观察效果并感觉一切都很如意的话，就可以真正打印了，当然，这时的打印机和相应型号的打印纸都已经准备就绪了。

如果只要打印一份当前报表，直接单击常用工具栏上的"打印"按钮就行了。但如果要打印好几份，或者只打印报表中的某几页的话，那就应该使用菜单中的"文件"、"打印"命令。步骤是这样的：

（1）选择菜单中的"文件"、"打印"命令，则"打印"对话框被打开，如图 4.74 所示。

（2）在"打印份数"数字框中选择要打印的

图 4.74　"打印内容"对话框

份数,比如要打印三份,就选择"3"。如果报表很长,而只需要打印其中的几页,可以在对话框中选择所需打印的页码范围。

(3) 单击"确定"按钮,完成设置,开始打印。

Excel 处理数据的功能是较为丰富的,这里仅介绍了最基本的内容和操作方法。更高级的功能和操作可以通过 Excel 的帮助了解到,或查阅其他资料。此外,Excel 工作表中的数据和图表可以被粘贴到 Word 文档中。反之,Word 文档中的表格数据也可以粘贴到 Excel 工作表中,或者直接在 Word 文档中处理嵌入的电子表格数据。此外,电子表格与其他软件的数据交换也十分方便,电子表格文件中的数据也可以被导入到各种类型的数据库或其他软件中,或者将数据库等其他软件中的数据直接导出生成电子表格文件。

习题 4

4-1　按照正确的方法和格式输入下列数据,并用函数计算各门课的总平均分。完成一个简易的学生成绩表。其中制表时间、制表日期设置为页脚,并在页脚中设置页码和总页数并居中。

学生成绩表

学号	姓名	性别	语文	数学	英语	物理	化学	生物	政治
20010506	张小小	女	89	95	90	85	84	82	94
20010507	李为民	男	78	80	50	76	89	95	75
20010508	姜　丽	女	80	90	85	88	78	83	95
20010509	冯宫军	男	69	65	75	55	84	76	84
20010510	赵灵芝	女	78	88	85	86	89	98	90
总平均分									

制表时间:2003 至 2004 学年第二学期　　　　　　　　　制表日期:2004-7-10

4-2　在报表中插入行和列:

(1) 在"姓名"左侧插入"班级"一列,填入班级,同班的可以使用向下填充的方式。

(2) 在学生成绩表的"总平均分"行之前插入另外五位同学的数据(数据自备)。

(3) 在"政治"右侧插入"平均分"和"总分"两列,并用函数计算每位同学的平均分和总分。

4-3　设置学生成绩表的报表格式。要求如下:

(1) 报表标题"学生成绩表"跨列居中(黑体、加粗、16 号)。

(2) 数值型数据不保留小数(如"平均分"那一列)。

(3) 数据在水平、垂直两个方向上均居中对齐。

(4) 表格的外边框为粗线,内边框为细线,"总平均分"行的上边线为双细线。

(5) "总平均分"行数字加上浅灰色底纹。

(6) 自由设置其余的文字的字体、字号和字的颜色,并设置适当的行高和列宽,使表格美观、易于查看(比如用条件格式将不及格的分数设置为红色)。

4-4　在"总平均分"行的下面增加两行"最高分"、"最低分",分别计算并填入每门课的最高分和最低分。

4-5 插入新工作表,命名为"XX课程不及格记录",将该门课中有不及格成绩的学生记录全部复制到该工作表中,可以在筛选后复制,有几门课含有不及格的成绩就插入几张这样的工作表,成绩全都合格的课程不必。

4-6 对所有同学的所有课程的成绩按性别进行分类汇总,分别求出男女生各门课的平均分。

4-7 建立该成绩表的图表,图表类型自定,并将图表尽可能地设置美观一些。

4-8 进行适当的页面设置,并观察效果,用A4的打印纸(纵向)打印学生成绩表,要求每页都输出左端标题列和顶端标题行。

第 5 章　演示文稿

本章概要

前面章节中介绍的 Word 文档和电子表格以静态的方式表现文字、数据、图形和图片,尽管它们的表现手段很丰富,但在观众数量上,展示的气氛上都受到了极大的限制。如果要在一个公共场合向几十、几百,甚至更多的观众展示由多种元素组成的数据、信息时,就需要采用演示文稿的形式来实现了。演示文稿是一种数据表现形式,除适量的文字外,还可以插入图表、图片、声音、视频等可视化元素。它可以通过大屏幕或投影仪来放映,供多人同时观看,并辅以声音效果,以获取具有动感的、美观的、使人印象深刻的表现效果。演示文稿可以作为一种用来表达观点、演示成果、传达信息的有力工具。因此,演示文稿多用于辅助教学、会议、演讲、展示台宣传、汇报工作计划或推介成果等活动。

在本章里,将介绍 PowerPoint 2003,学习如何创建演示文稿;对演示文稿的结构、文字格式、版式、配色方案、动画方案、超链接、切换方式等进行合理地安排和编辑;设计或插入各种素材对象使演示文稿声色俱备;设计灵活的放映方式以充分展示演示文稿内容。

学习完本章后,您将能够:

- 用不同的方法创建演示文稿
- 掌握幻灯片处理的基本方法
- 修改和编辑幻灯片内容
- 插入各种对象
- 创建和运用模板及母版
- 运用和修改配色方案
- 运用动画方案
- 打印备注和讲义
- 设计合理的幻灯片切换方式和放映方式

5.1　PowerPoint 简介

演示文稿是一种用来表达观点、演示成果、传达信息的强有力工具,多用于辅助教学、会议、演讲、展示台宣传、汇报工作计划或成果等活动。PowerPoint 是用于制作演示文稿的工具。不同于 Word 文档和电子表格的是演示文稿往往插入了更多的图表、图片、声音等可视化元素,并且可以为演示文稿设置各种放映方式,以获取美观且动态的播放效果。

PowerPoint 2003 提供了比之前版本更多的功能。PowerPoint 2003 能与 Microsoft Office 2003 中的其他组件进行多种形式的数据传递,实现资源共享,甚至能够链接外部程序、使用 ActiveX 控件等。

5.1.1 PowerPoint 界面

启动 PowerPoint 的方法基本上与启动 Word、Excel 的方法类似。PowerPoint 有着与 Word、Excel 类似的操作界面，如图 5.1 所示。

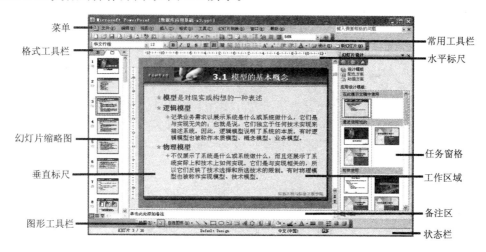

图 5.1 PowerPoint 2003 的用户界面

简单说明如下：

（1）菜单栏：显示正在使用的菜单项目，菜单将根据用户编辑的不同内容而自动变化。比如，插入图表时会出现"数据"、"图表"菜单项，仅仅编辑文字时这两个菜单项则不会出现。其右侧提供了一个可供输入关键字以随时查询帮助的组合框。

（2）常用工具栏：具有"新建"、"打开"、"保存"等常用工具按钮。

（3）格式工具栏：具有"字体"、"字号"、"居中对齐"等常用的格式组合框或按钮，还有最常用的幻灯片设计按钮、新幻灯片按钮。

（4）任务窗格：位于窗体右侧，与 Office 其他组件中类似，在进行幻灯片设计、查询帮助、剪贴等常用操作时能自动出现。

（5）标尺：在视图菜单中选择标尺命令可以看到水平标尺和垂直标尺，便于设计时确定文本框和其他内容的位置。

（6）"大纲"或幻灯片缩略图：位于窗体中工作区域的左侧，可以通过选项卡的标签进行两者间的切换，查看大纲或幻灯片缩略图，以便对演示文稿整体结构进行调整。

（7）备注区：位于工作区域下方，可以为每一页幻灯片添加必要的备注。

（8）图形工具栏：具有"自选图形"、"文本框"、"艺术字"等常用工具按钮，基本上与 Word 中的图形工具栏相同。

（9）状态栏：位于工作区域下方，显示编辑时的状态，如，当前页编号/总幻灯片页数等。

5.1.2 演示文稿的组织结构

一个演示文稿通常由一组幻灯片组成，每个幻灯片使用一个页面来展示文字、图表、图片等内容。

　　在制作演示文稿时,第一页通常是标题幻灯片,该页用以展示主题,以及作者、制作单位、日期等信息。如果整个演示文稿所包含的内容较丰富,划分了多个章节,这时可以像书本中的目录一样用一个标题页来列举章节标题。随后每个章节前也可以加一个标题页用以展示每个章节的小标题或介绍此章节的主要内容。然后,像书本中的具体章节那样,由一组幻灯片来表现具体演示内容。图 5.2 为组成演示文稿的幻灯片。

图 5.2　演示文稿中的幻灯片

　　组成幻灯片内容的元素十分丰富,除了文字外还可以添加各种对象以增强说服力,并且可以设置特定的效果以吸引注意力,使演示的内容给观众留下深刻的印象。相关主题的幻灯片之间,还可以通过超链接或动作按钮等技术使它们互相链接,放映时可以自如地切换和返回,这样既能保证不偏离主题又能对重要的部分作充分、详细地说明。

　　如果需要,还可以为每一个幻灯片书写相关的备注。在幻灯片演示时,备注是不显示的。在将演示文稿打印输出时,备注将随对应的幻灯片一起打印在纸上。图 5.3 为幻灯片备注。此外,演示文稿也可以以讲义的形式打印输出。图 5.4 为幻灯片讲义。

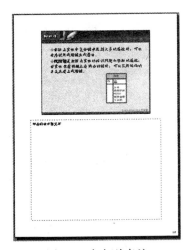

图 5.3　幻灯片备注

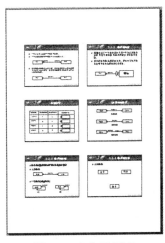

图 5.4　幻灯片讲义

演示文稿保存后形成以 ppt 为扩展名的文件。

制作效果优良的演示文稿并不复杂,因为 PowerPoint 提供了特别简单的方法以方便用户完成各种操作。以上所提及的相关技术,将会在后面的小节中详细介绍。

5.2　创建演示文稿

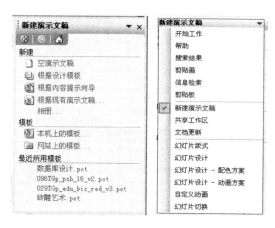

图 5.5　"新建演示文稿"窗格及其下拉菜单

像使用 Excel 创建工作簿,在工作簿中创建工作表以便处理数据一样,在进行具体演示内容的编辑处理之前,应该首先建立演示文稿。

在 PowerPoint 中创建新演示文稿的第一步操作为:选择菜单"文件"、"新建",这时窗口右侧将出现如图 5.5 所示的"新建演示文稿"窗格。该窗格含有三个导航按钮,可供用户选择不同的操作步骤;含有一个下拉式菜单,包括有 15 个命令选项。最主要的是在该窗格中提供了三类创建新演示文稿的方式选项,即新建、模板、最近所用模板。

其中主要方式介绍如下。

5.2.1　空演示文稿

如果选择"空演示文稿"来新建演示文稿,是最具有自由度的创建方式。PowerPoint 首先自动给出一个空白的标题幻灯片,接下来的工作就完全交给用户了。如图 5.6 所示。

大体上来说,按这种方式创建演示文稿需要对演示文稿进行以下几个环节的操作:

(1) 选择合适的幻灯片版式;

(2) 选择和应用合适的设计模板;

(3) 调整配色方案;

(4) 设置动画方案。

选择"空演示文稿"方式创建演示文稿时,"新建演示文稿"窗格自动转为"幻灯片版式"窗格,并在窗格中列举四大类不同的版式,供用户选择。"版式"指的是幻灯片内容在幻灯片上的排列方式。点击选中某一版式后,就可以看到该版式立刻被应用到新幻灯片上去了,使幻灯片上的内容排列方式按版式进行自动地调整。最好在创建新演示文稿的初期确定版式,因为在幻灯片较多且幻灯片上的内容已经放置好的情况下改变版式,将会带来大量重新调整幻灯片上内容位置的工作。

在"新建演示文稿"窗格中,可以使用菜单选择要进行的某个设计环节,也可以使用导航按钮回到上或下一个设计环节。各环节的步骤顺序没有一定的要求,可以在任何需要的时候做任何一种设计,直到获得最佳的演示效果。

选择"根据设计模板"方式创建新演示文稿时的初始状况与选择"空演示文稿"创建演示文稿类似,如图 5.7 所示。差别在于"新建演示文稿"窗格改为"幻灯片设计"窗格。在该窗格中出现"设计模板"、"配色方案"和"动画方案"选项,以及与当前选项相应的具体选项。各类选项的用途简介如下：

图 5.6　空演示文稿

图 5.7　根据设计模板创建

1）设计模板

所谓设计模板，就是包含演示文稿样式的文件。从形式来看，就是可以借鉴使用的不同风格和特点的预先设计好的幻灯片样板。PowerPoint 提供了若干可以直接查看、使用的设计模板；同时也提供了浏览设计模板的对话框，以便使用存放在其他位置的模板。单击选中某一模板后，就可以将该模板应用到当前演示文稿中所有的幻灯片上了。如果只希望应用到当前的一张幻灯片上，可以用鼠标右键点击模板，从中选择"应用于选定幻灯片"。

2）配色方案

演示文稿的配色方案由应用的设计模板确定。如图 5.8 所示。配色方案由幻灯片设计中使用的八种颜色（用于背景、文本和线条、阴影、标题文本、填充、强调和超链接）组成。

设计模板包含默认配色方案以及可选的其他配色方案，这些方案都是为该模板设计的。选中并应用某个设计模板，该模板的默认配色方案也同时生效。如果想换一种配色方案，可以在该模板的其他配色方案中加以选择。如果需要，还可以自己修改和定义其他配色方案，具体方法可见本章 5.6 节。

图 5.8　配色方案

3）动画方案

使用动画方案的目的是给幻灯片中的文本添加预设视觉效果。

PowerPoint 预设有多种不同的动画方案，例如：依次渐变、向内溶解、忽明忽暗、上升、下降、回旋、弹跳等。设置了动画方案的幻灯片在演示时，幻灯片上的文本、图形、图示、图表和其他对象就具有了动画效果，这样可以突出重点、控制信息流，并增加演示文稿的趣味性。

在设置了自动预览的情况下，选择点击预设动画方案列表的某一种，将立即看到幻灯片上的内容以指定的方式动态地变化显示。通常选中的动画方案将应用于当前所选的幻灯片，如果需要，也可以点击"应用于所有幻灯片"按钮，使整个演示文稿中所有幻灯片都采用选中的动画方案，如图 5.9 所示。

图 5.9　动画方案

在实际应用中,适当地使用动画方案可以调节演示现场的气氛、引起观众的兴趣,如果用得太多了则会显得太花哨、太凌乱,整体效果反而不好。另外,还可以使用"自定义动画"任务窗格,对幻灯片中的项目进行更具体的动画效果定义,相关内容见本章 5.4.5 节。

5.2.2 根据向导创建演示文稿

如果想利用向导,就选择"根据内容提示向导",这是创建演示文稿最迅速的方式,最适合初学者。内容提示向导包含各种不同主题的演示文稿示范,只要按提示逐步操作,完成后便可以得到演示文稿雏形。接下来,便可以按自己的意愿来"改造"这个"半成品"了。假设想为单位做一个"招标方案"的演示文稿,可以利用向导中提供的模板,进行以下步骤的操作:

(1) 打开 PowerPoint,选择菜单"文件"、"新建"。

(2) 在任务窗格中选择"根据内容提示向导",弹出对话框,如图 5.10 所示,单击"下一步"。

(3) 在弹出的对话框(如图 5.11)中选择所需要的模板类型,如,单击"企业"、"招标方案",点击"下一步"。注意,在这个对话框上的"添加"和"删除"按钮可以帮助用户在列表中增添或者去除模板以适应自己的需要。

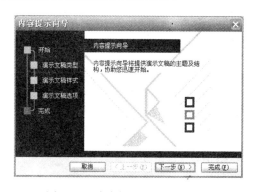

图 5.10 内容提示向导的第一步

图 5.11 内容提示向导的第二步

(4) 在对话框(如图 5.12)中选择演示文稿的样式,如选择"屏幕演示文稿",单击"下一步"。

(5) 在对话框(如图 5.13)中输入所需的标题并选择或输入页脚的内容。

图 5.12 内容提示向导的第三步

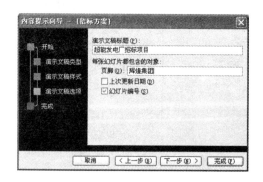

图 5.13 内容提示向导的第四步

（6）单击"完成"，即可得到如图 5.14 所示的演示文稿。

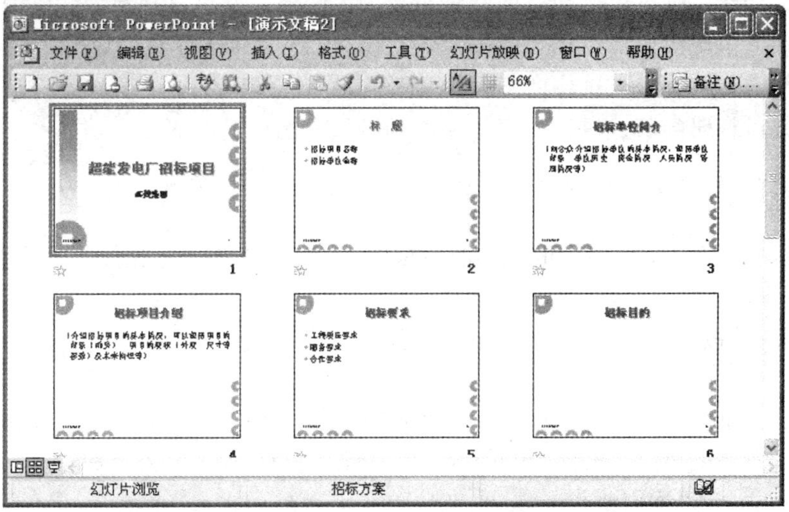

图 5.14　按"根据现有文稿…"方式创建演示文稿

在图 5.14 中所示的演示文稿已经是个"半成品"了，它包括了标题幻灯片在内的十多张幻灯片，每张幻灯片上都预先放好了相关的段落标题及内容说明。这个新演示文稿模板内容样式兼备，不但有标题页还有基本内容的大纲，以及基本的图案和配色，用户再加以修改，添加上自己的文字和图表等对象，并设计简单的动画和放映方式等即可完成工作。

如果选择"根据现有演示文稿…"，可以将一个现有的演示文稿作为新演示文稿的初始内容。执行这种方式时，将出现"根据现有演示文稿新建"对话框，该对话框与打开文件对话框相似，只是限制查找对象为演示文稿而已。选中的演示文稿的内容将被复制到新演示文稿中，用户可以在此基础上做相应的增改处理，以便达到所要求的内容和效果。用户如果满意了，就可

图 5.15　按"相册"方式创建演示文稿

以将新演示文稿保存起来,当然也可以放弃它。

如果选择"相册",则可以创建以图片为主要内容的演示文稿。执行时,首先出现"相册"对话框,在该对话框里可以选择将插入的图片的来源,可以选择已存在的图片文件,也可以直接从扫描仪或照相机中获取,被选中的每张图片都将放入幻灯片。每张幻灯片上可以插入图片或文字,也可以对相册的版式进行设置。相应的操作界面可见图 5.15。

5.2.3　根据模板创建

通过模板创建演示文稿时,可以选择的模板来源为:"本机上的模板…"、"网站上的模板…",以及"最近所用的模板"。

最近所用的模板,列举了 PowerPoint 在当前计算机中运行时最近使用过的若干模板,点击相关模板名称,该模板就被应用到幻灯片上了。

如果选择"本机上的模板",将弹出"新建演示文稿"对话框,该对话框中其中有三个选项卡,其中包括有大量模板的是"设计模板"选项卡,如图 5.16 所示。点击列表中的模板名称,可以在选项卡的右下方看到该模板的样式,选择自己满意的模板后,点击"确定",即可将该模板应用于幻灯片。

图 5.16　"设计模板"选项卡

图 5.17　"演示文稿"选项卡

图 5.18　在网站上查找模板

在"新建演示文稿"对话框上选择"演示文稿"选项卡,如图 5.17 所示。将看到列举了若干现有的演示文稿模板的界面,点击列表中的模板名称,可以在选项卡的右下方看到该模板中的标题幻灯片的样式,选择自己满意的模板后,点击"确定",即可获得由现有演示文稿生成的新文稿。

如果选择"网站上的模板…",将允许用户从如图 5.18 的对话框中选择某个网站上的模板。这样就可以从更广泛的空间中,搜寻和利用合适的模板。

当然,也可以通过 Internet 查找由一些爱好者们创作和发布的各种各样的模板。

5.2.4　由 Word 创建

可以使用现有的 Microsoft Word 文档创建 Microsoft PowerPoint 演示文稿。为了创建演示文稿中的幻灯片,PowerPoint 将使用 Word 文档中的标题样式。例如,格式设置为"标题1"的段落将成为新幻灯片的题目,格式为"标题 2"的文本将成为第一级文本,依此类推。注意,必须将标题格式应用于要包含在幻灯片中的文本。例如,如果将"正文"样式应用于一块文本,Word 不会将该文本发送到 PowerPoint。

在 Word 中的操作方法是:打开要用于创建 PowerPoint 演示文稿的文档、在"文件"菜单上,指向"发送",然后单击"Microsoft Office PowerPoint"命令即可。

如果是在 PowerPoint 中工作,可将 Word 文档导入到演示文稿中。在 PowerPoint 中,单击"文件"菜单上的"打开"命令,在"文件类型"框中选择"所有文件",然后在"文件名"框中输入 Word 文档的文件名和位置。

也可以将根据 Word 大纲创建的幻灯片插入到现有的演示文稿中。在 PowerPoint 中,显示要在其后插入新幻灯片的幻灯片。在"插入"菜单中单击"幻灯片(从大纲)"命令,然后选择要使用的 Word 文档。

5.3　幻灯片处理

演示文稿的创建以及样式的应用只是制作的初步工作,有了良好的开头以后,就可以把注意力放在如何通过幻灯片来表现演示的内容上了。幻灯片是演示具体内容的载体,根据需要,在演示文稿中往往需要增加、删除、移动、复制幻灯片,以便更好地组织和表现演示的内容。在本节中,将介绍相关的幻灯片处理方法。

5.3.1　插入

在演示文稿中插入新幻灯片的方式如下:

(1) 单击所要插入新幻灯片的位置。

(2) 单击"插入"菜单,可以看到其中有"新幻灯片"和"幻灯片副本"两个选项,如图 5.19 所示,它们都可以用来插入新幻灯片,但效果不同。选择"新幻灯片"时,插入的是一个空白幻灯片;选择"幻灯片副本"时,会将当前的幻灯片的副本作为新幻灯片插入。

(3) 新幻灯片插入到当前幻灯片的下面。如果插入的是空白幻灯片,任务窗格会同时显示"幻灯片版式",可以从中选择新幻灯片的版式。

在 PowerPoint 窗口的左侧,不管是在大纲或幻灯片缩略图上,用鼠标右键点击某幻灯片时,将会出现如图 5.20 所示菜单。该菜单提供了针对幻灯片的多种操作选项,其中也包括了"新幻灯片",用户可以从这个菜单中选择所需的操作。

图 5.19　插入新幻灯片的选项　　　　　　　　　图 5.20　幻灯片处理菜单

5.3.2 剪切、复制和粘贴

幻灯片的剪切、复制和粘贴是以幻灯片为单位的操作。在操作前需先选中要处理的幻灯片。在普通视图中,可以通过单击"大纲"中幻灯片标号后面的图标,或者"幻灯片"中的幻灯片缩略图来选择幻灯片,还可以通过右侧工作区垂直滚动条下方的两个按钮来选择上一张和下一张幻灯片,键盘上的 PageUp 和 PageDown 键有同样的功能。另外,键盘上的 Home 和 End 键可以用来转到第一张或者最后一张幻灯片。先选中一张幻灯片,然后按住键盘上的 Shift 键,选择另一张幻灯片,可以选中连续多张幻灯片。用鼠标与 Ctrl 键配合可以选择多个不连续的幻灯片。

用鼠标右键点击选中的某个幻灯片,从弹出的菜单中可选择相关操作。剪切和复制后的幻灯片都可以用来粘贴,粘贴的位置是在当前选中的那个幻灯片之后。通过键盘快捷键可以更为简便地进行选中、复制、剪切和粘贴操作。Ctrl＋C 为复制操作、Ctrl＋X 为剪切操作、Ctrl＋V 为粘贴操作。

5.3.3 移动和删除

幻灯片的移动操作,是指改变幻灯片在演示文稿中的出现位置。移动前,首先选中那些要移动的幻灯片,然后用鼠标拖动选中的幻灯片,移至目标位置处。这时,会有一条横线指示将移到的位置。释放鼠标后,那些幻灯片就被移动到新的位置上。

删除幻灯片的操作很简单,选中后用"编辑"菜单中"删除幻灯片"命令或者用键盘上的 Delete 键即可删除所选中的幻灯片。

如果操作执行错了,可以按撤销按钮来撤销最近所做的操作。

5.3.4 在大纲里处理幻灯片

幻灯片大纲分层显示了每张幻灯片所包含的段落标题和文本,在大纲中可以很方便地调整幻灯片或段落的级别,如图 5.21 所示。

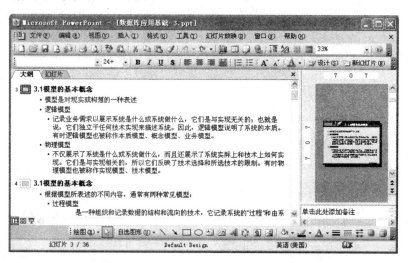

图 5.21 在大纲里处理幻灯片

在大纲中,每张幻灯片用一个方框图案表示,在其左面有相应的数字序号。每张幻灯片所包含的文本以段落的方式分级显示,段前有小圆点标志。用鼠标点击相应标志,可以选中整个幻灯片或某个段落。

如果上下拖动选中的内容,可以将该内容出现的位置移动到另一处。

如果左右拖动选中的内容,可以将该内容的级别提升或降低。例如,可以将一个段落提升为幻灯片;反之,也可以将一个幻灯片降低为前一张幻灯片中的一个段落。

当然,也可以在大纲中进行插入、剪切、复制、粘贴等处理。

5.4　幻灯片编辑

幻灯片所展示的内容,无论何时都应该是展示的主题。本节将介绍如何录入文本、添加图表、表格、图片及其他元素,并如何进行编辑。

5.4.1　版式

"版式"指的是幻灯片内容在幻灯片上的排列方式。版式由占位符组成,而占位符可放置文字(例如,标题和项目符号列表)和幻灯片内容(例如,表格、图表、图片、形状和剪贴画)。

在本章 5.2 节中讨论创建新演示文稿时,提到过应该为幻灯片选择合适版式。添加新幻灯片时,也需要其选择一种合适的版式。

PowerPoint 共提供了 31 种可选版式,除"空白"版式外,其他任何一种版式的幻灯片上都会有提示,提示用户在什么位置输入什么样的信息,在提示处单击就会出现闪烁的光标,即可在该位置上输入文本内容。

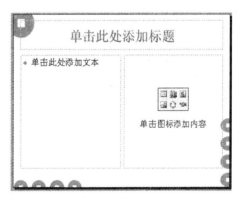

不同的版式分别由若干"占位符"组成,占位符主要分为文字占位符和内容占位符两种,分别可用于放置文字和幻灯片内容(图片、表格等等)。单击文字占位符可以添加文字,单击内容占位符中央的不同按钮则可以插入表格、图表、剪贴画、图片、组织结构图和媒体剪辑。见图 5.22 幻灯片版式示例。

图 5.22　幻灯片版式示例

PowerPoint 所提供的版式有:文字版式、内容版式、文字和内容版式、其他版式等四类版式,每一类都包括若干版式。各类版式介绍如下:

1. 文字版式

文字版式中主要运用的是文字占位符,用户可以在文字占位符处将标题、副标题和正文输入到幻灯片上。如图 5.23.(a)图所示,共有六种文字版式。

2. 内容版式

内容版式主要运用的是内容占位符,也有的加上了用于添加标题的文字占位符。如图 5.23.(b)图所示,共有七种内容版式。

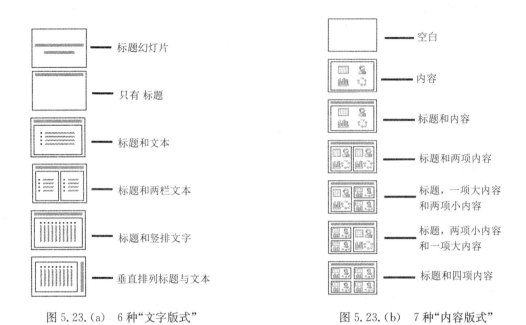

图 5.23.(a)　6 种"文字版式"　　　　　　图 5.23.(b)　7 种"内容版式"

内容版式中的内容占位符可用于添加表格、图表、剪贴画、图片、组织结构图和其他图示、媒体剪辑等内容,如图 5.24 所示。

单击幻灯片中内容占位符的"插入组织结构图和其他图示"图标时,就会弹出一个"图示库"对话框,如图 5.25 所示。用户可以在此选择所需要的图示,然后进行编辑。点击其他内容占位符图标时,也将会出现相应的对话框,从对话框中选择合适的图表、表格、剪贴画、图片等,即可将其放在幻灯片中。

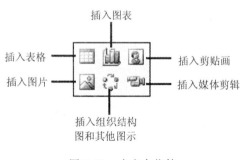

图 5.24　内容占位符

图 5.25　"图示库"对话框

3. 文字和内容版式

"文字和内容版式"共有七种,如图 5.26 所示。此类版式主要用于同时运用文字和图片、表格、图表等其他内容来表达主题的幻灯片,使得它们能出现在同一幻灯片上,在这类版式中,标题、文字、表格、图表、剪贴画、图片、组织结构图和其他图示、媒体剪辑等对象的位置可以不同,可以有一个或两个文字占位符和单个或两个内容占位符自由搭配。

4. 其他板式

此外,还有其他的 11 种版式,可以使用文字占位符单独与图表、图片、媒体剪辑、表格、组织结构图等对象的占位符配合,文字的方向可以横排也可以竖排。

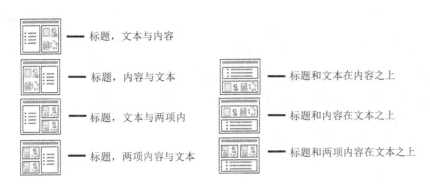

图 5.26　7 种"文字和内容版式"

　　一般地,如果插入了不适于原始版式的项目,系统会自动调整该版式。例如,如果使用的版式只有一个用于存放内容(如表格)的占位符,插入一个表格后再插入一张图片时,版式会自动调整,添加一个用于存放图片的占位符。

　　应用了某种版式,并不意味幻灯片中的内容排列方式就不可以改变。在实际操作中,可以将幻灯片中的占位符移动到不同位置,调整其大小,以及使用填充颜色和边框等措施来设置或更改其格式。

　　如果在幻灯片上调整了占位符,然后又希望恢复到其原始版式,可以重新应用原始版式。

　　可以说应用各种版式,只是借用了预先设计好的幻灯片内容布局方案,为制作提供了许多方便,幻灯片所达到最终效果,还是掌握在设计者的手中。因为,不可能不做任何修改和调整就能取得满意的效果。

5.4.2　文本编辑

　　幻灯片内容一般由一定数量的文本对象和图形对象组成,其中,文本对象是幻灯片的基本组成部分。幻灯片中文本框是文本对象的主要载体。幻灯片中的文字都是在"文本框"中输入的,想在哪里输入文字,就必须先在哪里添加文本框。

　　在前一节提到各种版式中,大多数都有一或多个文字占位符,如果不够用,可以复制它们,也可以添加文本框来容纳文字。在本质上,文本框类似于绘图对象,在"绘图"工具栏上可以找到"文本框"和"竖排文本框"的按钮,如图 5.27 所示。

图 5.27　绘图工具栏中的文本框按钮

　　输入了文字后的文字占位符与文本框内的性质基本相同,下面提到的对文本框中文本的编辑处理同样适用于文字占位符。

　　文本框就像一个小型的文档编辑器,其中的文字、段落的格式可以像在 Word 中那样进行设置和调整,就连文本框本身的样子比如填充颜色、边框线条、尺寸、位置等属性的调整也跟 Word 中差不多。如图 5.28,PowerPoint 中也有一个与 Word 中十分相似的格式工具栏,可以利用该工具栏对文

图 5.28　格式工具栏

本框的文本内容进行相应的操作。因其操作方法与 Word 中类似,这里就不再详述了。

5.4.3　页眉和页脚

像 word 中的页面一样,演示文稿也含有页眉和页脚。幻灯片包含页脚文本、幻灯片号码或页码,以及日期,备注和讲义还包括有页眉文本。通常,它们出现在幻灯片或备注及讲义的顶端或底端。

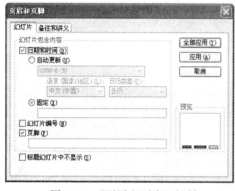

图 5.29　"页眉和页脚"对话框

从系统菜单中选择"视图"、"页眉和页脚",出现如图 5.29 所示对话框。该对话框可以设置幻灯片或备注和讲义的页眉和页脚。

在幻灯片选项卡上,可以看到以下选项:

1)日期和时间

如果选择该项,将在幻灯片的左下方显示相关内容。如果选择了"自动更新",可以进一步选择日期和时间的显示格式、语言,播放时将显示当天的日期和当时的时间。如果选择了"固定",则需要输入一段文字,该文字内容将被显示在幻灯片的左下方。

2)幻灯片编号

如果选择该项,将在幻灯片的右下方显示幻灯片的编号。

3)页脚

如果选择该项,需要输入一段文字,该文字内容将被显示在幻灯片的下方中间。演示文稿中典型的文本页脚是公司名称或标签,如"草稿"或"机密"。

在备注和讲义选项卡上,多了页眉选项。此外各项的位置也有所变动,在此就不具体说明了。

可以在单张幻灯片或所有幻灯片中应用页眉和页脚。对备注和讲义来说,当应用页眉或页脚时,它会应用于所有的备注和讲义。当要更改页眉和页脚的字形,或者更改容纳页眉和页脚的占位符的位置、大小和格式时,可以在幻灯片母版、备注母版或讲义母版中做适当的更改。与母版相关的内容可见 5.6 节。

5.4.4　插入对象

在 PowerPoint 中,如果选择了含有内容的版式,那么在内容占位符上将会出现内容类型选择按钮。点击其中一个按钮即可在该占位符中添加相应的内容对象。

除此之外,还可以通过"插入"菜单来选择在幻灯片中插入什么对象。如图 5.30 所示,"插入"菜单中的内容有些是与幻灯片相关的,有些则与内容占位符中相关对象相同。下面简要介绍部分插入对象。

1.图片

展开插入图片的子菜单,如图 5.31 所示,可以看到图片可以

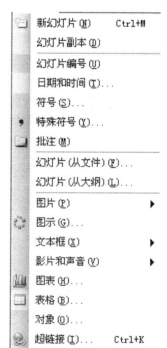

图 5.30　插入菜单

来自于剪贴画、文件、扫描仪或照相机,以及新建相册。选择"剪贴画"时,窗口中出现"插入剪贴画"窗格,如图 5.32 所示,可以利用"插入剪贴画"窗格提供的"剪辑管理器"(如图 5.33)来搜寻合适的剪贴画,将选中的内容拖放到幻灯片上。其他对象的插入方式与 Word 类似,这里就不再详细说明了。

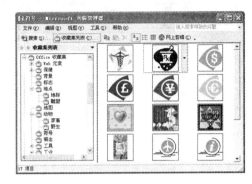

图 5.31　插入图片的子菜单　　图 5.32　"插入剪贴画"窗格　　　　图 5.33　剪辑管理器

2. 图示

选择"图示"时,窗口中出现"图示库"对话框,如图 5.34 所示。从中选择应用合适的类型,确定后,在幻灯片上就可以看到该图示。随后可以利用"图示"工具栏来调整图示,或为图示加上适当的文字说明,如图 5.35 所示。

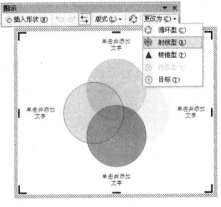

图 5.34　"图示库"对话框　　　　　　　　　　　图 5.35　插入图示

3. 影片和声音

展开影片和声音子菜单(如图 5.36),可以利用剪辑管理器选择选择影片和声音,选择合适对象并将其拖放到幻灯片上。如果把一个声音文件放到了幻灯片上,将看见一个小喇叭图标,播放幻灯片时,点击它,就可以自动播放声音了。

图 5.36　插入影片和声音

4. 图表

选择插入图表时,将自动在幻灯片上生成一个图表,并出现数据表编辑窗,如图 5.37 所示。这时,可以在数据表编辑窗中修改数据和项目标题。同时,可以利用窗口工具栏上出现的"导入文件"按钮,选择导入一个 Excel 文件中的工作表,以该工作表的数据来绘制图表。可以从系统菜单中选择"图表",选择执行"图表类型"、"图表选项"、"添加趋势线"或"设置三维视图格式"。也可以直接点击"图表类型"按钮,来调整图表类型。

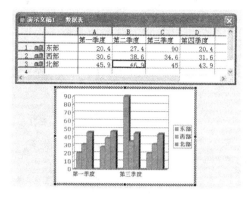

图 5.37 插入图表

图 5.38 插入表格

5. 表格

选择插入表格时,出现"插入表格"对话框,可以设置表格中将包含的列数和行数,如图5.38 所示。确定后,根据设置将在幻灯片上自动生成一个空表格。在表格的单元格中可以输入文字或数字,可以增加或删除表格的行和列,可以设置表格边框和填充等,针对表格的大多基本操作都与 Word 类似,这里就不再详细说明了。

6. 超链接

在幻灯片上也可以插入超链接。先选择一个对象,然后在鼠标右键菜单中或在"插入"菜单中选择"超链接",将出现"插入超链接"对话框,如图 5.39 所示。

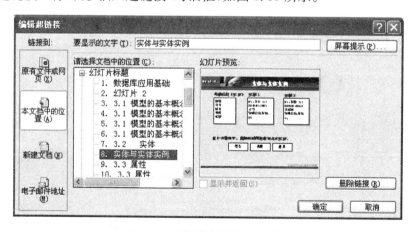

图 5.39 "插入超链接"对话框

与 Word 中的超链接不同的是对话框中将列举当前演示文稿中的每个幻灯片标题,并可以预览将链接的幻灯片。如果打算从当前的幻灯片链接到另一张幻灯片,选择好被链接的幻灯片并确定后,将在当前幻灯片上插入一个超链接。播放时,点击这个超链接,就可以直接跳转播放指定幻灯片了。也可以与其他文件或另一演示文稿链接。

5.4.5 动画

在 5.2 节初步介绍了动画方案,本节将介绍如何实施动画方案。

对于一般的动画效果,可以使用"动画方案"来实施,步骤如下:

(1) 选择需要实施动画方案的幻灯片。

(2) 选择菜单"幻灯片放映"、"动画方案",或点击"设计"按钮、选择任务窗格中的"动画方案",如图 5.40 所示。

(3) 在任务窗格中选择一种动画方案,如出现、回旋、上升等。如果窗格底部的自动预览为选中状态,则选中动画方案应用于幻灯片的同时,就可以看到实际的动画效果。

(4) 如果点击任务窗格下方的"应用于所有幻灯片"按钮,可以将选择的动画方案应用于所有幻灯片。也就是说,在放映时本演示文稿中的所有幻灯片都将按这种方案实施动画效果。

(5) 点击"播放"按钮可以在普通视图下观看动画效果。

(6) 点击"幻灯片放映"按钮可以观看实际放映的效果。

上述方法是以幻灯片为单位设置的,也就是说幻灯片上所包含的文本框、图片或其他对象都将按同一种方案来实现动画效果。有时,也可能需要在同一个幻灯片中对不同元素设计不同的动画方案,使它们的出现各具特点,以丰富效果、突出重点。这时,应该采取自定义动画方式进行处理。

进入自定义动画设计的方法是选择系统菜单"幻灯片放映"、"自定义动画",或者从任务窗格的菜单中选择"自定义动画"。这时,任务窗格将切换为"自定义动画",如图 5.41 所示。

设置自定义动画的基本步骤如下:

(1) 选中幻灯片中的某个需要设置动画效果的元素,如文本框、图片或其他对象。

(2) 点击"添加效果"按钮,选择所需要的动画类型,如图 5.42 所示。

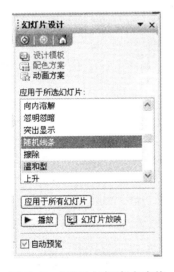

图 5.40 "动画方案"任务窗格

图 5.41 "自定义动画"任务窗格

图 5.42 自定义动画的类型

各类型意义如下:

① 进入效果,用于设置元素如何出现在幻灯片上。可选项如图 5.43 所示。

② 强调效果,用于设置元素出现在幻灯片上后的效果。可选项如图 5.44 所示。

③ 退出效果,用于设置元素如何从幻灯片上消失。可选项如图 5.45 所示。

④ 动作路径,用于设置元素如何在幻灯片上从一个地方移动到另一个地方。可选项如图 5.46 所示。

图 5.43　进入效果

图 5.44　强调效果

图 5.45　退出效果

图 5.46　动作路径

（3）在任务窗格中可以选择、修改元素的动画效果，如图 5.47 所示。其中：

①"开始"项，用于确定该元素的该项效果在什么时候开始执行，例如选"单击时"，表示该动作在鼠标单击时执行。

②"方向"项，用于确定该项的运动方向，例如从当前位置"到底部"。

③"速度"项，用于确定该项动作的速度，例如"非常快"。

（4）如果需要进行更详细地设置，可以双击任务动画列表中的项目，在弹出的效果选项对话框中进行设置，如图 5.48 所示。

图 5.47　修改动画效果

图 5.48　"效果选项"对话框

5.4.6　动作按钮

PowerPoint 内置了一组预定义的三维按钮，它们可以用来完成幻灯片间的跳转或链接声音和其他程序。这些按钮的基本作用如图 5.49 所示。

动作按钮可在"幻灯片放映"菜单中的"动作按钮"子菜单中选择。先单击某个按钮，然后在幻灯片合适的位置上放置即可。刚放下的按钮，可能出现大小、填充色、边框等需要调整的状况，这时可将按钮视同一般矩形图形，利用绘图工具栏中的各功能按钮来进行设置和调整。

此外，也可以将绘制的各种图形作为动作按钮来定义和使用。

在动作按钮或图形上单击鼠标右键选择"动作设置"，或者选择"幻灯片放映"菜单中的"动作设置"命令，将出现"动作设置"对话框，如图 5.50 所示。

"动作设置"对话框中包含分别与单击鼠标和鼠标移过两种动作对应的选项卡，各选项卡的基本选项如下：

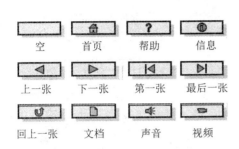

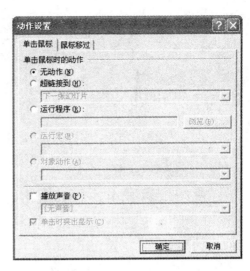

空	首页	帮助	信息
上一张	下一张	第一张	最后一张
回上一张	文档	声音	视频

图 5.49　动作设置对话框

图 5.50　动作设置对话框

1) 无动作

表示该按钮或图形在单击鼠标和鼠标移过时无动作。

2) 超链接到

超链接的选项共有十多项,其中包括:下一张幻灯片、上一张幻灯片、第一张幻灯片、最后一张幻灯片等在幻灯片间跳转的选项,也包括到 URL、其他演示文稿、其他文件的链接。用户可以从中选择一项。

3) 运行程序

在这里可以启动运行一个程序,例如 Excel。设置的方法是点击"浏览"按钮,选择需要运行的程序文件。

4) 播放声音

选中该项后,可以从声音列表中选择一个声音。播放时点击它,即可听到该声音。

5.4.7　幻灯片切换

幻灯片切换是指由当前幻灯片到显示下一张幻灯片时屏幕显示的变化情况。为了获得合适的切换效果,使幻灯片间的过渡不那么死板,可以选择应用 PowerPoint 中带有的一组切换显示效果之一。

幻灯片切换操作步骤如下:

(1) 在"幻灯片放映"菜单上,单击"幻灯片切换",Power-Point 窗口右侧出现如图 5.51 所示的任务窗格。

(2) 选择某种切换方式。如:平滑淡出。当窗格底部自动预览为选中状态时,所选切换方式应用于当前所选幻灯片的同时,可以看到这种切换的效果。

(3) 如果需要,可以修改切换效果。可以选择切换的速度、

图 5.51　"幻灯片切换"任务窗格

声音,如:中速、打字机。

（4）可以选择切换方式,如:单击鼠标时切换及设置在一定时间后切换。

（5）如果单击"应用于所有幻灯片",当前定义的切换方式就会应用于所有幻灯片。

5.5　备注和讲义

备注和讲义主要用于幻灯片的打印输出,本节对备注和讲义的生成与组织做简要介绍。

5.5.1　备注

备注是附加于幻灯片的说明,备注主要由文本组成,这些文本并不用于演示,只是在打印幻灯片时,显示在幻灯片下方的打印出的页面中。

编辑幻灯片时,幻灯片编辑区的下方就是备注区,鼠标单击该区,就可以在其中输入文本了。

从系统菜单里选择"视图"、"备注页",可以将界面转换为备注页形式。此时,可以看到一个完整的页面,如图5.52所示。该页面上方为幻灯片,下方为备注。在这种页面里,也可以直接修改备注的内容。

在5.4.3节中提到可以为备注页设置页眉、页脚。如果设置并应用了,将在备注页中看到实际效果。

打印时,应该在打印窗口中选择打印备注页。

图5.52　备注页

5.5.2　讲义

讲义是幻灯片打印输出的一种形式。选择"打印预览",进入打印窗口,如图5.53所示。此时,可以选择在一页上打印几张幻灯片;可以通过选项进行页眉页脚设置、选择打印顺序、确定是否给幻灯片加框等。如果点击"打印"按钮,当前演示文稿就会被打印输出为讲义了。

此外,可以将幻灯片发送成 Word 文档,然后在 Word 中对该文档进行编辑处理,打印输出。操作方法是:选择系统菜单"文件"、"发送",再选择"Microsoft Office Word",弹出如图5.54所示对话框,选择合适的版式,确定后即可自动由演示文稿生成由若干幻灯片组成的 Word 文档。

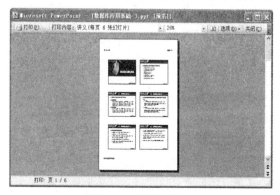

图5.53　打印预览窗口

图5.54　发送对话框

5.6　模板

模板在幻灯片设计中被经常用到,PowerPoint 预先准备有若干模板供用户选择使用。但这些现有的模板并不总是能够满足特定演示文稿需要。例如,一个学院的演示文稿应该有表现学院特色的设计元素;一门课程的演示文稿应该有这门课程或教师的特征信息等。因此,许多时候用户需要根据单位、部门、学科、课程以及自己的个性来设计并使用模板,以使自己的作品保持统一的风格和特点。

本节将介绍如何设计自己的模板。

5.6.1　设计模板

将一个设计模板应用于演示文稿时,将会发现该演示文稿中所有幻灯片的外观将按照设计模板发生变化。在 PowerPoint 中,设计模板是包含演示文稿样式的文件,包括项目符号和字体的类型和大小、占位符大小和位置、背景设计和填充、配色方案以及幻灯片母版和可选的标题母版。如果在"视图"菜单中单击"母版"命令,然后选择"幻灯片母版",将看到当前使用的设计模板所包含的母版,如图 5.55 所示。

图 5.55　幻灯片母版

母版是存储关于模板信息的设计模板的一个元素,这些模板信息包括字形、占位符大小和位置、背景设计和配色方案。母版元素有:标题、正文和页脚文本的字形、文本和对象的占位符位置、项目符号样式、背景设计和配色方案。一般情况下,幻灯片母版和标题母版总是成对出现的。标题母版用于演示文稿的标题幻灯片,幻灯片母版则用于其他幻灯片。

如果更改幻灯片母版,会影响所有基于母版的演示文稿幻灯片,如果要使个别幻灯片的外观与母版不同,可以直接修改幻灯片。但是对已经改动过的幻灯片,在母版中的改动对之就不再起作用。因此对演示文稿,应该先改动母版来满足大多数的要求,再修改个别的幻灯片。

除幻灯片母版外,PowerPoint 还有备注母版和讲义母版,它们分别用于备注页和讲义页的内容布局及格式控制。这两种母版比较简单,就不再具体介绍了。

5.6.2　修改母版

图 5.56 和图 5.57 分别为空的标题母版和幻灯片母版,可以看到在在母版上已经放置了有相应提示的占位符,它们分别用于标题、副标题、文本、日期、页脚和数字的设置。点击相应占位符就可以对相应样式进行编辑了。

图 5.56　空的标题母版

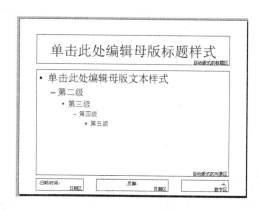

图 5.57　空的幻灯片母版

对幻灯片母版可进行下列修改操作:

1) 标题、正文和页脚文本的样式

所谓样式是指字体、字号和缩进等格式设置特性的组合。在修改前,占位符中的提示文本已经采用了默认的样式。例如,标题母版中"单击此处编辑母版标题样式"占位符中的样式为:宋体、44 磅、白底黑字、居中对齐。当对其中的文本进行修改时,可将其视为一个小的文本编辑区,可以像在 Word 中那样进行具体的样式修改和设置。例如将其改为:华文魏体、58 磅、淡蓝底黄字、居中对齐、灰色边框等。

2) 文本和对象的占位符位置

各类占位符的位置都是可以移动的,可以把它们拖放到自己认为合适的位置上。当然,其所占区域的大小也可以加以调整,以适合其中所容纳的内容。

3) 项目符号样式

在幻灯片母版的文本区,可以看到五个级别的项目符号,可以对这些项目符号的样式进行修改和调整。

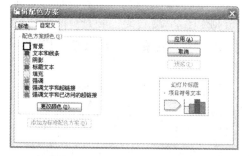

图 5.58　"编辑配色方案"对话框

4) 背景设计和配色方案

可以像在 Word 中那样对幻灯片的背景进行设计。可以用选定的颜色、过渡、纹理、图案、图片填充背景。可以选择配色方案,并将其应用于母版。如果需要,还可以对与母版相应的配色方案进行编辑。编辑配色方案对话框如图 5.58 所示。

如果需要,可以在母版上插入要显示在多个幻灯片上的艺术图片(如徽标),插入文本框其他元素。

母版设计或修改完成后,可以将其另存为设计模板,以便今后重复使用。操作方法是在"文件"菜单中单击"另存为"命令,在"另存为"对话框中选择保存类型为"演示文稿设计模板(＊.pot)",单击"保存"按钮即可。

5.7 幻灯片放映

放映演示文稿,是制作演示文稿的最终目的。在本节中,将介绍放映演示文稿的基本方法,以及如何设置放映方式。

5.7.1 基本放映方法

当制作演示文稿的全部工作完成以后,就可以进行幻灯片的放映了。PowerPoint 在放映幻灯片时又有许多演示、控制和做记录的功能。

1. 幻灯片放映

对于打开的演示文稿,有两种方法放映幻灯片:

(1) 选择菜单"幻灯片放映"→"观看放映",或按 F5。这种方式将从第一页开始播放。

(2) 单击水平滚动条左方的"幻灯片放映"按钮,或按 Shift＋F5。这种方式将从当前页开始播放。

对于保存为 PowerPoint 放映类型,扩展名是.pps 的演示文稿,不需打开 PowerPoint 就可以直接点击播放它。

2. 放映控制

幻灯片放映时,可以使用鼠标或键盘进行相应的控制,主要方式如下:

(1) 执行下一个动画或换到下一张幻灯片:N、Enter、Page Down、向右键、向下键或空格键(或单击鼠标)。

(2) 执行上一个动画或返回上一张幻灯片:P、Page Up、向左键、向上键或空格键。

(3) 转至幻灯片编号:编号＋Enter。

(4) 结束幻灯片放映:Esc、Ctrl＋Break 或连字符。

(5) 擦除屏幕上的注释:E。

(6) 重新显示隐藏的指针和/或将指针改变成绘图笔:Ctrl＋P。

(7) 重新显示隐藏的指针和/或将指针改变成箭头:Ctrl＋A。

(8) 查看任务栏:Ctrl＋T。

(9) 显示快捷菜单:Shift＋F10(或单击鼠标右键),如图 5.59 所示。

图 5.59 放映菜单

使用键盘或鼠标可以方便地在运行放映的时候控制放映流程和效果,在运行时刻按 F1 键可以显示帮助信息。

3. 定位

有时想给观众看特别的那一页时,可以使用定位功能,在放映时快速地切换到想要显示的幻灯片上,而且可以显示隐藏的幻灯片。

在幻灯片放映时单击鼠标右键,在出现的快捷菜单上单击"定位至幻灯片",然后选择所需要的那一页即可。如果放映之前进行了"自定义放映"的设置,也可以在幻灯片放映时单击鼠标右键选择"自定义放映"。

4. 使用画笔

图 5.60 指针选项

如果需要在放映幻灯片时在幻灯片上画一些线条来强调某些重点文字,可以选择使用画笔,这将有助于更好地表达要讲解的内容,当然这些"涂鸦"不会被存储到演示文稿中的。放映幻灯片时单击鼠标右键,在弹出菜单中选择"指针选项",即可在下级菜单中选择不同的"笔"或"墨迹颜色"等,如图 5.60 所示。选择所需要的"笔",即可看到鼠标形状的变化,用鼠标在幻灯片上拖动即可绘出笔迹。选择"橡皮擦"命令,即可擦除已经画在幻灯片上的笔迹。绘图笔的颜色也可以设置、更改。

5.7.2 自定义放映

使用自定义放映功能,可以在一份演示文稿内定义有差别的幻灯片集合,而不必总是播放全部的幻灯片。

1. 创建自定义放映

创建自定义放映的步骤如下:

(1) 在"幻灯片放映"菜单中选择"自定义放映"命令,出现如图 5.61 所示自定义放映对话框。

(2) 点击"新建",出现如图 5.62 所示定义自定义放映对话框。在该对话框中,可以为本次所做的自定义起个名字,以便今后放映时调用。然后,从左侧的幻灯片列表中选择需要出现的那些幻灯片,添加到右侧。选择完成后,点击"确定"。

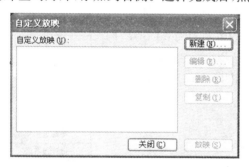

图 5.61 "自定义放映"对话框

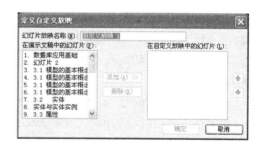

图 5.62 "定义自定义放映"对话框

(3) 回到自定义放映对话框后,可以点击"放映",观看由选中的那些幻灯片组成的自定义放映效果。也可以对某个自定义放映再次进行编辑。

2. 播放自定义放映

播放自定义放映的方法如下:

(1) 在"幻灯片放映"菜单中选择"自定义放映"命令,在自定义放映对话框中选择指定的自定义放映,然后点击"放映"。

可以在演示文稿中创建一个动作按钮来指向特定的自定义放映,在播放时应用。

(2) 在幻灯片放映时单击鼠标右键,在弹出菜单中选择"自定义放映"。

3. 设置放映方式

在放映之前通常需要设置放映方式,选择菜单"幻灯片放映"、"设置放映方式",然后在图 5.63 所示的对话框中进行相关的设置。

这些设置简单并且直观,就不再一一解释了。

4. 隐藏幻灯片

如果一个幻灯片中有一部分内容不想放映,也可以隐藏这些幻灯片。当幻灯片被隐藏时,在幻灯片标号上会出现划去标记。与删除操作不同的是隐藏操作仅仅是使幻灯片在放映时不可见。工具栏上有"隐藏幻灯片"按钮可用于隐藏幻灯片操作,或者从"幻灯片放映"菜单中选择"隐藏幻灯片"命令也行。取消隐藏与设置隐藏操作相反。

5. 排练计时

有时候,演讲者可能需要控制播放的时间,或者需要幻灯片自动播放。这时候就需要设置幻灯片放

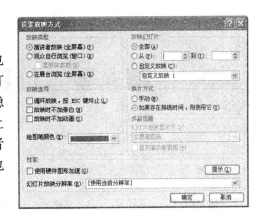

图 5.63　"设置放映方式"对话框

映的时间间隔。使用"排练计时"功能,将在排练时自动记录每页播放的时间,也可以在排练的同时调整时间。选择菜单"幻灯片放映"、"排练计时"即可开始。排练的时间可以在设置放映方式时由用户自己选择是否采用。

除了上述介绍的内容之外,演示文稿也可以在 Internet 上发布,可以在网络上广播演示文稿,可以将演示文稿用电子邮件发送给同事等。本章仅介绍了有关 PowerPoint 的基本知识和基本方法,这些内容必须通过实际操作练习才能够真正地掌握,才能运用它制作出满意的演示文稿。

习题 5

5-1　搜集有关本校的各类素材,制作一个介绍本校历史和现状的演示文稿,要求有合适的动画,说明性的文字及学校相关的图片、表格等。设置为自动播放形式,时间不超过 5 分钟,可以循环播放。

5-2　搜集自己喜爱的作家的素材,制作一个介绍该作家及其作品的演示文稿,说明性的文字(主要作品及年代等),作家照片或画像,要求有合适的动画。

5-3　搜集有关某产品的素材,制作一个产品展示的演示文稿,要求说明性的文字及相关的图片等,有合适的动画,要求内容新颖。设置为循环自动播放的形式。

5-4　搜集自己家乡的图片、历史文献等资料,制作一个介绍自己家乡的风景名胜等有特色的内容的演示文稿,要求画面美观、切换方式恰当、有适宜的动画。播放时间不超过 5 分钟。

第6章 计算机网络基础知识

本章概要

随着 Internet 的普及,网络已成为计算机最有吸引力的应用,计算机网络的基本知识也成为当代大学生必须掌握的重要内容。可以说,如果没有计算机网络、没有 Internet,计算机不会像今天这样被重视。所以,一方面计算机是网络最基本的构成,没有计算机就没有计算机网络,另一方面,计算机网络也促使了计算机以及计算机知识的普及。

本章在介绍计算机网络的概念、体系结构等基本理论的基础上,着重介绍目前计算机网络中最突出的两个方面的应用知识:Internet 和基于 Windows 操作系统的局域网。具体内容包括:Internet 的标识系统:IP 地址和域名、最为典型的 Internet 接入方式、Windows 环境下网络的基本配置、提供或访问基于 Windows 的局域网网络资源的基本方法、最为常用的 WEB 浏览器 IE 的一些基本配置和使用技巧、微软的电子邮件客户程序 OutLook Express 的一些使用知识等。

通过本章的学习,您将能够:

- 掌握计算机网络的基本模型和体系结构,以及常用传输介质及其特点等知识
- 了解 Internet 的管理机制和如何划分 IP 地址和子网
- 掌握域名的基本结构、域名解析的基本思路及 URL 的基本含义和格式
- 掌握如何通过常用方式接入 Internet
- 了解组建一个基于 Windows 网络的基本模型
- 掌握配置 Windows 环境下网络相关属性的方法
- 掌握在 Windows 环境下,如何共享自己的资源、如何访问网络上共享资源的方法
- 掌握两个 Internet 客户软件 IE 和 OE 的常用配置和使用技巧

6.1 计算机网络的基本概念

1969 年由美国国防部主持研制的第一个远程分组交换网 ARPANET(阿帕网)的诞生,标志着计算机网络时代的开始。70 年代出现了计算机局部网络(简称局域网)。在 20 世纪 80 年代计算机网络得到了飞速发展,国际标准化组织(ISO)制定了计算机网络的开放系统互联的模式(Open System Interface,简称 OSI)。现在,计算机网络已经发展成为社会重要的信息基础设施。本节首先学习计算机网络的相关概念。

6.1.1 计算机网络的定义

利用通信设备和线路将地理位置不同、功能独立的多个计算机系统连接起来,以功能完善

的网络软件(网络通信协议及网络操作系统等)实现网络中资源共享和信息传递的系统,称为计算机网络系统。"地理位置不同"只是一个相对的概念,可以小到一个房间内,也可以大至全球范围内;而"功能独立"则是指在网络中计算机都是独立的,没有主从关系,一台计算机不能启动、停止或控制另一台计算机的运行;"通信线路"是指通信介质,它既可以是有线的(如同轴电缆、双绞线和光纤等),也可以是无线的(如微波和通信卫星等)。"通信设备"是在计算机和通信线路之间按照通信协议传输数据的设备。

6.1.2　计算机网络的构成

计算机网络从物理上是由计算机系统、通信线路和网络设备组成,它是计算机技术和通信技术紧密结合的产物,承担着数据处理和数据通信两类工作。从逻辑功能上可以将计算机网络划分为两部分,一部分是对数据信息的收集和处理,另一部分则专门负责信息的传输。ARPANET的研究者们把前者称为资源子网,后者称为通信子网,如图 6.1 所示。

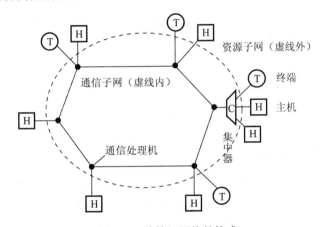

图 6.1　计算机网络的构成

1. 资源子网

计算机网络最核心的目标是共享资源,这些资源包括硬件资源、软件资源和数据资源,用于存储和处理这些资源的设备通常可以归纳为资源子网的范畴。另一方面,资源子网直接面向用户,接受本地用户和网络用户提交的任务,最终完成信息的处理,所以 ISO 将之命名为"端系统",也就是说:资源子网的设备是产生数据的地方或者是数据最终到达的目的地。主要硬件包括:

1) 主机(Host)

主计算机系统可以是大型机、小型机或局域网中的微型计算机,它们是网络中的主要资源,也是数据资源和软件资源的拥有者,一般都通过高速线路将它们和通信子网的节点相连。

2) 终端

终端是直接面向用户的交互设备,可以是由键盘和显示器组成的简单终端,也可以是微型计算机系统。

3) 计算机外设

计算机外部设备主要是网络中的一些共享设备,如大型的硬盘机、数据流磁带机、高速打印机、大型绘图仪等。

2. 通信子网

通信子网为资源子网的信息传输提供服务,主要负责计算机网络内部信息流的传递、交换和控制,以及信号的变换和通信中的有关处理工作,间接服务于用户。主要内容如下:

1) 网络节点

网络节点的作用一是作为通信子网与资源子网的接口,负责管理和收发本地主机和网络所交换的信息;二是作为发送信息、接受信息、交换信息和转发信息的通信设备,负责接受其他网络节点传送来的信息并选择一条合适的链路发送出去,完成信息的交换和转发功能。网络节点可以分为两种:一是交换节点,主要包括交换机(Switch)、集线器、网络互联时用的路由器(Router)以及负责网络中信息交换的设备等;二是访问节点,主要包括连接用户主机和终端设备的接收器、发送器等通信设备。

2) 通信链路

通信链路是两个节点之间的一条通信信道。链路的传输媒体包括:双绞线、同轴电缆、光导纤维、无线电微波通信、卫星通信等。一般在大型网络中和相距较远的两节点之间的通信链路,都利用现有的公共数据通信线路。

3) 信号转换设备

信号转换设备的功能是对信号进行变换以适应不同传输媒体的要求。这些设备一般有:将计算机输出的数字信号转换为可在电话线上传送的模拟信号的调制解调器(Modem)、无线通信接收和发送器、用于光纤通信的编码解码器等。

6.1.3　计算机网络的功能

计算机网络不仅使计算机的作用范围超越了地理位置的限制,而且也大大加强了计算机本身的能力。计算机网络具有单个计算机所不具备的主要功能如下:

1. 数据交换和通信

计算机网络中的计算机之间或计算机与终端之间,可以快速可靠地相互传递数据、程序或文件。例如,电子邮件(E-mail)可以使相隔万里的异地用户快速准确地相互通信;电子数据交换(EDI)可以实现在商业部门(如银行、海关等)或公司之间进行订单、发票、单据等商业文件安全准确的交换;文件传输服务(FTP)可以实现文件的实时传递,为用户复制和查找文件提供了有力的工具。

2. 资源共享

充分利用计算机网络中提供的资源(包括硬件、软件和数据)是计算机网络的目标之一。计算机的许多资源是十分昂贵的,不可能为每个用户所拥有。例如,进行复杂运算的巨型计算机、海量存储器、高速激光打印机、大型绘图仪和一些特殊的外部设备等,另外还有大型数据库和大型软件等。这些昂贵的资源都可以为计算机网络上的用户所共享。资源共享既可以减少投资,又可以提高这些计算机资源的利用率。

3. 提高系统的可靠性和可用性

在单机使用的情况下,如没有备用机,则计算机有故障便引起停机。如有备用机,则费用会大大增高。当计算机连成网络后,各计算机可以通过网络互为后备,当某一处计算机发生故障时,可由别处的计算机代为处理,还可以在网络的一些节点上设置一定的备用设备,起全网络公用后备的作用,这种计算机网络能起到提高可靠性及可用性的作用。特别是在地理分布范围很广且具有实时性管理和不间断运行的系统中,建立计算机网络便可保证更高的可靠性和可用性。

4. 均衡负荷,相互协作

对于大型的任务或当网络中某台计算机的任务负荷太重时,可将任务分散到较空闲的计算机上去处理,或由网络中比较空闲的计算机分担负荷。这就使得整个网络资源能互相协作,以免网络中的计算机忙闲不均,既影响任务的完成速度又不能充分利用计算机资源。

5. 分布式网络处理

在计算机网络中,用户可根据问题的实质和要求选择网内最合适的资源来处理,以便使问题能迅速而经济地得以解决。对于综合性大型问题可以采用合适的算法将任务分散到不同的计算机上进行处理。各计算机连成网络也有利于共同协作进行重大科研课题的开发和研究。利用网络技术还可以将许多小型机或微型机连成具有高性能的分布式计算机系统,使它具有解决复杂问题的能力,而费用大为降低。

6. 提高系统性能价格比,易于扩充,便于维护

计算机组成网络后,虽然增加了通信费用,但由于资源共享,明显提高了整个系统的性能价格比,降低了系统的维护费用,且易于扩充,方便系统维护。

计算机网络的以上功能和特点使得它在社会生活的各个领域得到了广泛地应用。

6.1.4　计算机网络的分类

计算机网络的分类可按多种方法进行:按分布地理范围的大小分类,按网络的用途分类,按网络所隶属的机构或团体分类,按采用的传输媒体或管理技术分类等。以下是一些典型的计算机网络的分类方法:

1. 从网络的作用域范围进行分类

1) 广域网 WAN(Wide Area Network)

广域网的作用范围通常为几十到几千公里,因而有时也称为远程网(Long haul network)。广域网是因特网的核心部分,其任务是通过长距离(例如,跨越不同的国家)运送主机所发送的数据。连接广域网各结点交换机的链路一般都是高速链路,具有较大的通信容量。

2) 局域网 LAN(Local Area Network)

局域网一般用微型计算机或工作站通过高速通信线路相连(速率通常在 10Mb/s 以上),但地理上则局限在较小的范围(如 1km 左右)。在局域网发展的初期,一个学校或工厂往往只拥有一个局域网,但现在局域网已被广泛使用,一个学校或企业大都拥有许多个局域网。因此,又出现了校园网或企业网的名词。

3) 城域网 MAN(Metropolitan Area Network)

城域网的作用范围在广域网和局域网之间,例如作用范围是一个城市,可跨越几个街区甚至整个城市。城域网可以为一个或几个单位所拥有,但也可以是一种公用设施,用来将多个局域网进行互联。城域网的传送速率比局域网更高,但作用距离约为 5~50km。从网络的层次上看,城域网是广域网和局域网(或校园网)之间的桥接区。城域网因为要和很多种的局域网(或校园网)连接,因此必须适应多种业务、多种网络协议以及多种数据传输速率,并要保证能够很方便地将各种局域网(或校园网)连接到广域网。城域网内部的结点之间或城域网之间也需要有高速链路相连接,并且城域网的范围也逐渐在扩大,因此,现在城域网在某些地方有点像范围较小的广域网。

2. 从网络的使用者进行分类

1) 公用网(public network)

这是指国家的电信公司(国有或私有)出资建造的大型网络。"公用"的意思就是所有愿意按电信公司的规定交纳费用的人都可以使用。因此公用网也可称为公众网。

2) 专用网(private network)

这是某个部门为本单位的特殊业务工作的需要而建造的网络。这种网络不向本单位以外的人提供服务。例如,军队、铁路、电力等系统均有本系统的专用网。

6.1.5 计算机网络的拓扑结构

计算机网络的通信线路在其布线上有不同的结构形式。在建立计算机网络时要根据准备联网计算机的物理位置、链路的流量和投入的资金等因素来考虑网络所采用的布线结构。一般用拓扑方法来研究计算机网络的布线结构。拓扑(topology)是拓扑学中研究由点、线组成几何图形的一种方法,用此方法可以把计算机网络看作是由一组结点和链路组成,这些结点和链路所组成的几何图形就是网络的拓扑结构。局域网常用的网络拓扑主要有总线型、环型、星型和树型,如图 6.2 所示。

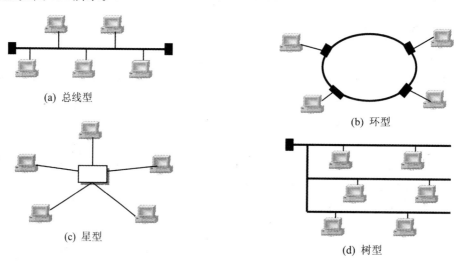

(a) 总线型

(b) 环型

(c) 星型

(d) 树型

图 6.2　网络拓扑结构

1. 总线型结构(BUS)

总线型拓扑结构网络采用分布式控制方式,各结点都挂在一条共享的总线上,采用广播方式进行通信(网上所有结点都可以接收同一信息),无需路由选择功能,如图 6.2(a)所示。总线型拓扑结构主要用于局域网,它的特点是安装简单,所需通信器材、线缆的成本低,扩展方便。

2. 环型结构(Ring)

环型拓扑为一封闭的环状,如图 6.2(b)所示。这种拓扑网络结构采用非集中控制方式,各结点之间无主从关系。环中的信息单方向地绕环传送,途经环中的所有结点并回到始发结点。仅当信息中所含的接收方地址与途经结点的地址相同时,该信息才被接收,否则不予理睬。环型拓扑的网络上任一结点发出的信息,其他结点都可以收到,因此它采用的传输信道也叫广播式信道。环型拓扑网络的优点在于结构比较简单、安装方便,传输率较高。但单环结构的可靠性较差,当某一结点出现故障时,会引起通信中断。环型结构是组建大型、高速局域网的主干网常采用的拓扑结构,如光纤主干环网。

3. 星型结构(Star)

星型拓扑结构的网络采用集中控制方式,每个结点都有一条唯一的链路和中心结点相连接,结点之间的通信都要经过中心结点并由其进行控制,如图 6.2(c)所示。星型拓扑的特点是结构形式和控制方法比较简单,便于管理和服务;线路总长度较长,中心节点需要网络设备(集线器或交换机),成本较高;每个连接只接一个节点,所以连接点发生故障,只影响一个节点,不会影响整个网络;但对中心节点的要求较高,当中心结点出现故障时会造成全网瘫痪。所以中心节点的可靠性和冗余度(可扩展端口)要求很高。星型结构是小型局域网常采用的一种拓扑结构。

4. 树型结构(Tree)

树型结构实际上是星型结构的发展和扩充,是一种倒树型的分级结构,具有根结点和各分支结点,如图 6.2(d)所示。现在一些局域网络利用集线器(HUB)或交换机(Switch)将网络配置成级联的树型拓扑结构。树型网络的特点是结构比较灵活,易于进行网络的扩展。与星型拓扑相似,当根结点出现故障时,会影响到全局。树型结构是中大型局域网常采用的一种拓扑结构。

6.1.6　计算机网络的主要性能指标

影响计算机网络性能的最主要指标就是时延与带宽。下面分别介绍这两个指标的含义。

1. 时延

时延(Delay)是指一个数据包从发送方开始发送到接受方完整接收所花费的时间。需要注意的是,时延是由以下几个不同的部分组成的:

(1) 发送时延,发送时延是结点在发送数据时使数据包从结点进入到传输媒体所需要的时间,也就是从数据包的第一个比特开始发送算起,到最后一个比特发送完毕所需的时间。

(2) 传播时延,传播时延是电磁波在信道中需要传播一定的距离而花费的时间。实际上无论是电信号还是光信号,其传播速率都是等数量级的,所以传播时延只与传输媒体的长度有关。

(3) 处理时延,数据到达一个交换结点后,结点首先存储数据,然后对数据进行相应地处理(如寻找路径、差错检测等)并转发到传输媒体上,这个过程需要花费一定的时间。

图 6.3 画出了三种时延所产生的地方。数据经历的总时延就是以上三种时延之和:

$$总时延＝传播时延＋发送时延＋处理时延$$

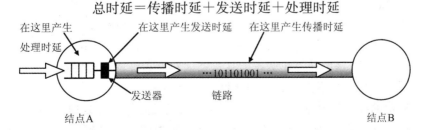

图 6.3　三种时延产生的地方不一样

很显然,两个网络结点之间的总时延越小,数据的传输速度就越快,网络的性能就越好。由于电磁波的传播速度很快,传播时延通常很小(卫星通信除外);而处理时延则比较复杂,与网络的繁忙程度、协议的复杂性以及网络结点的处理速度等有关,很难对其定量计算。所以在研究计算机网络的时延时,主要研究其发送时延。

2. 带宽

在计算机网络中,"带宽"(Bandwidth)就是指数据传输速率,其单位是 b/s 或者写成 bps (bit/s),即每秒钟可以传输的二进制位的个数,更常用的带宽单位是千比特每秒 kb/s、兆比特每秒 Mb/s(10^6 b/s)、吉比特每秒 Gb/s(10^9 b/s)或太特比每秒 Tb/s(10^{12} b/s)。现在人们常用更简单但很不严格的记法来描述网络或链路的带宽,如"线路的带宽是 10M 或 10G",而省略了后面的 b/s,它的意思就表示数据传输速率(即带宽)为 10Mb/s 或 10Gb/s。

需要注意的是:数据传输速率容易被理解为数据传播速率,而实际上带宽是指数据的发送速率,即网络结点将二进制注入到网络的速度,仅仅与发送时延有关,而与传播时延无关。网络带宽越大,网络的性能越好。

6.1.7 计算机网络协议

人与人之间的交互要通过人类语言,人与计算机之间的交互要通过计算机语言,同样,计算机网络的本质是计算机与计算机之间的交互,也需要双方能够理解的语言,而计算机网络协议就是用于定义这种语言的。

1. 网络协议

在计算机网络中要做到有条不紊地交换数据,就必须遵守一些事先约定好的规则。这些规则明确规定了所交换的数据的格式以及有关的同步问题。这些为进行网络中的数据交换而建立的规则、标准或约定即称为网络协议(network protocol)。网络协议也可简称为协议。更进一步讲,网络协议主要由以下三个要素组成:

(1) 语法,即数据与控制信息的结构或格式;

(2) 语义,即需要发出何种控制信息,完成何种动作以及做出何种响应;

(3) 同步,即事件实现顺序的详细说明。

协议通常有两种不同的形式。一种是使用便于人来阅读和理解的文字描述。另一种是使用让计算机能够理解的程序代码。这两种不同形式的协议都必须能够对网络上交换的信息做出精确的解释。

2. 网络体系结构简介

计算机网络是个非常复杂的系统。为了说明这一点,可以设想一个最简单的情况:连接在网络上的两台计算机要互相传送文件,显然,在这两台计算机之间必须有一条传送数据的通路,但这还远远不够,至少还有以下几件工作需要去完成:

(1) 发起通信的计算机必须将数据通信的通路进行激活(activate)。所谓"激活"就是要发出一些信令,保证要传送的计算机数据能在这条通路上正确发送和接收。

(2) 要告诉网络如何识别接收数据的计算机。

(3) 发起通信的计算机必须查明对方计算机是否已准备好接收数据。

(4) 发起通信的计算机必须弄清楚,在对方计算机中的文件管理程序是否已做好文件接收和存储文件的准备工作。

（5）若计算机的文件格式不兼容，则至少其中的一台计算机应完成格式转换功能。

（6）对出现的各种差错和意外事故，如数据传送错误、重复或丢失，网络中某个结点交换机出故障等，应当有可靠的措施保证对方计算机最终能够收到正确的文件。

由此可见，相互通信的两个计算机系统必须高度协调工作才行，而这种"协调"是相当复杂的。

正是由于这种复杂性，以及出于系统维护方面的考虑，研究和实现计算机网络时将其分成若干个层次，每层的功能相对独立，通信双方的对等层之间必须遵循相同的协议。这种层次的划分以及各层的协议的集合叫做计算机网络体系结构，目前最受关注的体系结构有两个：OSI 和 TCP/IP。

| 应用层 |
| 表示层 |
| 会话层 |
| 运输层 |
| 网络层 |
| 数据链路层 |
| 物理层 |

(a) OSI体系结构

| 应用层 |
| 运输层 |
| 网络层 |
| 网络接口层 |

(b) TCP/IP体系结构

图 6.4　OSI 与 TCP/IP 体系结构

OSI 是一个七层的体系结构，既复杂又不实用，但其概念清楚，体系结构理论较完整。TCP/IP 是一个四层的体系结构，该协议现在得到了广泛的应用。OSI 和 TCP/IP 具体层次分别如图 6.4(a) 和 6.4(b) 所示。

3. TCP/IP 简介

TCP/IP(Transmission Control Protocol/Internet Protocol，传输控制协议/网际协议)是目前最完整、最被普遍接受的 Internet 通信协议标准。70 年代末期各大计算机厂商(如 Xerox、DEC、IBM 等)为了实现异种机互联而研究制定了 TCP/IP 通信协议。20 世纪 80 年代越来越多的厂家和用户选择了 TCP/IP 作为异种机互联的工业标准。虽然当时它不符合国际标准 ISO/OSI，但它已经成为事实上的国际标准和工业标准，并成为支持 Internet 和 Intranet (企业内部网)的协议标准。

TCP/IP 协议实际上是一个协议簇，由一组协议构成，其中最核心的协议是 TCP 和 IP。IP 协议工作在网络层，主要负责目标主机的寻址以及路由(路径)选择和网络上数据的存储转发。传输层的协议有两个：TCP 和 UDP(User Datagram Protocol，用户数据报协议)，它们分别为不同的应用需求服务，TCP 提供面向连接的可靠服务，负责数据的流量控制，并保证传输的正确性，如自动纠正分组丢失、损坏、重复、延迟和乱序等差错；而 UDP 则提供无连接的不可靠的但更为高效的服务。

Internet 的应用层协议很多，并且在不断的发展更新，目前主要的应用协议有：

（1）Http(Hyper Text Transfer Protocol，超文本传输协议)：是 WEB 浏览器和 WEB 服务器之间的传输协议，主要用于传输 HTML 文件，即网页。

（2）FTP(File Transfer Protocol，文件传输协议)：提供在 Internet 上两台主机之间的文件传送，既可以将 FTP 服务器上的文件下载到用户主机，也可以将用户主机上的文件上传到 FTP 服务器上。

（3）SMTP(Simple Mail Transfer Protocol，简单邮件传输协议)：为电子邮件在 Internet 上传输提供服务，将客户端的电子邮件传输到电子邮件服务器上。

（4）DNS(Domain Name System，域名系统)：这个协议完成从域名到 IP 地址的解析，详见 6.2.3 节。

4. 局域网协议

局域网的研究始于 20 世纪 70 年代,到了 90 年代,LAN 已经渗透到各行各业,在速度、带宽等指标方面有了很大进展。目前最主流的局域网协议是 IEEE 802 系列(IEEE:电子及电气工程师协会),而其中应用最为广泛的是 IEEE 802.3,即通常所说的以太网(Ethernet),Ethernet 产品从最初的传输率为 10Mbps 发展到 100Mbps 的高速以太网和 1000Mbps 的千兆以太网,以及现在正推出的万兆(10Gbps)以太网,在 LAN 的访问、服务、管理、安全和保密等方面都有了进一步的改善。

6.1.8　网络传输媒体

传输媒体也称为传输介质或传输媒介,包括有线传输媒体和无线传输媒体,无线传输媒体主要有蓝牙、红外、微波、卫星通信等,有线传输媒体主要有同轴电缆、双绞线和光纤,本节将介绍有线传输媒体。

1. 双绞线

双绞线也称为双扭线,它是最古老但又是最常用的传输媒体。把两根互相绝缘的铜导线并排放在一起,然后用规则的方法绞合(twist)起来就构成了双绞线。采用这种绞合起来的结构是为了减少对相邻的导线的电磁干扰。使用双绞线最多的地方就是到处都有的电话系统。

双绞线的通信距离一般为几到十几公里,距离太长时就要加放大器以便将衰减了的信号放大到合适的数值,或者加上中继器以便将失真了的数字信号进行整形。导线越粗,其通信距离就越远,但导线的价格也越高。为了提高双绞线的抗电磁干扰的能力,可以在双绞线的外面再加上一个用金属丝编织成的屏蔽层。这就是屏蔽双绞线,简称为 STP(Shielded Twisted Pair)。它的价格当然比无屏蔽双绞线 UTP(Ushielded Twisted Pair)要贵一些。目前,使用最为广泛的双绞线是 UTP。对传送数据来说,最常用的 UTP 是 3 类线(Category 3)和 5 类线(Category 5)。由于双绞线的价格便宜且性能也不错,因此使用十分广泛。

2. 同轴电缆

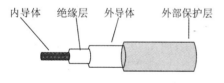

　　内导体　绝缘层　外导体　　外部保护层

图 6.5　同轴电缆的结构图

同轴电缆由内导体铜质芯线(单股实心线或多股绞合线)、绝缘层、网状编织的外导体屏蔽层(也可以是单股的)以及保护塑料外层所组成,如图 6.5 所示。由于外导体屏蔽层的作用,同轴电缆具有很好的抗干扰特性。

同轴电缆有两种:基带同轴电缆和宽带同轴电缆;前者用于计算机网络,可以以 10Mbps 的速度传输数字信号;后者则用于有线电视系统,用于传输模拟信号。

3. 光缆

光纤通常由非常透明的石英玻璃拉成细丝,主要由纤芯和包层构成双层通信圆柱体,如图 6.6 所示。纤芯用来传导光波。由于光纤非常细,连包层一起,其直径也不到 0.2mm。因此必须将光纤做成很结实的光缆。一根光缆至少有一根光纤,多则可包括数十至数百根光纤,再加上加强芯和填充物就可以大大提高其机械强度。必要时还可放入

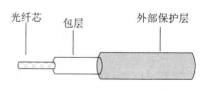

　光纤芯　包层　　外部保护层

图 6.6　光纤的结构

远供电源线。最后加上包带层和外护套,就可以使抗拉强度达到几公斤,完全可以满足工程施工的强度要求。

光纤是光纤通信的传输媒体。在发送端有光源,可以采用发光二极管或半导体激光器,它们在电脉冲的作用下能产生出光脉冲。在接收端利用光电二极管做成光检测器,在检测到光脉冲时可还原出电脉冲,如图 6.7 所示。

图 6.7　利用光纤作为传输媒体

光纤不仅具有通信容量非常大的优点,而且还具有其他的一些特点:

(1) 传输损耗小,中继距离长,对远距离传输特别经济;

(2) 抗雷电和电磁干扰性能好。这在有大电流脉冲干扰的环境下尤为重要;

(3) 无串音干扰,保密性好,也不易被窃听或截取数据;

(4) 体积小,重量轻。

在有线传输媒体中,还有一种是架空明线,但通信质量差,受气候环境等影响较大。另外,利用微波等无线媒体作为传输介质也得到越来越广泛的应用。

6.2　Internet 及其使用

Internet(国际互联网,或互联网、互连网,我国科技词语审定委员会推荐为"因特网")是建立在各种计算机网络之上的、最为成功和覆盖面最大、信息资源最丰富的当今世界上最大的国际性计算机网络,Internet 被认为是未来全球信息高速公路的雏形。本节详细介绍 Internet 上的标识系统:IP 地址和域名,并分析比较 Internet 的接入方式。

6.2.1　Internet 基本知识

进入 20 世纪 90 年代以后,以因特网(Internet)为代表的计算机网络得到了飞速的发展,已从最初的教育科研网络逐步发展成为商业网络,并已成为仅次于全球电话网的世界第二大网络。不少人认为现在已经是因特网的时代,这是因为因特网正在改变着我们工作和生活的各个方面,它已经给很多国家(尤其是因特网的发源地美国)带来了巨大的好处,并加速了全球信息革命的进程。可以毫不夸大地说,因特网是自印刷术以来人类通信方面最大的变革。在短短的二十几年的发展过程中,特别是最近几年的飞跃发展中,Internet 正逐渐改变着人们的生活,并将远远超过电话、电报、汽车、电视……对人类生活的影响,现在人们的生活、工作、学习和交往都已离不开因特网。

1. Internet 的发展

Internet 的诞生在某种意义上说是美苏冷战的产物,在 20 世纪 60 年代末 70 年代初,由国防部高级技术研究局资助并主持研制,建立了用于支持军事研究的计算机实验网络 ARPA-NET,这个阿帕网就是今天的 Internet 最早的雏形。

80 年代中期,美国国家科学基金会(NSF)为鼓励大学与研究机构共享他们非常昂贵的四台计算机主机,希望通过计算机网络将各大学和研究机构的计算机连接起来,并出资建立了名为 NSFnet 的广域网。使得许多大学、研究机构将自己的局域网联上 NSFnet 中,1986～1991年并入的计算机子网从 100 个增加到 3 000 多个,第一次加速了 Internet 的发展。

Internet 的第二次飞跃应归功于 Internet 的商业化。以前都是大学和科研机构使用,1991 年以后商业机构一踏入 Internet,很快就发现了它在通讯、资料检索、客户服务等方面的巨大潜力,其势一发不可收。世界各地无数的企业及个人纷纷加入 Internet,从而使 Internet 的发展产生了一个新的飞跃,成为全世界最大的计算机网络。

我国最早着手建设专用计算机广域网的是铁道部。铁道部在 1980 年即开始进行计算机联网实验。1989 年 11 月我国第一个公用分组交换网 CNPAC 建成运行。1993 年 9 月建成新的中国公用分组交换网,并改称为 CHINAPAC,由国家主干网和各省、区、市的省内网组成。在北京、上海设有国际出入口。

1994 年 4 月 20 日我国用 64kb/s 专线正式连入因特网。从此,我国被国际上正式承认为接入因特网的国家。同年 5 月中国科学院高能物理研究所设立了我国的第一个万维网服务器。在 9 月中国公用计算机互联网 CHINANET 正式启动。到目前为止,我国陆续建造了基于因特网技术的并可以和因特网互联的 10 个全国范围的公用计算机网络。这就是:

（1）中国公用计算机互联网(CHINANET)；

（2）中国科技网(CSTNET)；

（3）中国教育和科研计算机网(CERNET)；

（4）中国金桥信息网(CHINAGBN)(已并入网通)；

（5）中国联通互联网(UNINET)；

（6）中国网通公用互联网(CNCNET)；

（7）中国移动互联网(CMNET)；

（8）中国国际经济贸易互联网(CIETNET)；

（9）中国长城互联网(CGWNET)；

（10）中国卫星集团互联网(CSNET)。

目前我国的互联网发展非常迅速,2008 年 1 月 17 日,中国互联网络信息中心(CNNIC)在京发布《第 21 次中国互联网络发展状况统计报告》。数据显示,截止 2007 年 12 月 31 日,我国网民总人数达到 2.1 亿人,家庭上网计算机数达到 7 800 万台,网络国际出口带宽为368 927Mbps,网站数达到 150 万个,域名总数达到 1 193 万个。目前中国网民仅以 500 万人之差次于美国,居世界第二。CNNIC 预计在 2008 年初中国将成为全球网民规模最大的国家。

2. Internet 的管理机构

Internet 不属于任何组织、团体或个人,它属于互联网上的所有人。为了维持 Internet 的正常运行和满足互联网快速增长的需要,必须有人管理。由于 Internet 最早从美国兴起,美国专门成立了一个互联网的管理机构,管理经费主要由美国国家科学基金会等单位提供。管理分为技术管理和运行管理两大部分。Internet 的技术管理由 Internet 活动委员会(IAB)负责,下设两个委员会,即研究委员会(IETF)和工程委员会(IEIF)。委员会下设若干研究组,对 Internet 存在的技术问题及未来将会遇到的问题进行研究。Internet 的运行管理又可分为两部分:网络信息中心(NIC)和网络操作中心(NOC)。网络信息中心负责 IP 地址的分配、域名注册、技术咨询、技术资料的维护与提供等。网络操作中心负责监控网络的运行情况,网络通信量的收集与统计等。我国的互联网络信息中心(CNNIC)负责管理在顶级域名 CN 下国内互联网的 IP 地址分配、域名注册、技术咨询、监控网络的运行情况、网络通信量的收集与统计等。

3. Internet 上常用服务

1）远程登录服务(Telnet)

远程登录(Remote-login)是 Internet 提供的最基本的信息服务之一，远程登录是在网络通信协议 Telnet 的支持下使本地计算机暂时成为远程计算机仿真终端的过程。在远程计算机上登录，必须事先成为该计算机系统的合法用户并拥有相应的账号和口令。登录时要给出远程计算机的域名或 IP 地址，并按照系统提示，输入用户名及口令。登录成功后，用户便可以实时使用该系统对外开放的功能和资源，例如：共享它的软硬件资源和数据库，使用其提供的 Internet 的信息服务。

2）文件传输服务(FTP)

文件传输是指计算机网络上主机之间传送文件，它是在网络通信协议 FTP(File Transfer Protocol)的支持下进行的。用户一般不希望在远程联机情况下浏览存放在计算机上的文件，更乐意先将这些文件取回到自己的计算机中，这样不但能节省时间和费用，还可以从容地阅读和处理这些取来的文件。Internet 提供的文件服务 FTP 正好能满足用户的这一需求。Internet 上的两台计算机在地理位置上无论相距多远，只要两者都支持 FTP 协议，网上的用户就能将一台计算机上的文件传送到另一台。

FTP 与 Telnet 类似，也是一种实时的联机服务。使用 FTP 服务，用户首先要登录到对方的计算机上，与远程登录不同的是，用户只能进行与文件搜索和文件传送等有关的操作。使用 FTP 可以传送任何类型的文件，如文本文件、二进制文件、图像文件、声音文件、数据压缩文件等。

3）电子邮件服务(E-mail)

电子邮件(Electronic Mail)亦称 E-mail。它是用户之间通过计算机网络收发信息的服务。目前电子邮件已成为网络用户之间快速、简便、可靠且成本低廉的现代通信手段，也是 Internet 上使用最广泛、最受欢迎的服务之一。

电子邮件使网络用户能够发送或接收文字、图像和语音等多种形式的信息。目前互联网上 60%～70%以上的活动都与电子邮件有关。使用电子邮件服务的前提：拥有自己的电子信箱，一般又称为电子邮件地址(E-mail Address)。电子信箱是提供电子邮件服务的机构为用户建立的，实际上是该机构在与 Internet 联网的计算机上为用户分配的一个专门用于存放往来邮件的磁盘存储区域，这个区域是由电子邮件系统管理的。电子邮件占了互联网上 60%～70%的应用。

4）网络新闻服务(USEnet)

网络新闻(Network News)通常又称作 USEnet。它是具有共同爱好的 Internet 用户相互交换意见的一种无形的用户交流网络，相当于一个全球范围的电子公告牌系统。

网络新闻是按专题分类的，每一类为一个分组。目前有八个大的专题组：计算机科学、网络新闻、娱乐、科技、社会科学、专题辩论、杂类及候补组。而每一个专题组又分为若干子专题，子专题下还可以有更小的子专题。到目前为止已有 15 000 多个新闻组，每天发表的文章已超过几百兆字节。故很多站点由于存储空间和信息流量的限制，对新闻组不得不限制接收。一个用户所能读到的新闻的专题种类取决于用户访问的新闻服务器。每个新闻服务器在收集和发布网络消息时都是"各自为政"的。

5）名址服务（Finger、Whois、X.500、Netfind）

又称名录服务，是 Internet 网上根据用户的某些信息反查找到另一些信息的一种公共查询服务。

常见的 Internet 名址服务有：Finger、Whois、X.500、NetFind 等。

6）文档查询索引服务（Archie、WAIS）

（1）Archie。Archie 文档搜索系统是 Internet 上用来查找其标题满足特定条件的所有文档的自动搜索服务的工具（即检索匿名 FTP 资源的工具）。为了从匿名 FTP 服务器上下载一个文件，必须知道这个文件的所在地，即必须知道这个匿名 FTP 服务器的地址及文件所在的目录名。Archie 就是帮助用户在遍及全世界的 FTP 服务器中寻找文件的工具。

（2）WAIS（Wide Area Information Service）。WAIS 称为广域信息服务，是一种数据库索引查询服务。Archie 所处理的是文件名，不涉及文件的内容；而 WAIS 则是通过文件内容（而不是文件名）进行查询。因此，如果打算寻找包含在某个或某些文件中的信息，WAIS 便是一个较好的选择。用户可通过给定索引关键词查询到所需的文本信息，如文章或图书等。

7）信息浏览服务（Gopher、WWW）

（1）Gopher 服务。Gopher 是基于菜单驱动的 Internet 信息查询工具。Gopher 的菜单项可以是一个文件或一个目录，分别标以相应的标记。是目录则可以继续跟踪进入下一级菜单；是文件则可以用多种方式获取，如邮寄、存储、打印等。在一级一级的菜单指引下，用户通过选取自己感兴趣的信息资源，对 Internet 上远程联机信息进行实时访问，这对于不熟悉网络资源、网络地址和网络查询命令的用户是十分方便的。Gopher 内部集成了 Telnet、FTP 等工具，可以直接取出文件，而无需知道文件所在及文件获取工具等细节，Gopher 是一个深受用户欢迎的 Internet 信息查询。

（2）WWW（World Wide Web）。WWW（万维网）提供一种友好的信息浏览方式，用于检索和查看互联网上的信息。它是目前 Internet 上使用最多的方式。它基于超文本传输协议 HTTP（HyperText Transport Protocol），采用标准的 HTML（HyperText Markup Language）超文本标记语言编写网页，以 URL（Uniform Resource Locator）统一资源定位符作为统一的定位格式。最早的 WWW 浏览器是 Mosaic，其后是曾经风靡全球的美国网景公司的导航者浏览器（Netscape Navigator），再后是美国微软公司与 Windows 95/98 捆绑免费销售的探险者浏览器（Internet Explorer，简称 IE）。

6.2.2　IP 地址与子网掩码

1. IP 地址

1）IP 地址概念

就像电话网络中的每一台电话都需要一个唯一的电话号码一样，Internet 上的每一台主机都必须有一个唯一的身份的标识，这个身份的标识叫做 IP 地址，它是 Internet 上区分主机的唯一途径。

2）IP 地址编址方案

Internet 的管理机构考虑到整个 Internet 是由若干个网络构成的，而加入到 Internet 上的每一个网络都有自己的管理机构，因此，采用了层次性的地址编址方案，即 IP 地址由网络号和主机号构成,Internet 的管理机构将每一个网络号分配给相应网络的管理者,并且保证全球的每个网络的网络号都是唯一的;而一旦某个网络的管理者拥有了一个网络号,那么他就有权在这个网络内分配主机号,当然,他同样要保证这个网络的所有主机号都是唯一的。这种编址机制类似于我国的电话号码,国家电信管理部门给每个地市分配一个唯一的区号,而每个地市在分配本地的电话号码时不需要考虑其他地市号码是怎么分配的,只要保证本地的唯一性就足够了。

IP 地址采用了一种全局通用的地址格式,由网络标识和主机标识两部分组成。

- 网络标识(NetID):也称网络号或网络地址,是全球唯一的。
- 主机标识(HostID):也称主机号或主机地址,在某一特定的网络中必须是唯一的。

IP 地址的结构使得可以在 Internet 上很方便地进行寻址,这就是:先按 IP 地址中的网络号 NetID 把网络找到,再按主机号 HostID 把主机找到。所以 IP 地址并不只是一个计算机的标识,而是指出了连接到某个网络上的某台计算机,一台计算机也可以有多个 IP 地址。

目前使用的 IP 协议第四版(IPv4)中,IP 地址采用 4 个字节 32 位二进制数编码表示。为书写方便起见,常将每个字节作为一段并以十进制数来描述,每段间用“.”分隔,称为“点分十进制表示”(便于阅读和理解)。例如:

10100110 01101111 00011001 00101001 可以表示为:166.111.25.41。

3) IP 地址分类

Internet 认为网络的大小不应该完全一样。在这种前提下,定义了五种地址种类来区分网络大小。这五类是 A,B,C,D,E 类,常用的是前三类。所以 IP 地址的格式为:

IP 地址::=网络类型标识+NetID+HostID

(1) A 类地址。A 类地址的格式为:

0 1 2	8	16	24	31
0	Net ID	Host ID		

A 类地址的特征如下:

① 地址最高位网络类型标识为 0。

② 网络标号(NetID)为 7 位,最多标识 $2^7=128$(0-127)个网络。实用 126 个,全 0 和全 1(即 0 和 127)保留。

③ 主机标号(HostID)为 24 位,可标识主机 $2^{24}=16\,777\,214$ 台(1 600 多万台)。实用 $16\,777\,214-2=16\,777\,212$ 台,全 0 和全 1 保留。

A 类地址由于容纳主机众多,用于超大型网络,早已分配完。

(2) B 类地址。B 类地址的格式为:

0 1 2	8	16	24	31
1 0	NetID		HostID	

B 类地址的特征如下:

① 地址最高位网络类型标识为 10。

② 网络标号(NetID)为 14 位,最多标识 2^{14}(16 384)个网络。

③ 主机标号(HostID)为 16 位,可标识主机 $2^{16}=65\,536$ 台。实用 65 534 台,全 0 和全 1

保留。

B 类地址用于中、大型网络。目前地址已剩不多,几乎用尽。

(3) C 类地址。C 类地址的格式为:

0	1	2	8	16	24	31
1	1	0	NetID		HostID	

C 类地址的特征如下:

① 地址最高位网络类型标识为 110。

② 网络标号(NetID)为 21 位,最多标识 2^{21}(2 097 152)个网络。

③ 主机标号(HostID)为 8 位,可标识主机 2^8=256 台。实用 254 台,全 0 和全 1 保留。

C 类地址一般用于小型局域网络。目前剩余地址也已为数不多。D 类地址用于多重广播组。E 类地址是一个通常不用的实验性地址,它保留为以后使用。

2. 子网的划分

1) 划分子网的原因

IP 地址的设计不尽合理。IP 地址中的 A 至 C 类地址,可供分配的网络号码超过 211 万个,而这些网络上的主机号码的总数则超过 37.2 亿个。当初设计 IP 地址时认为这么多 IP 地址应该足够全世界使用,其实不然。第一,当初没有预计到微型计算机会普及得如此之快。各种局域网和广域网上的主机数目急剧增长。第二,IP 地址在使用时有很大的浪费。例如 A 类地址的主机标识为 24 位,B 类地址的主机标识为 16 位,可以容纳大量的主机。但实际上一个网络不可能连接如此之多的主机,这将给网络寻址和管理带来不便。所以有很多 IP 地址未使用,而其他机构的主机又无法使用这些号码,因而白白地浪费掉了。

为解决这个问题,可以在网络中引入“子网”的概念。从 1985 年起,为了使 IP 地址的使用更加灵活,在 IP 地址中又增加了一个“子网号字段”。划分子网的目的之一是使 IP 地址得到充分使用。应该注意的是,TCP/IP 体系中的“子网”(Subnet)概念是某一机构的网络内部的一个更小些的网络,和前面讲的通信子网和资源子网的概念是不同的。

2) 划分子网的思想

在 Internet 中,一个组织或机构申请到的是网络号 NetID,而后面的主机号 HostID 则是由本单位控制和分配的。为了使单位内部的主机更便于管理,可以将本单位所属主机划分为若干个子网,用 IP 地址中的主机号字段(HostID)中的前若干个比特作为“子网号字段(SubnetID)”,后面剩下的仍为主机号码字段。划分子网后的主机 IP 地址格式为:

IP 地址∷=网络类型标识+NetID+SubnetID+HostID

这样做就可以在本单位的各子网之间使用路由器来互连,因而便于管理。需要注意的是,子网的划分纯属本单位内部的事,在本单位以外看不见这样的划分。从外部看,这个单位仍只有一个网络号码(NetID)。所以,子网是一个逻辑概念,子网中的各主机的 NetID 是相同的。

3) 划分子网的工具——子网掩码

子网掩码(subnet mask)的本质就是用于划分子网号与主机号的分界。

图 6.8(a)和图 6.8(b)分别说明两级和三级 IP 地址的结构。图 6.8 (c)说明子网掩码和 IP 地址都是 32bit 长,由一串 1 和跟随的一串 0 组成。子网掩码中的 1 对应于 IP 地址中的网络号和子网号,而子网掩码中的 0 对应于 IP 地址中的主机号。

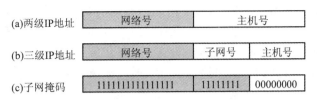

图 6.8 IP 地址的各字段和子网掩码

在划分子网的情况下,网络地址(即子网地址)就是将主机号 HostID 置为 0 的 IP 地址。

使用子网掩码的好处就是:不管网络有没有划分子网,不管网络号字段 NetID 的长度是 1 字节、2 字节或 3 字节,只要将子网掩码和 IP 地址进行逐比特的"与"运算(AND),就立即得出网络地址来。这样在路由器处理到来的分组时就可采用同样的算法。

A 类地址的默认子网掩码是 255.0.0.0,或 0xFF000000。

B 类地址的默认子网掩码是 255.255.0.0,或 0xFFFF0000。

C 类地址的默认子网掩码是 255.255.255.0,或 0xFFFFFF00。

3. 端口

IP 地址是用于标识 Internet 上的主机的,但两台主机之间允许若干个应用程序相互通信,例如:在通过浏览器访问 WWW 站点的同时,还可以进行网络聊天、FTP 下载等,那这两台主机又是如何区分不同的应用程序呢? 这就需要有一种方法用于标识主机中的不同的应用进程。端口就是用于这个目的的。

端口用一个 16bit 的端口号来标识,其值在 0 到 65 535 之间。端口号只具有本地意义,即端口号是为了区分本计算机应用层中的各个应用进程。

端口号分为两类。一类是由因特网指派名字和号码公司 ICANN 负责分配给一些常用的服务器应用进程固定使用的熟知端口(well-knownport),其数值一般为 0—1023,例如:

表 6.1 常用的熟知端口

应用程序	FTP	TELNET	SMTP	DNS	TFTP	HTTP
熟知端口	21	23	25	53	69	80

"熟知"就表示这些端口号是 TCP/IP 体系确定并公布的,因而是所有用户进程都知道的,也就是说,如果用户在访问某个服务器进程时没有指定端口,那么相应的客户进程就通过熟知端口号来访问。例如通过 WEB 浏览器访问 WEB 服务器时,通常不需要指定服务器端口号,这就是因为浏览器能自动通过 80 号端口来访问。不过,这并不意味着服务器必须使用相应的熟知端口,服务器的管理者实际上可以分配任何一个合法的端口给相应的服务器进程,只是如果这样做,客户就必须指定该服务进程所使用的端口号才能访问相应的服务。另一类则是临时端口,用来随时分配给请求通信的客户进程。

为了在通信时不致发生混乱,就必须把端口号和主机的 IP 地址结合在一起使用。

6.2.3 Internet 的域名系统

1. 因特网的域名结构

虽然 IP 地址可以区别 Internet 中的每一台主机,但这种纯数字的地址实在不好记忆,也使人们难以一目了然地认识和区别互联网上的千千万万个主机。为了解决这个问题,人们给主机设计一个有意义的名字。因特网采用了层次树状结构的命名方法,就像全球邮政系统和电话系统那样。采用这种命名方法,任何一个连接在因特网上的主机或路由器,都可以有一个唯一的层次结构的名字,即域名(domainname)。这里,"域"(domain)是名字空间中一个可被管理的划分。域还可以继续划分为子域,如二级域、三级域等等。

域名的结构由若干个分量组成,各分量之间用点隔开:

……. 三级域名. 二级域名. 顶级域名

各分量分别代表不同级别的域名。每一级的域名都由英文字母和数字组成(不超过 63 个字符,并且不区分大小写字母),级别最低的域名写在最左边,而级别最高的顶级域名则写在最右边。完整的域名不超过 255 个字符。域名系统既不规定一个域名需要包含多少个下级域名,也不规定每一级的域名代表什么意思。各级域名由其上一级的域名管理机构管理,而最高的顶级域名则由因特网的有关机构管理。用这种方法可使每一个名字都是唯一的,并且也容易设计出一种查找域名的机制。需要注意的是,域名只是个逻辑概念,并不代表计算机所在的物理地点。

现在顶级域名 TLD(Top Level Domain)有三大类:

(1)国家顶级域名:采用 ISO3166 的规定。如:. CN 表示中国,. US 表示美国,. UK 表示英国,等等。现在使用的国家顶级域名约有 200 个左右。

(2)国际顶级域名:采用. int。国际性的组织可在. int 下注册。

(3)通用顶级域名:根据[RFC1591]规定,最早的顶级域名共 6 个,即:. com 表示公司企业,. net 表示网络服务机构,. org 表示非赢利性组织,. edu 表示教育机构(美国专用),. gov 表示政府部门(美国专用),. mil 表示军事部门(美国专用)。

由于因特网上用户的急剧增加,从 2000 年 11 月起,ICANN 又新增加了七个通用顶级域名,即:. aero 用于航空运输企业,. biz 用于公司和企业,. coop 用于合作团体,. info 适用于各种情况,. museum 用于博物馆,. name 用于个人,. pro 用于会计、律师和医师等自由职业者。

在国家顶级域名下注册的二级域名均由该国家自行确定。我国将二级域名划分为"类别域名"和"行政区域名"两大类。其中"类别域名"6 个,分别为:. ac 表示科研机构;. com 表示工、商、金融等企业;. edu 表示教育机构;. gov 表示政府部门;. net 表示互联网络、接入网络的信息中心(NIC)和运行中心(NOC);. org 表示各种非盈利性的组织。"行政区域名"34 个,适用于我国的各省、自治区、直辖市。例如. bj 为北京市;. sh 为上海市;. ah 为安徽省;等等。在我国,在二级域名. edu 下申请注册三级域名则由中国教育和科研计算机网网络中心负责。在二级域名. edu 之外的其他二级域名下申请注册三级域名的,则应向中国互联网网络信息中心 CNNIC 申请。关于我国的互联网络发展情况以及各种规定,均可在 CNNIC 的网址(http://www. cnnic. cn)上找到。需要说明的是:目前. CN 下的二级域名的注册已经开放,用户既可以到. CN 下的二级域名下注册一个三级域名,也可以直接到. CN 下注册一个二级域名。

图 6.9 是因特网名字空间的结构,它实际上是一个倒过来的树,树根在最上面而没有名字。树根下面一级的结点就是最高一级的顶级域结点。在顶级域结点下面的是二级域结点。最下面的叶结点就是单台计算机,域名树的树叶就是单台计算机的名字,它不能再继续往下划分子域了。

应当注意,虽然中央电视台和华南财经大学都各有一台计算机取名为 mail,但它们的域名并不一样,因为前者是 mail. cctv. com,而后者是 mail. scufe. edu. cn。因此,即使在世界上

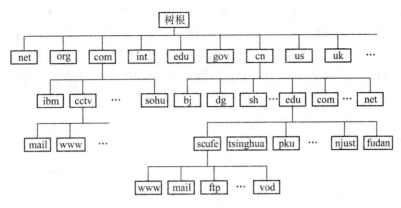

图 6.9　Internet 的域名结构

还有很多单位的计算机取名为 mail,但是它们在因特网中的域名却都是唯一的。

2. 域名解析

尽管给因特网上的计算机命名便于人们记忆和识别,但这一人为的名字计算机网络是不认识的,因为在 TCP/IP 网络上,识别主机是要靠 IP 地址来实现,这就需要一种机制将字符串式的地址翻译成对应的 IP 地址,这一给计算机命名的方法以及名字到 IP 地址翻译系统构成域名系统 DNS(Domain Name System,简称 DNS)。

因特网的域名系统 DNS 被设计成为一个联机分布式数据库系统,并采用客户服务器方式。名字到 IP 地址的解析是由若干个域名服务器程序完成的,每一个域名服务器不但能够进行一些域名到 IP 地址的解析,而且还必须具有连向其他域名服务器的信息。当自己不能进行域名到 IP 地址的转换时,就应该知道到什么地方去找别的域名服务器。

域名的解析过程如下:当某一个应用进程需要将主机名解析为 IP 地址时,该应用进程就成为域名系统 DNS 的一个客户,并将待解析的域名发给本地域名服务器。本地的域名服务器在查找域名后,将对应的 IP 地址返回给相应的 DNS 客户,应用进程获得目的主机的 IP 地址后即可进行通信。若本地域名服务器不能回答该请求,则此域名服务器就暂时成为 DNS 中的另一个客户,并向其他域名服务器(一般都是其上级域名服务器)发出查询请求。这种过程直至找到能够回答该请求的域名服务器为止。

6.2.4　统一资源定位符 URL

在 Internet 上有很多资源,包括文件夹、文件等与因特网相连的任何形式的数据。这些资源存储于 Internet 的不同位置,描述这些资源位置的具有统一格式的符号就是统一资源定位符 URL(Uniform Resourse Locator)。统一资源定位符 URL 是对可以从因特网上得到的资源的位置和访问方法的一种简洁表示。URL 给资源的位置提供一种抽象的识别方法,并用这种方法给资源定位。只要能够对资源定位,系统就可以对资源进行各种操作,如存取、更新、替换和查找其属性。

URL 相当于一个文件名在网络范围的扩展。由于对不同对象的访问方式不同(如通过 WWW,FTP 等),所以 URL 还指出读取某个对象时所使用的访问方式。这样,URL 的一般形式如下:

<URL 的访问方式>://[用户名:口令@]<主机>:[端口][/路径]

在上式左边的<URL 访问方式>中,最常用的有三种,即 ftp（文件传送协议 FTP）,http（超文本传送协议 HTTP）和 news（USENET 新闻）。在"//"的右边部分,<主机>一项是必须的,可以是主机的 IP 地址或者域名;而<端口>如果是熟知端口时则可缺省、<路径>是默认路径时也可省略;对于某些要求用户验证的服务器,可以在主机名前标注用户名以及相应的口令。如:

ftp://down:down@ftp. xingong. net

ftp://192. 168. 9. 120/english

http://www. edu. cn

http://www. tsinghua. edu. cn/chn/yxsz/index. htm

此外,在 URL 中的字符对大写或小写没有要求。

6.2.5　Internet 接入技术

所谓网络接入技术是指计算机主机和局域网接入广域网技术,即用户终端与 ISP（Internet 服务提供商）的互连技术,也泛指"三网"融合后用户的多媒体业务的接入技术。而在网络向数字化、光纤化和宽带化演进的今天,网络接入技术已是异彩纷呈。当前应用及研究中的网络接入技术大致分为五类:一是调制解调器的改进技术;二是基于电信网用户线的数字用户线（DSL,Digital Subscriber Line）接入技术;三是基于有线电视 CATV 网传输设施的电缆调制解调器接入技术;四是基于光缆的宽带光纤接入技术;五是基于无线电传输手段的无线接入技术。

1. 通过 Modem 接入 Internet

传统的基于 Modem 的接入方式是最为普及的一种用户接入方式,这是因为 Modem 是通过电话网接入,而电话网是目前覆盖最为广泛的网络之一;另一方面这种方式费用较低,比较适合个人和业务量小的单位使用;用户所需的设备简单,只需要配备 PC 机一台、普通通信软件一个、Modem 一个和电话线一条,再到 ISP 申请一个账号就可以了。

用户需要在 PC 机上安装 Modem。Modem 即调制解调器,其主要功能是进行模拟信号和数字信号的转换,利用它可使传输模拟信号的电话线在计算机间传送数字信号。它能够将 PC机的数字信号转换为适合于电话网络传输的模拟信号（调制）,也能把在电话网络上接收的模拟信号转换为计算机能够识别的数字信号（解调）。目前常见的传输速率为 33. 6kbps 和56kbps。Modem 有内置和外置两种,外置式 Modem 为一独立的设备,可外接于 PC 机的串行端口上。Modem 的另外两个端口,一个接电话线,一个接电话机,打电话和计算机上网不能同时进行。内置式 Modem 是安装在 PC 机主板的扩展槽内。

2. 通过 ISDN 接入 Internet

ISDN（Integrated Service Digital Network）是综合业务数字网络的缩写,ISDN 提供端到端的数字连接,除了提供电话业务外,还支持在网络中传输传真、数据和图像等业务。中国在 1996 年向用户提供 ISDN 业务,支持接入 Internet,也称为"一线通",之所以这样叫,是与使用普通电话拨号连接比较,ISDN 可以同时打电话和上网,这里需要使用数字电话机。

与普通模拟电话线路相比,ISDN 使用与模拟电话相同的线路,但采用了数字传输技术,因此抗干扰能力强,传输信号的质量高。ISDN 与 Modem 的最大区别是,将原本以模拟方式传送的信号经过采样及信道划分,变为数字信号传输,突破了原来模拟信号带宽 56kbps 的物理限制,可以提高到约 2Mbps 数字信号带宽。

3. 通过 ADSL 接入 Internet

数字用户线(Digital Subscriber Line,DSL)技术,是美国贝尔实验室在 1989 年为视频点播 VOD 开发的,可以利用双绞线高速传输数据。现在已经有多种 DSL 技术应用,包括 HD-SL、ADSL、VDSL 和 SDSL 等。中国电信为用户提供 HDSL、ADSL 接入服务。

ADSL(Asymmetrical Digital Subscriber Line)是非对称式数字用户线路的缩写,采用先进的数字信号处理技术。ADSL 将上传频道(Upstream)、下载频道(Downstream)和语音传输 POTS(Plain Old Telephone System)的频段分开,在一条电话线上同时传输三种不同频道的数据。

根据用户访问 Internet 的特点,一般总是从网上下载的内容多,下载传输带宽最高可以达到 8Mbps,上传传输带宽为 64Kbps～1Mbps。上传与下载的带宽不对称,这也是 ADSL 名字的由来。ADSL 能够实现数字信号与模拟信号同时在电话线上传输,可以与现有的电话网络频段兼容,使用现有的电话线作为传输介质,如图 6.10 所示。

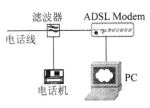

图 6.10　ADSL 的连接

ADSL 的不足之处在于其有效传输距离在 3km～5km 范围内,连接设备和使用费用比较高。

4. 通过 DDN 专线接入 Internet

DDN(Digital Data Network)是数字数据网络的缩写,DDN 是利用铜线、光纤、数字微波或卫星等数字传输通道,提供永久或半永久性连接电路,以传输数字信号为主的数字传输网络。DDN 由数字电路、DDN 节点、网络控制和用户环路组成。DDN 的特点是数据传输率高、通信速率可以根据需要在一定范围进行调整、延时小、路由可以自动迂回、可靠性和可用性高。DDN 支持一线多用,支持多种业务,可以通话、传真、传送数据、组建电视会议系统,并可以开放帧中继业务、提供多媒体服务、组建企业的虚拟专用网等。

对于大型企业和需要 24 小时连接 Internet 的环境,可以考虑采用 DDN 专线。需要通过路由器的设置与 DDN 网络连接,连接到 ISP,通过 ISP 接入 Internet。

局域网通过 DDN 专线接入 Internet 时,需要使用基带 Modem 和路由器,数据网可以是 DDN 网络或 X.25 网络。几乎所有的路由器设备都支持 DDN 线路的连接。

5. 通过电缆调制解调器接入 Internet

目前,我国的有线电视(CATV)用户居世界第一。有线电视是以模拟广播方式走进千家万户,其传输媒体主要为宽带同轴电缆。为提高传输距离和信号质量,各有线电视网逐渐用混合光纤同轴电缆(HFC,Hybrid Fiber/Coax)取代纯同轴电缆。HFC 网络将各种图像、资料和语音信号通过调制器调制,同时在同轴电缆上传输。HFC 网络的通频带为 750MHz,其中 5～42MHz 留给上行信号使用,称之为回送通路,或称上行信道,主要用来传送电视、非广播业务及电信业务信号;45～750MHz 留给下行信号使用,称之为正向信道(下行信道),主要用来传输有线电视信号,其中 45～582 MHz 频段主要用来传输模拟 CATV 信号,由于每一通路的带宽为 6～8MHz,因此可传 60～80 路电视节目;582～750MHz 主要用来传送附加的模拟 CATV 或数字 CATV 信号,特别是视频点播业务(VOD)。

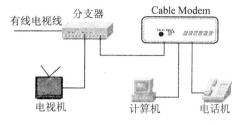

图 6.11　Cable Modem 的用户端连接

从上述的内容可见,有线电视网的传输带宽远远没有得到充分利用,有着巨大的潜力。

Cable Modem 的用户端连接如图 6.11 所示。

与电话 Modem 和 ISDN 比较,Cable Modem 的优势表现在以下三个方面。

(1) 无与伦比的速度。

(2) 无需拨号,不占用电话线。

(3) 支持宽带多媒体应用。

6. 无线接入

无线接入同任何其他接入方式相类似,首先必须有公共设施无线接入网。所谓无线接入网是指从业务接点接口到用户终端全部或部分采用无线方式,即利用卫星、微波等传输手段向用户提供各种业务。无线接入网对实现通信网的"五个 W"意义重大,即要保证任何人(Whoever)随时(Whenever)随地(Wherever)能同任何人(Whoever)实现任何方式(Whatever)的通信。

无线接入要求在接入的计算机上插入无线接入网卡,得到无线接入网 ISP 的服务,便可实现因特网的接入。

7. 通过电力线网络接入 Internet

可以在电力线上传输数据,电力部门很早就通过电力线传输电力生产数据,通过电力线接入 Internet。这样做的好处是用户只要把计算机连接到电源插座上,就可以方便地上网。通过电力线接入是美国电子工业学会确认的 3 种家庭接入 Internet 方式之一。

该种接入方式具有成本低、安装方便和一线多用等特点。但目前还处于实验阶段,面临的主要问题是供电线路连接复杂,信道之间的干扰大,信号的衰减大,可实线的传输距离受到限制,还要解决电磁兼容性、使用安全性等问题。

6.3　Windows 环境下网络的基本安装与配置

Windows 是目前应用最为广泛的操作系统,本节介绍 Windows XP 环境下,有关网络方面的基本配置以及设置与访问局域网资源的方法。

6.3.1　基于 Windows 网络的基本模型

基于 Windows 操作系统的网络可以分成两种模型:工作组模型(对等网)和域模型。

1. 工作组模型(对等网)

工作组模型是一种将资源、管理和安全性都分布在整个网络里的网络方案,工作组(网络)中的每一台计算机都可以既作为服务器又作为工作站,并拥有自己独立的账号、管理和安全性策略。每台计算机在网络中的角色是平等的,所以,凡是以工作组模型建立的基于 Windows 的网络称为对等网。

这种模型的优点是:容易共享分布式的资源;管理员维护工作少;实现简单。但也存在一些缺点:对工作站数量较多的网络不合适;无集中式的账号管理;无集中式的资源管理;无集中式的安全性。

2. 域模型

在 Windows NT Server、Windows 2000 Server 或者 Windows 2003 Server 中,安全性和集成化管理的基本单元是域。一个域是一组服务器组成的一个逻辑单元(这些服务器在物理位置上不一定离得很近),属于该域的任何用户都可以只通过一次登录(Login)而达到访问整个域中所有资源(如服务器应用程序、打印机、文件等)的目的(当然,是在有权限限制的情形下)。在一个域中,有一个一致的用户账号数据库,域控制器(Domain Controller)负责验证登录用户的合法性。

整个局域网范围内(可以是企业网、校园网)是由多个域组成而不只是在一个域内。组成一个域至少需要一台运行 Windows NT Server 的服务器,作为主域控制器(PDC),保存用户账户数据库的主拷贝。可选择地,一个域也能包括:另外一些运行 Windows NT Server 的服务器作为备份域控制器(BDC)、Windows NT 独立服务器以及 Windows NT Workstation 客户机和其他(如运行 MS-DOS、Windows 98/XP)客户机。

6.3.2　网卡及网卡安装

网卡也叫做网络适配器,其基本功能是提供网络中计算机主机与网络电缆系统之间的接口,实现主机系统总线信号与网络环境的匹配和通信连接,接收主机传来的各种控制命令,并且加以解释执行。对于主机而言,网卡是网络通信的主要部件,其性能的好坏直接影响到网络性能。

网卡一般安装在计算机主板的扩展槽内,其外观如图 6.12 所示。从 CPU 的观念来看,网卡同任何 I/O 设备是一样的,可以把网络环境看成是计算机的外部设备,网卡就是 I/O 适配器,如图 6.13 所示。

图 6.12　网卡的外观

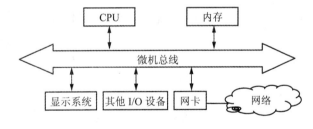

图 6.13　网卡的作用与连接

1. 网卡的主要技术参数

选用网卡时,应该根据自己的需要选择相应类型的网卡,主要考虑以下因素:

(1) 首先要考虑总线类型应与待安装网卡的计算机主板相匹配,目前最为常用的总线标准是 PCI。

(2) 其次要考虑网卡的网络接口标准应支持现有的布线系统,如果使用双绞线作为传输介质,其接口应为 RJ-45(图 6.12 就是具备该接口的网卡),这是目前最为常用的网络接口标准。

(3) 再次还要考虑网卡的数据传输速率与网络相匹配,目前网卡的速率一般有 10Mbps、100Mbps、10/100Mbps 和 1000Mbps,最常用的是 10/100Mbps 自适应网卡,这种网卡能够根据网络设备和线路自动选择一个较高的数据传输速率。

2. 网卡的安装

像其他外部设备一样,安装好硬件后需要安装该设备的驱动程序,目前市面上流行的网卡大多数都支持即插即用功能(Plug and Play,简称 PnP),Windows XP 操作系统一般能自动识别网卡硬件并安装驱动。将网卡插入计算机中的 PCI 接口上,启动计算机,系统就会找到网卡硬件自动安装网卡驱动程序。需要注意的是,Windows XP 本身可能没有封装所购买的网卡的驱动,这时必须手动安装。

网卡驱动安装成功后,在设备管理器中可以看到它,如图 6.15 所示,查看当前系统网卡的基本步骤如下:

(1)按顺序选择"开始"、"设置"、"控制面板",在控制面板的经典视图下双击"系统"图标,并在打开的"系统属性"对话框中选择"硬件"选项卡,如图 6.14 所示。

(2)图 6.14 所示的对话框中,单击"设备管理器"按钮,弹出"设备管理器"对话框,如图 6.15 所示。

(3)在图 6.15 所示的对话框中,单击"网络适配器"左边的"+"号,会展开本台计算机上安装的所有网卡。

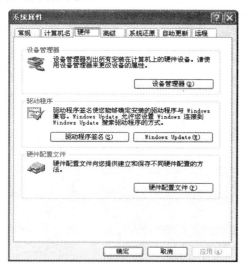

图 6.14 "系统属性"对话框

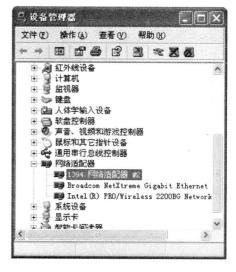

图 6.15 "设备管理器"对话框

6.3.3 网络配置

网卡安装完成后,还需要对与网络相关的参数进行配置,使之与网络的有关属性相符。

网络配置的主要内容包括:设置网络、网络连接所采用的协议以及协议配置、Windows 防火墙等。在 Windows XP 环境下,右键单击"网上邻居",并在弹出的菜单中单击"属性"菜单,就出现如图 6.16 所示"网络连接"窗口。这个窗口中,右边的列表显示当前计算机所有的网络连接,并能看出该网络连接的状态,如下图,"无线网络连接"处于断开状态,而"本地连接 2"则处于已经连接状态,需要注意的是:处于已连接状态并不表示网络是真正连通的,仅仅意味着网卡能够从网络电缆接收到电信号,通俗地说,就是网卡的指示灯是闪烁的;网络连接图标上的"锁"标记表示 Windows 防火墙已经启用。而左边的则显示了一组操作,这些操作大部分都是针对当前选择的网络连接。

1. 网络安装向导

Windows XP 提供了一个网络安装向导，可以配置计算机接入 Internet 的方式、网络标识以及是否启用文件和打印机共享。设置的基本步骤如下：

（1）在图 6.16 所示网络连接的窗口中单击"设置家庭或小型办公网络"，启动"网络安装向导"；

（2）按照该向导的提示，不断单击"下一步"按钮，出现如图 6.17 所示对话框，这个对话框主要配置计算机接入 Internet 的方式。"直接连接到 Internet"表示计算机是 Internet 上的一台主机，拥有一个合法的全局 IP 地址；而"此计算机通过居民区的网络或网络上的其他计算机连接到 Internet"的选项通常表示你的计算机接入到一个局域网，而局域网通过路由器接入到 Internet。

图 6.16 "网络连接"窗口

（3）配置好"连接方式"后单击"下一步"按钮，进入配置"网络标识"对话框，所谓网络标识是指计算机在网络中的名字以及计算机所属工作组的名字，这两个名字都可以根据自己的喜好进行定义，不过计算机名字在一个局域网中应该是唯一的。定义完网络标识后单击"下一步"按钮进入图 6.18 所示"文件和打印机共享"对话框。

（4）如果选择"启用文件和打印机共享"，则 Windows XP 的用户可以将某个文件夹或者打印机共享给网络上的其他用户，这样通过网络就可以访问共享资源。默认情况下，出于安全方面的考虑，Windows XP 关闭文件和打印机共享，即不能够进行共享操作。

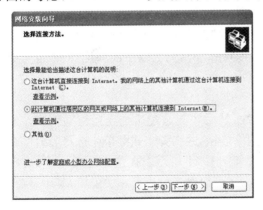

图 6.17 "选择网络连接方法"对话框

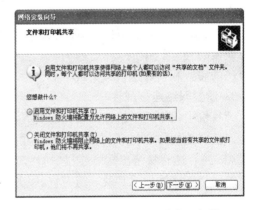

图 6.18 "文件和打印机共享"对话框

2. 更改 Windows 防火墙

Windows 防火墙的主要目的用于保护计算机免受 Internet 入侵，即防止网络上的计算机程序访问你的计算机数据，其采用的基本方法是阻止计算机程序访问网络。

打开 Windows 防火墙的方法有两种，其一是双击"控制面板"中的"Windows 防火墙"，其二是在图 6.16 中单击"更改 Windows 防火墙设置"，这两种方法都能进入如图 6.19 所示 Windows 防火墙对话框的"常规"选项卡，在这个选项卡中可以选择启用或者关闭防火墙，如果关闭，则意味着 Windows 防火墙不起作用，所有计算机程序都可以访问网络。

单击 Windows 防火墙对话框的"例外"选项卡,可以看到一个列表,这个列表的列表项随着计算机中所安装的软件不同而不同。所有附带"√"的列表项表示允许该项目对应的软件访问网络,换句话说,如果你不希望某个软件访问网络,只要单击该列表项的"√"符号使之变为" "即可。如图 6.20 所示。

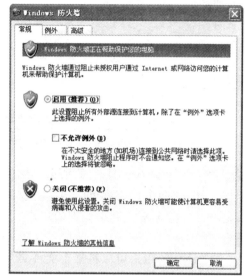
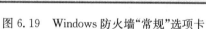

图 6.19 Windows 防火墙"常规"选项卡

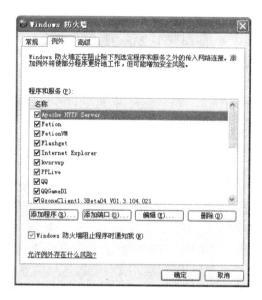

图 6.20 Windows 防火墙"例外"选项卡

在 Microsoft Windows XP Service Pack 2(SP2)中,默认为所有网络连接都启用 Windows 防火墙。为启用文件和打印机共享,需要在"例外"选项卡中选择"文件和打印机共享"。需要说明的是,很多的杀毒软件都自带防火墙,如果 Windows 防火墙不能满足要求,也可以根据自己的需要和喜好进行购买或下载。

3. 设置网络连接属性

计算机中每个网络连接都必须配置其相关属性,然后才能通过这个连接访问网络。配置网络连接属性的方法是:用右键单击希望配置的网络连接,并在弹出式菜单中选择"属性"命令(如图 6.16),这时将弹出网络连接"属性"对话框,如图 6.21 所示。在这个对话框中,可以给对应的网络连接添加或卸载一组客户、服务和协议,还可以对它们进行相关配置,其中,网络协议的添加和配置是最常用的操作。

1)添加协议

默认情况下,Windows XP 会安装"Internet 协议(TCP/IP)",只有安装了这个协议,才能进入 Internet。如果这个协议不能满足当前计算机所处网络的通信要求,可以进行协议的添加操作,其基本步骤如下:

(1)在图 6.21 所示的网络连接"属性"对话框中单击"安装"按钮,出现如图 6.22 所示"选择网络组件类型"对话框;

(2)在"选择网络组件类型"对话框中选择"协议"并单击"添加"按钮,出现如图 6.23 所示"选择网络协议"对话框;

图 6.21　网络连接"属性"对话框

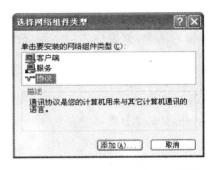

图 6.22　"选择网络组件类型"对话框

（3）在"选择网络协议"对话框中选择需要安装的协议，单击"确定"按钮即可完成协议的添加操作。也可以单击"从磁盘安装"按钮安装你的磁盘上所携带的协议安装文件。

在图 6.23 所示的协议列表中，"Microsoft TCP/IP 版本 6"即 IPv6 协议，当前互联网中采用的是 IPv4 版本，而 IPv6 则是下一代互联网所采用的协议标准。添加协议的过程中需要读取 Windows XP 安装光碟，添加其他网络组件的基本步骤与此相同。

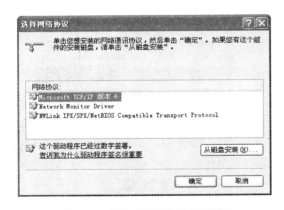

图 6.23　"选择网络协议"对话框

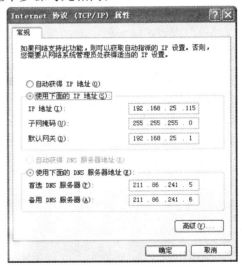

图 6.24　"Internet 协议(TCP/IP)属性"对话框

2）配置 TCP/IP 协议

在 Windows XP 网络连接的配置中，配置 TCP/IP 协议是最为核心的内容，一方面 TCP/IP 协议支持 Internet，几乎所有的计算机都必须安装这个协议，另一方面，只有正确的配置了该协议，网络才能畅通。配置 TCP/IP 协议的基本步骤如下：

（1）在图 6.21 中选择列表中的"Internet 协议(TCP/IP)"，并单击"属性"按钮，这时出现"Internet 协议(TCP/IP)属性"对话框，如图 6.24 所示。

（2）在此对话框中最为常见的配置有 IP 地址、子网掩码、网关和 DNS 服务器。如果网络中配置了 DHCP 服务器，则 Windows 在启动时自动从 DHCP 服务器上获取 IP 地址以及相关选项。这时只需要选择对话框中的"自动获取 IP 地址"和"自动获得 DNS 服务器地址"即可，通过 ADSL 接入 Internet 时通常进行此设置。

（3）如果在对话框中选择"使用下面的 IP 地址"，则必须手工输入 IP 地址、子网掩码、网关和 DNS 服务器，这些参数一般都是从网络管理员处获得。此界面的 DNS 服务器最多可以输入两个，如果你的网络系统配置了更多的 DNS 服务器，可以单击"高级"按钮并进行添加。

6.3.4　登录到 NT 域

Windows XP 默认登录到本地，即登录到 Windows XP 所安装的计算机上，这时用户名和口令的验证与保存都在本地计算机上执行，这对于家庭用计算机而言是可取的；然而对公用计算机则有一定的安全隐患，所以在如公共机房、网吧等场所，一般都设置一个带域的网络，将域控制器安装在服务器上，此域控制器完成对网络内其他计算机用户名、登录口令的保存和验证工作，并检查登录用户的网络权限。

如何将 Windows XP 设置为登录到域呢？其基本步骤如下：

（1）右键单击桌面上"我的电脑"图标，并在弹出的菜单中选择"属性"命令，这时出现"系统属性"对话框，单击该对话框的"计算机名"选项卡，出现如图 6.25 所示对话框。

（2）单击"更改"按钮，将弹出如图 6.26 所示"计算机名称更改"对话框，这时可以修改计算机名，如果将计算机加入到域，单击"域"单选钮，输入域的名称，并单击"确定"按钮即可。需要注意的是，将一台计算机加入到一个域中，必须拥有这个域的管理员账号，即管理员用户名和口令。

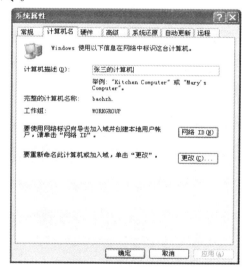

图 6.25　"系统属性"对话框"计算机名"选项卡

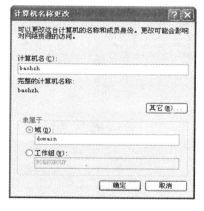

图 6.26　"计算机名称更改"选项卡

6.3.5　设置资源共享

在网络互访中，如果允许他人访问你的计算机资源，你需将资源共享出去。其方法是，在

"资源管理器"或者"我的电脑"中右键单击要共享的逻辑盘或文件夹,在出现的菜单中单击"共享和安全"命令,将弹出如图 6.27 所示对话框。这个对话框可以完成本地共享和网络共享的操作。所谓本地共享,即将这个文件夹共享给这台计算机上 Windows XP 的其他用户,也可以将这个文件夹设置为专用。这时,只有当前用户可以访问这个文件夹,即使其他用户登录到当前 Windows XP 中,也不能访问这个文件夹。而网络共享则不同,它是将文件夹共享给网络上的其他计算机来访问,进行网络共享的基本步骤如下:

(1) 单击"在网络上共享这个文件夹"复选框,使之处于选中状态;

(2) 在"共享名"对应的文本框输入在网络中能看到的共享名称;

(3) 如果选中"允许网络用户更改我的文件",则意味着网络用户对该文件夹具备完全访问权限,可以读取、修改甚至删除文件;否则,用户只能读取该文件夹下的文件,而不能修改和删除。

一旦共享成功后,被共享的文件夹图标会发生变化,如图 6.28 所示。需要说明的是:只有启用了文件与打印机共享,才能设置共享。其次,如果共享名后跟上一个"＄",则其他机器在网上邻居中看不到本机的共享资源,只有知道完整的共享名的用户才能通过手工输入或者映射网络驱动器的方式访问本机的共享资源。

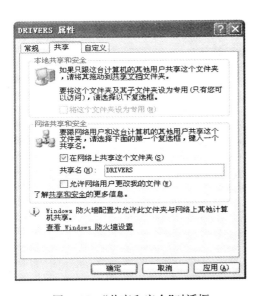

图 6.27　"共享和安全"对话框

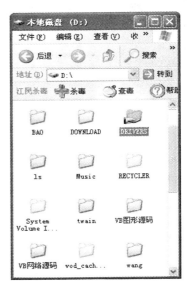

图 6.28　文件夹共享后的图标

6.3.6　访问共享资源

在局域网中要访问其他计算机中的软硬件资源,只需双击桌面上的"网上邻居"图标,然后单击网上邻居窗口"网络任务"栏的"查看工作组计算机",这时在其窗口中会显示网络之中的其他计算机名字(如图 6.29),双击要访问的计算机图标,会出现该计算机共享的软硬件资源(如共享逻辑盘、共享文件夹和共享打印机等),这些共享资源都是以共享名的形式出现, 如图 6.30 所示。访问这些共享资源就像使用自己的资源一样。

图 6.29 当前工作组计算机

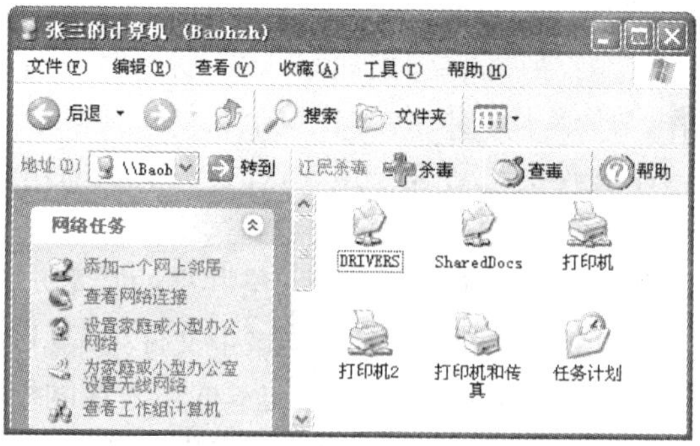

图 6.30 共享的资源

6.3.7 映射网络文件夹

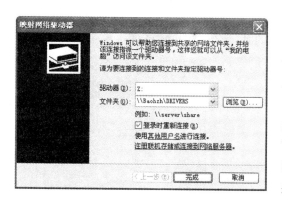

图 6.31 "映射网络驱动器"对话框

在访问他人的计算机资源时,为了将其资源中的某个共享作为像自己计算机中的逻辑盘符使用,需使用网络文件夹的"映射"。在"网上邻居"中打开他人的计算机资源,右键单击要映射的文件夹,单击"映射网络驱动器",选择要映射的盘符即可(见图 6.31)。还可以直接右键单击"网上邻居"选择"映射网络驱动器"菜单,出现如图 6.31 所示的对话框;在此对话框中选择要映射的驱动器名,并输入共享的网络路径,然后单击"确定"按钮即可。注意网络路径的格式是"\\计算机名\共享名"。如果选中"登录时重新连接",是指计算机重新启动时系统会自动映射该网络文件夹(该资源的计算机一定要开启)。

6.4 常见的 Internet 客户工具

Internet 采用客户机/服务器(Client/Server)方式访问资源。这里的"客户机"和"服务器"分别是指请求服务的计算机和可提供服务的计算机,其上分别运行相应的程序:一个程序在服务器中,提供特定资源;另一个程序在客户机中,它使客户机能够使用服务器上的资源。作为 WWW 客户机,它运行着一个浏览器程序,这个浏览器程序是访问 WWW 服务器的客户工具;而被访问的计算机作为 WWW 服务器,它运行着一个提供访问服务的程序。所有的 Internet 服务都使用这种客户机/服务器关系。

6.4.1 Internet Explorer(IE)

"浏览器"是专用于查看 Web 页的软件工具,正如以 Word 为工具进行文字处理、Excel 为工具进行电子表格的处理和计算一样,Internet Explorer(IE)则是专门用于定位和访问 Web 信息的浏览器工具。

IE 是 Microsoft 公司的产品,是随 Windows 免费捆绑发送的,最近的 IE7.0 也可通过网上免费下载。由于 IE 与 Windows 系统紧密集成,其运行速度快,功能齐全,并集成有 Outlook Express(简称 OE)电子邮件、新闻组等联机通信软件,基本上满足了上网用户的需求。本节以 IE6.0 为基础进行介绍。

1. IE 浏览器的基本设置

IE 浏览器的设置项目较多,为了满足用户的个性化使用,常用设置项目有:常规、安全、隐私、内容、连接、程序和高级七项设置。这些设置都是选择 IE"工具"菜单的"Internet 选项",在图 6.32 所示的"Internet 属性"对话框中实现的。

1) 常规设置

单击"Internet 属性"对话框的"常规"选项卡,进入的常规设置。其中有:默认主页、临时文件、历史记录、颜色、字体、语言等设置。

(1) 默认主页设置。默认主页即启动 IE 后自动进入网站首页。在主页地址栏输入要设定的主页地址即可,一般设定为空白页为好,如图 6.32 所示。

(2) 临时文件夹设置。IE 在访问网页时会将浏览过的内容存入临时文件夹中。经常访问 WEB 会使这个文件夹下的文件越来越多,会造成存储空间的浪费,如果希望清除这个文件夹的内容,可以单击"删除文件"按钮;另一方面用户可根据需要更改临时文件夹到另一个文件夹,方法是单击"设置"按钮,在随之出现的对话框中单击"移动文件夹"按钮,再选择要更改的盘符和文件夹即可。"删除 Cookies"按钮用于删除系统中被保存的 Cookies 信息。Cookies 是通过 IE 浏览某网站时,由 Web 服务器保存在本地硬盘上的一个非常小的文本文件,它可以记录本机用户 ID、密码、浏览过的网页、停留的时间等信息。如果不希望这种信息被保存,可以删除它。

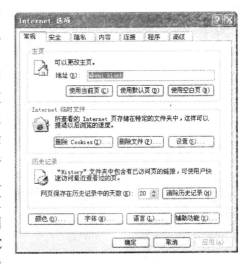

图 6.32　IE 的常规设置

(3) 历史记录设置。历史记录用于保存浏览过的网站 URL 信息,单击浏览器的"地址栏"所弹出的网址列表就是历史记录。可设置保存历史记录的天数,也可以单击"清除历史记录按钮"清除当前所有历史记录,如图 6.32 所示。

(4) 语言设置。一般添加中国、香港、台湾的中文语言,以便浏览各种汉字内码的网页。

(5) 颜色、字体和辅助功能。这是对网页浏览时的个性化设定,一般保持默认即可。

2) 安全设置

许多 Internet 站点均禁止未授权者查看发送到该站点或由该站点发出的信息,这类站点称为"安全"站点。由于 Internet Explorer 支持由安全站点使用的安全协议(128 位加密的安全连接),所以,可以放心地将信息发送到安全站点。安全设置有低、中低、中、高等四种。一般将安全设置设为"中"即可。

3) 内容设置

内容设置包括分级审查、证书、个人信息等三项,主要设置"分级审查"。其可对网页内容进行分类控制,有助于老师限制学生、家长限制儿童浏览一些不适宜的网站。在"内容"窗口单击"分级审查"栏的"启用"按钮,选择要限制的内容即可。

4）连接设置

用于启动 IE 时自动连接 Internet 的方式和该方式下使用代理服务器访问 Internet 的设置。拨号连接设置可选择自动按默认拨号连接或不拨号。前者为启动 IE 时开始拨号即自动拨号连接，后者为手工先拨号建立连接后，再使用 IE。如果常在离线下使用 IE 浏览资料，或通过办公室的局域网使用 Internet，建议采用后者设置。如图 6.33 所示。使用代理服务器访问 Internet，即访问 Internet 的所有网站，都通过该代理服务器。如是拨号连接，选择拨号设置处的"设置"设定代理服务器，通过局域网访问 Internet，选择"局域网设置"，并在随后出现的如图 6.34 所示的对话框中输入代理服务器的 IP 地址和端口。

图 6.33　IE 的连接设置

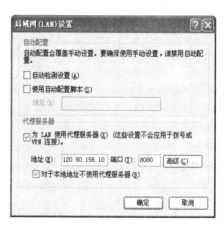

图 6.34　IE 代理服务器设置

5）程序设置

主要用于在 IE 中调用电子邮件、新闻组等功能时，使用什么软件，默认为 IE 捆绑的 OE。如在 IE 中调用电子邮件时启动其他电子邮件软件，在"程序设置"的"电子邮件"处选择该软件即可，如图 6.35 所示。

图 6.35　IE 的程序设置

图 6.36　IE 的高级设置

6) 高级设置

该项目设置的内容较多,用户使用最多的是多媒体的设置。为了加快网页的访问速度,在网络连接速度较低时,可将多媒体的访问暂时关闭。如将"显示图片"关闭,这样可加快网页的访问速度。但网页中的图片不显示(只显图片占位框),如需显示某图片,右键单击图片占位框处,在下拉的菜单中单击"显示图片"即可,如图 6.36 所示。

2. IE 浏览器的常用操作

1) IE 的使用

在连上 Internet 后启动 IE,在"地址栏"处填上要访问的网站地址,如中国互联网络信息中心:www. cnnic. cn 并回车,下载该网页后出现如图 6.37 所示的主页。网页中有下划线的文字(可设置)或鼠标出现一只"手"的区域表明有下一级的网页连接,单击该处即进入下一连接的网页。在浏览窗口中可使用的工具图标作用为:

前进、后退——网页浏览的前后翻页。

停止——终止网页的传输,在网络拥挤时停止该网页的下载,以后再连接。

刷新——重新下载网页并显示。

主页——进入启动的默认主页。

搜索——在网上搜索想要的网站地址,连接进微软公司的搜索站点。

收藏——网页地址标记并保存,用于经常去的站点。

历史——最近浏览过的网页,通过它可再次连接进入。

频道——IE 内置的国内著名站点。

全屏——将浏览窗口置为全屏幕方式。

邮件——启动进入 Outlook Express 收发邮件窗口(见下一节)。

字体——网页中文字内码和字体大小的改变。

打印——打印网页内容。

图 6.37　中国互联网络信息中心主页

2) 网址的收藏

使用 IE 浏览器在 Internet 网上冲浪,最重要的是对浏览过并感兴趣的网址进行收藏。用传统的笔记方法太不方便且每次浏览还要输入,容易出错,实在繁琐。在 IE 中的"收藏"

图 6.38 IE 的整理收藏夹

就是用于标记网址,使网址记录变成一件轻松愉快的事。当浏览到感兴趣并希望以后再次进入的网页时,右键单击该网页的空白处,在弹出的菜单中单击"添加到收藏夹",或者单击"收藏"菜单的"添加到收藏夹"命令,取一个一见便知的名字(多数网页带有名字),"确定"后即将该网页的地址记录在"收藏夹"中,下次要进入该网页时,单击"收藏"菜单,在其中找到该网页的名字并单击,即连接到该网页中去。还可以通过"收藏"的编辑功能将其分类整理,便于今后查找。单击"收藏"菜单的"整理收藏夹"选项,在弹出的窗口中创建文件夹,用鼠标拖动功能将网址分门别类地拖动到相应文件夹中(见图 6.38)。这些收藏的链接实际上是一个快捷方式,存放于"C:\Documents and Settings\<用户名>\Favorites"文件夹中,可以通过"资源管理器"加以整理(这里的<用户名>同样是登录到 Windows XP 的用户名)。

3) 网页的保存

在上网时有些浏览过的网页内容精彩或文字较多,为节约上网时间,可将其保存到本地的磁盘上,这样下次浏览该网页时只要从本地打开即可。网页的内容是有多个文件组成,有 html 文件、图片文件等。在 IE5.0 以前的版本只能将网页保存为 html 类型文件及同名的文件夹,其中存放的是除 html 文件以外的网页内容文件。IE5.5 以后可以将网页的所有文件保存为 Web 单一文件,类型名为 mht。使网页的保存和文件的管理更加方便。保存时单击"文件"、"另存为",选择文件类型为"Web 单一文件 mht",取好文件名,选择要保存的文件夹,单击"保存"即可。

IE 浏览器的功能十分强大,使用熟悉后,就能体会到它的魅力所在,这也是 Windows 将其捆绑的原因之一。

6.4.2　Outlook Express

Outlook Express 是最常用的电子邮件用户代理软件。在我国科技词语审定委员会将电子邮件规定为"电子函件",但"电子邮件"的称谓已广为流行,所以,本书还是以"电子邮件"称谓或简写为"Email"。

1. 电子邮件的基本知识

人们在日常工作和生活中,总要相互发生联系和交流。其中通信是一种重要的交流方式。传统的通信方式有多种:电话、电报、传真、书信、录音、录像、磁带等。近年来随着国际互联网(Internet)的飞跃发展,改变了人们传统的交流方式。其中使用电子邮件进行交往就是最典型的例子。电子邮件发送速度快,几分钟或十几分钟就可收到,资费也便宜得多,电子邮件还可以将信件同时发送给许多人而不增加资费。

电子邮件(Email)是 Internet 的主要用途之一,其方便、快速和廉价是其他通信方式所无法比拟的。电子邮件不仅可以传递文字信息,还可以传递图形、语音、视频图像等多媒体信息,它是在 Internet 上一种最广泛、最普及的应用。

1) 电子邮件地址

电子邮件地址的通用格式为：

用户邮箱名@主机名

"@"号读作"at"，是用户名和主机名之间的分隔符；用户邮箱名是指用户在其邮件服务器中的信箱名，主机名是用户的邮件服务器在 Internet 中的域名。如 ah@aufe.edu.cn 表示用户"ah"在主机"aufe.edu.cn"上的邮箱。

2) 电子邮件协议

Internet 广泛使用的电子邮件传送协议为 SMTP(Simple Mail Transfer Protocol，简单邮件传送协议)和 POP3(Post Office Protocol，邮局协议)。前者用于客户端到发件服务器端的发送连接，SMTP 又称为发件服务器。后者用于客户端到收件服务器端的接收连接，POP3 称为收件服务器。用户使用电子邮件软件设置发送、接收服务器地址时应根据 ISP 提供的 SMTP 和 POP3 邮件主机域名和端口号设置。

2. Outlook Express 的基本设置

Windows 自带有电子邮件客户软件 OutLook Express(简称 OE)，不仅支持多内码、全中文界面，而且支持多账户，满足了人们有多个 Email 地址用一个软件收发 Email 的需求，是目前最常见的电子邮件软件之一。

1) 第一次启用的设置

第一次启动 OE，会提示输入个人信息，它们是：

显示名：自己的名字，也可以随便填写一个，不影响 Email 的收发。

电子邮件地址：输入希望绑定的电子邮件地址，如 ah@aufe.edu.cn。

发送邮件服务器(SMTP)和接收邮件服务器(POP3)地址：许多 ISP 这两者是一样的，以域名或 IP 地址方式由 ISP 提供，如安徽财经大学的收发邮件服务器地址都为：mail.aufe.edu.cn。但许多免费 Email 中这两者不同，如新浪网的发送服务器为：smtp.sina.com.cn，接收服务器为：pop.sina.com.cn。注意两者的区别。另一方面，用户的发送邮件服务器和接收邮件服务器地址往往并不相同，例如某用户在新浪网上申请了一个邮箱，但该用户的 OE 所在主机是安徽财经大学校园网内的一台主机，那么该用户的接收服务器为 pop.sina.com.cn，而发送服务器则是 mail.aufe.edu.cn。

账户名和密码：是指用户登陆到电子信箱的用户名和密码，如 ah@aufe.edu.cn 中的 ah 即用户名；密码在申请 Email 时由用户设定的，最好不要以您的生日、电话号码等容易被他人猜测的字串取密码。

2) 创建多个邮件账号

OE 具有多账号收发电子邮件功能。这一用途对于有多个电子邮件账号的用户，特别是现在许多用户有多个免费 Email 账号情况下特别有用。例如，有了一个主邮件地址后，又申请了 263.net、163.com、sohu.com 等免费电子邮件账户，启动 OE 后，在出现的窗口中单击"工具"、"账号"、"邮件"、"添加"，在弹出的选项中选择"邮件"，依照提示一步步设置名称(可随便取名)、Email 地址、POP3 邮件接收服务器地址和 SMTP 邮件发送服务器地址、Email 账号和密码等，最后单击"完成"。用同样的方法可以设置多个邮件账号。

3) 通讯簿

将朋友、同事、亲戚和有联系的单位的 Email 地址填入"通讯簿"内，每次写信时，打开"通讯簿"，选中要发送的 Email 地址，再单击"发送邮件"按钮，即打开"新邮件"窗口并在收件人地址处已经填写好了要发送的 Email 地址，省去了每次翻找记录本上的 Email 地址并输入的工作，也减少了出错的几率。

　　单击 OE 工具栏"地址"按钮打开"通讯簿"窗口，如图 6.39 所示。单击"新建联系人"按钮，在弹出的菜单中按照提示框填写姓名、Email 地址、电话等联系人相关数据，单击"确定"后即记录下一个 Email 地址，如此重复。以后每收到一封新的信件，可以将其邮件地址添加到"通讯簿"内，只需右键单击该邮件信息处，再单击"添加到地址簿"即可。邮件地址太多时，可将众多的 Email 地址分成若干组，便于查找。这时单击"新建组"，输入组名，选择添加成员即可。

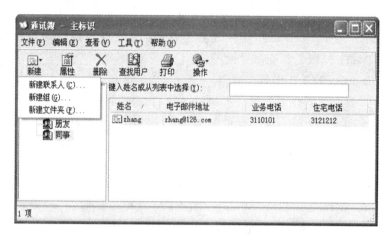

图 6.39　OE 的通讯簿

4）邮箱管理

　　除了默认的"收件箱"、"发件箱"、"已发送邮件"、"已删除邮件"外，还可以根据需要创建自己的邮箱。单击 OE 主窗口的"文件"，"新建"菜单的"文件夹"命令，输入新邮箱名字即可。邮箱的管理有邮箱的新建、移动、重命名、删除等，最简单的方法是用鼠标右键单击邮箱处，在弹出的菜单中选择操作重命名、删除、新建等，也可以直接用鼠标拖放功能来移动邮箱；在选中邮箱后按 Del 键将删除邮箱。

3. Outlook Express 的使用

　　启动 OE 后的窗口分为三个工作区，左窗口为邮箱文件夹，分为：

　　（1）收件箱（Inbox）—— 接收到的邮件存放的文件夹；

　　（2）发件箱（Outbox）—— 待发送的邮件存放的文件夹；

　　（3）已发送邮件（Sent）—— 已发送的邮件存放的文件夹；

　　（4）已删除邮件（Trash）—— 已删除的邮件存放的文件夹，如果确实不需要可以清除掉。其功能类似于 Windows 的"回收站"。

　　需要说明的是，用户可以自己根据需要建立邮箱文件夹，用于各类信件的分类存放。

　　右上窗口（称为主题窗口）是左窗口中指定邮箱内的信件标题，分为：发件人、主题、接收时间等。右下窗口（称为内容窗口）即是上窗口指定信件的内容，如图 6.40 所示。

1）邮件的撰写

　　启动 OE 后，单击"文件"、"新建"菜单的"邮件"命令即进入如图 6.41 所示的邮件编辑窗

图 6.40　OE 的收件箱窗口

口,在"收件人"处填写对方的 Email 地址,或单击
"收件人"按钮,在出现的地址簿中选择邮件地址并
添加到收件人处。"抄送"栏可填写同时发送的收件
人 Email 地址,即一信多投。"主题"栏填写该邮件
的标题。填写主题是发送 Email 的好习惯。有些用
户每天会收到许多 Email,一般会根据主题来决定是
否立即处理回信。邮件的内容写在主题下的窗口
中,邮件的编辑类似于记事本。

2) 附件的粘贴

电子邮件除了信函内容外,还可随信发送文件,
统称为邮件附件。为了减少附件的大小,一般都要
对发送的附件进行压缩(使用 Winzip、WinRAR 等

图 6.41　OE 的新邮件窗口

压缩软件)。如果邮件携带附件,可单击"插入"菜单的"文件附件",在打开的"插入附件"窗口
中选择附件文件所在的文件夹并找到附件文件后双击文件名即可。有多个附件文件如法
插入。

3) 邮件的接收

启动 OE 将直接收信或单击 OE 主窗口工具栏上的"发送/接收"按钮,并在弹出的菜单中
选择"接收全部邮件",则 OE 按照事先设置的邮箱账号到对应的接收邮件服务器检查是否有
新邮件到达,并自动下载到某个文件夹中。如果设置了多个账号,则自动逐一连接各个邮件服
务器并下载邮件到收件箱中。选中左窗口的"收件箱",在主题窗口中就能看见刚收到的信件
的主题,选中某个信件即可在内容窗口看见该信件的内容。如果信件窗口的右上角有一"别
针"按钮,表明该邮件附有附件,单击该"别针"按钮 ,显示附件的文件名,单击该文件名,选择
"保存到磁盘",选择要保存到的文件夹,单击"保存"即可。

4) 邮件的发送

邮件写好后单击"发送"按钮,即连接发件服务器并将 Email 发送出去。为了节约上网时
间,一般以离线方式将要发送的信件一封封先写好,单击"文件"菜单的"以后发送"命令,将这

些信件保存到"发件箱",等到连通网络后,再单击"发送和接收"按钮,即将"发件箱"中的信件一一发送出去。

随着计算机和通信技术的发展,当今网络技术的更新速度几乎超过了以往任何时候。首先网络性能不断提高,这不仅表现在网络带宽的增长上,网络的可靠性、安全性、服务质量等也在不断地进步。其二是网络应用不断丰富,电子邮件、WEB、FTP 等尽管还是目前 Internet 应用的主流,但网络电视、网络电话、博客、播客、电子商务等已经迅速地吸引了人们的注意力。随着下一代互联网(Internet2)的逐步商用,相信计算机网络一定能够给我们带来更多的便捷和乐趣。

习题 6

6-1 计算机网络的定义是什么?其功能有哪些?请举例说明。

6-2 计算机网络按逻辑功能可分为哪些子网?它们分别由哪些硬、软件设备组成?各有什么功能和特点?

6-3 局域网的拓扑结构有哪几种?它们各有哪些特点?

6-4 计算机网络常用的性能指标有哪些,其含义是什么?

6-5 什么是网络协议?说明其三要素的含义?

6-6 简述组建局域网常用的有线传输介质。

6-7 Internet 上的主要服务有哪些?

6-8 IP 地址的基本格式是怎样的?怎样识别一个 IP 地址的类别?

6-9 子网掩码的作用是什么?怎样利用子网掩码细分一个已有的子网?

6-10 域名有什么作用,其格式是什么?现有的顶级域名有哪些?

6-11 接入 Internet 的方式有哪些?如果个人以较高的速率接入互联网,采用什么方式为好?

6-12 基于 Windows 环境的网络的两种模型各有什么特点?

6-13 Windows 环境下配置 TCP/IP 涉及到哪些配置?

6-14 在 Windows 环境下如何共享自己的资源,如何访问网络上的共享资源?

6-15 你使用过哪些 Internet 客户工具?试比较一下同类工具的优缺点。

第7章 网页制作基础

本章概要

Internet 正在走入千家万户,它不仅给人们提供了一种获取信息的全新手段,而且日益影响并改变着人们的生活、学习和工作方式。现在,人们不但要从 Internet 上获取信息,还要通过网络宣传自己、发布信息,在 Internet 上构建站点正是实现这些目标最便捷、最有效的途径。一个网站通常由多个网页组成,通过网页传递的信息是多种多样的,包括文本、图片、声音、数字电影等。制作网页和网站的工具很多,其中 FrontPage 2003 支持所见即所得的编辑方式,不需要掌握很深的网页制作技术和知识就能使用它。

本章主要介绍如何利用 FrontPage2003 网页制作工具进行网站和网页的制作,其主要内容包括网站和网页概念的简要介绍、网页制作工具概述、制作基本网页、网页布局、增加网页动态效果以及网站的发布等。

学习完本章后,您将能够:

- 理解网页和网站的基本概念并了解常见的网页制作工具
- 熟悉 FrontPage2003 的工作环境并掌握 FrontPage2003 的基本操作
- 创建新站点和基本网页
- 掌握超链接的使用
- 利用表格和框架布局网页
- 创建表单网页
- 增加网页的动态效果
- 掌握网站发布的过程和方法

7.1 网页制作的基本概念

使用浏览器在 Internet 上所看到的每一个画面都称为网页,它是 Internet 上传递信息的一种方式。通过网页传递的信息是多种多样的,包括文本、图片、声音、数字电影等。本节将主要介绍网页和网站的基本概念,以及常见的网页制作工具。

7.1.1 认识网页和网站

在因特网盛行的今天,人们的生活正日益与网络融合。说起上网,最熟悉的操作就是启动浏览器(例如,Microsoft Internet Explore 或者 Netscape Navigator/Communicator),在"地址"栏中输入 Web 站点地址,然后就能看到要访问的信息,如图 7.1 所示。这些信息通常是图片、文字、声音或视频等多媒体信息,这些多媒体信息一般都是通过网页文件在 Internet 上传

图 7.1 使用浏览器访问网站

播的。

1. 网页

网页其实就是一种存储在 Web 服务器(站点服务器)上、通过 Http 协议进行传输并被浏览器所解析和显示的文档类型,其内容由 HTML 语言构成。从文件的角度讲,网页是由 HTML(Hypertext Markup Language,超文本标记语言)编写而成的特殊文本文件,所以网页文件通常又被称为 HTML 文件,其文件扩展名为 html 或 htm。

构成网页的基本元素有文本、图片、超链接、水平线、表格、表单以及各种动态元素等。

2. 网站

网站就是网页的结合,一个网站通常由多个网页组成,这些网页之间通过链接地址(通常称为 URL)相互连接在一起,构成一个完整的站点,存储在 Web 服务器上。当用户访问一个站点时,该站点中首先被打开的页面称为首页或主页(Homepage)。

本地站点的所有内容一般被组织在外部存储器的同一个目录中,根据站点栏目或者资源类型对文件进行分类,分别放置在不同的子目录内。本地站点在制作完毕后,如果不经过发布是不能被其他浏览者所访问的。发布就是将本地站点的内容传输到连接在 Internet 上的 Web 服务器上,浏览者可以通过访问 Web 服务器来查看站点的内容。

3. 网站、网页的制作过程

一个成功网站的制作涉及到多方面因素的影响,包括站点整体风格、配色方案、组成结构、网页布局的确定和制作工具的选择等。在制作网站的过程中,需要采用合理的步骤,兼顾制作过程中的诸多因素,才能最终完成一个优秀的作品。

规划设计网站的一般流程如下:

(1)选定主题。确定整个网站的主题和所涉及的内容。

(2)搜集资料。根据制定的目标进行相关材料的组织,一般网站的材料包括:现有的文档、所需的图像和其他动态元素(音频、视频、动画等)等,以备在制作网页时使用。

(3)构思阶段。根据制定好的主题与方向设计网页的主要部分和内容,就是为网页建立层次分明、条理清楚的结构图。

（4）总体设计。选择合适的网页制作工具，设计组成网站的各个网页，确定各页之间的层次结构和隶属关系。

（5）创建网站和制作网页。一般是首先创建好网站，然后在网站中添加新的网页，并对添加的网页进行编辑修改，所需网页全部编辑完毕，即可完成网站的创建。

（6）测试和验证网站。在浏览器中预览已完成的网站，观赏其最终效果，测试网站是否按照预期的效果运行。

（7）发布网站。网站经过测试和验证之后，就可以对外发布了。如果制作的网站要在 Internet 上发布，需要申请一个发布空间来存放自己的网站。

7.1.2　网页制作工具

目前网页制作有两种方法：一种是利用网页制作工具进行制作，如使用 FrontPage、Dreamweaver 等；一种是采用 HTML 超文本标记语言的专门格式来进行编制。实际上，利用工具制作的网页，其生成的源码仍然是 HTML 文档。所以，目前网页制作归根结底是采用 HTML 超文本标记语言。

1. 超文本标记语言

HTML 是一种专门用于 Web 页制作的编程语言，用来描述超文本各个部分的内容，告诉浏览器如何显示文本，怎样生成与其他文本或图像的链接点。这种语言能够对网页内容、网页的格式以及超链接进行描述，形成 HTML 文档。HTML 文档由文本、格式化代码和导向其他文档的超链接等部分组成。

HTML 类似于用来编制应用程序的编程语言，所不同的是这种语言专门用来制作网页。

2. FrontPage

FrontPage 是由 Microsoft 公司出品的网页制作工具，属于 Office 产品系列。它能够更加方便、快捷地制作和发布网页，具有直观的网页制作和管理方法，简化了大量工作。FrontPage 带有图形和 GIF 动画编辑器，支持 CGI 和 CSS，从 FrongPage2000 版本开始支持 DHTML 技术、Java Applet 和插件等动态网页技术，而且向导和模板都能使初学者在编辑网页时感到更加方便。对于 Web 网站管理者来说，则便于处理那些导入、导出、删除、更名以及进行故障诊断以找出失效链接等。

3. Dreamweaver

Dreamweaver 是由 MacroMedia 公司出品的网页制作工具，人称"网页制作三剑客（Flash、Dreamweaver、Fireworks）"之一。它具有可视化编辑界面，用户不必编写复杂的 HTML 源代码即可生成跨平台、跨浏览器的网页，不仅适用于专业网页编辑人员使用，同时也容易被业余爱好者所掌握。Dreamweaver 支持 ActiveX、JavaScript、Java、Flash 等特性，而且它还可以通过拖拽从头到尾制作动态的 HTML 动画，支持动态 HTML 的设计，使得页面没有插件也能够在 Netscape、IE 等浏览器中正确地显示页面的动画，同时它还提供了自动更新页面信息的功能。

网页制作包含的内容很多，除了直接产生网页文件外，在制作过程中还要涉及到静态图像的处理、动态图像的制作等，这就需要专门的软件来处理。一般来说，静态图像处理软件有 PhotoShop、Fireworks 等，动态图像制作软件常见的就是大家所熟悉的 Flash。由于篇幅有限,不可能为读者一一介绍,本章将主要介绍 FrontPage2003 的使用。

7.2　FrontPage2003 简介

FrontPage2003 支持所见即所得的编辑方式,它具有经过改进的设计环境、主题、新的布局、设计工具和模板等,不需要掌握很深的网页制作技术和知识,甚至不需要了解 HTML 的基本语法就能使用它。FrontPage2003 的基本使用方法和 Word 十分相似。

7.2.1　FrontPage2003 的安装

图 7.2　"安装类型"对话框

FrontPage2003 已经集成在 Office2003 中,成为 Office 家族中的一员,安装 Office2003 时,只需选择安装 FrontPage2003 就行了。另外,也可以购买单独的 FrontPage2003 光碟进行安装。

若是单独的 FrontPage2003 盘,只需双击光碟中的 setup.exe 文件,按提示操作就可以了。当出现"安装类型"对话框(如图 7.2)时,推荐选择"典型安装"选项,这样就可以将 FrontPage2003 中常用组件安装到计算机中。如果用户想自己定义安装的组件,可以选择"自定义安装",然后选择所需要的组件即可。"安装位置"决定了 FrontPage2003 在计算机中的安装文件夹,可以选择默认值,也可以单击"浏览"按钮进行更改。

7.2.2　启动和退出 FrontPage2003

1. 启动 FrontPage2003

如果电脑桌面上有 FrontPage2003 快捷方式,则双击该图标即可启动 FrontPage2003。也可以通过在桌面"开始"菜单中选择"所有程序"、"Microsoft Office"、"Microsoft Office FrontPage2003",启动 FrontPage2003。

2. 退出 FrontPage2003

使用完 FrontPage 之后,需要退出 FrontPage。退出 FrontPage 有两种方式:

(1) 选择"文件"、"退出"命令,系统将自动关闭当前站点并退出 FrontPage 应用程序。

(2) 直接单击窗口右上角的关闭按钮也可以退出 FrontPage 应用程序。

如果仅仅希望关闭当前站点,只需选择"文件"、"关闭网站"命令即可。

7.2.3　用户界面

FrontPage2003 具有和 Office2003 其他软件相似的用户界面,启动 FrontPage2003 后,系统默认的是以网页设计视图的方式建立"new_page_1.htm"文件,如图 7.3 所示。

FrontPage2003 工作界面中包含有标题栏、菜单栏、工具栏、状态栏和工作区等基本的窗口元素,另外还有文件夹列表和任务窗格等特色元素。

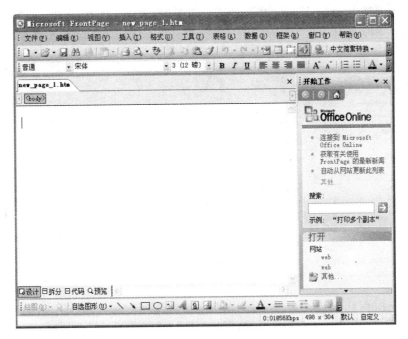

图 7.3　FrontPage2003 用户界面

（1）标题栏：标题栏中显示了当前正在编辑的网页的文件名，一般文件名以 htm 作为扩展名。

（2）菜单栏：菜单栏的布局与 Word 类似，除了常用的"文件"、"编辑"、"格式"等菜单外，还有 FrontPage 特有的两个菜单"数据"和"框架"。通过"数据"菜单可以在设计的网页中加入与后台数据库相关的内容，使设计的网页可以动态地显示内容。"框架"菜单用于对采用框架技术的网页进行管理。

（3）工具栏：工具栏的布局与 Word 类似，在"常用"工具栏上除了"新建"、"打开"、"保存"等常用工具按钮之外，还有如"插入层"、"插入超链接"等 FrontPage 特有的工具按钮（注意：FrontPage 和 Word 中的"插入超链接"工具按钮在功能上类似，但实现的方式是不同的）。

（4）工作区：工作区是编辑和设计网页和网站的区域。FrontPage 的工作区有两种状态：一种是在设计网页时的工作区，这时在工作区的左下角会显示编辑方式切换按钮，可以在编辑时切换不同的编辑视图；另一种是在设计网站时的工作区，显示当前站点中的文件和文件夹，在工作区的左下角会显示功能按钮，例如导航、超链接等，单击不同的按钮就会在工作区上显示网站的不同相关信息。

当在工作区中打开了多个项目时，如多个网页或是一个网站和多个网页，可以通过单击位于工作区上方的相应文件标签来实现在不同项目之间的切换。

（5）文件夹列表：文件夹列表是在创建网站或编辑网站时显示网站文件和文件夹的区域，一般用户在创建网站或编辑网站时才会使用到，如图 7.4 所示。

（6）任务窗格：任务窗格是 Office2003 办公套件中新增的功能，在任务窗格中设定了常用的任务及完成这些任务所需要用到的功能。用户只要利用任务窗格中列出的功能就可以方便地完成常用任务，而不需要在菜单栏或工具栏中选择相应的功能来完成任务。图 7.5 和图

7.6 给出了任务窗格中的常用任务和"开始工作"的功能列表,单击出现在功能列表上的各个选项就可以完成相应的任务。

图 7.4 网站编辑时的界面   图 7.5 任务列表   图 7.6 "开始工作"任务窗格

（7）编辑方式切换按钮:编辑方式切换按钮位于网页工作区的左下角,由四个按钮组成,它是 FrontPage2003 新增的功能。通过选择可以在设计视图、代码视图、拆分视图、预览视图这四种网页视图中进行切换,以满足设计网页时的不同需求。

各视图意义如下:

① 在设计视图中设计并编辑网页,可以提供与使用设计工具创建网页一样的近似"所见即所得"的效果。

② 在代码视图中查看、编写和编辑 HTML。使用 FrontPage2003 的优化代码功能可以创建干净的 HTML,并且可以更容易地删除任何不想要的代码。

③ 拆分视图以拆分的屏幕格式检查并编辑网页内容,该视图可以同时访问代码视图和设计视图。

④ 预览视图在无需保存网页的情况下,显示与网页在浏览器中的外观相近似的视图,使用此视图可以查看创建网页时所做的更改。

7.3 FrontPage2003 网站设计

网站的本质是用来存放在内容上有较强内在联系的网页文件和资源文件的一个文件夹,该文件夹通常被称为根目录。在制作阶段,网站存放在本地主机上,制作完成后需要发布到 WWW 服务器上,形成 Web 站点,这样才能被 Internet 上的用户访问到。本节将主要介绍网站的创建和管理以及如何设计基本网页。

7.3.1 站点的创建和管理

Web 站点是若干具有相同风格并相互链接的网页的集合,因此在建立网页之前首先需要对包含该网页的站点进行定义,建立站点的统一风格、配色方案和组成结构。好的站点结构的定义不但能够改善站点的外观和展示速度、提高访问量,还能为开发者进行站点内容的维护和更新做好良好的铺垫,提高站点维护的工作效率。

1. 站点的创建

利用 FrontPage2003 创建站点时,为了减轻制作网页的工作量,可以利用各种模板和向导。具体操作如下:

(1)选择"文件"、"新建"命令,在任务窗格中显示"新建"任务窗格,如图 7.7 所示,选择"新建网站"项下的"其他网站模板"。

(2)在弹出的"网站模板"对话框中单击"常规"选项卡(见图 7.8),选择一个合适的模板或向导。这里要注意模板和向导的区别:向导是通过一系列步骤来创建网站,模板则是根据模板的规定一次性生成带有相应内容的网站。这里选择"空白网站"模板作为新创建网站的模板。

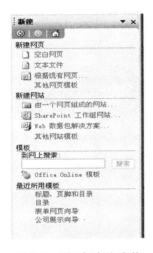

图 7.7　"新建"任务窗格

图 7.8　"网站模板"对话框

(3)在"指定新网站的位置"中输入网站所在的文件夹,例如选定文件夹的位置为 E:\web\web,也可以单击"浏览"按钮来选择网站所要存放的文件夹。

(4)单击"确定"按钮就可以创建一个网站了。

新建的空白网站不包含任何网页文件,但含有两个文件夹:一个是_private 文件夹,用于存放私人文件;另一个是 images 文件夹,用于存放网站中的图片文件。在网站中通常使用 index 或 default 作为主页文件名。建立了空白网站,就可以在网站内添加网页和其他相关文件了。

2. 导入已有的网站

创建网站不仅可以使用模板和向导,还可以通过从本地计算机、Web 服务器或 Internet 上的导入操作来实现。通常存在的网站文件不仅包含.html 文件,还包含其他许多素材,例如图像文件、多媒体文件等。使用 FrontPage2003 的导入功能可以直接将这些文件导入到自己的网站中。导入已有网站的操作过程如下:

(1)选择"文件"菜单下的"导入"命令,打开如图 7.9 所示的"导入"对话框。

(2)单击"添加文件"按钮,打开如图 7.10 所示的"将文件添加到导入列表"对话框。

(3)选择一个或多个需要添加的文件,单击"打开"按钮,返回到图 7.9 所示的对话框。

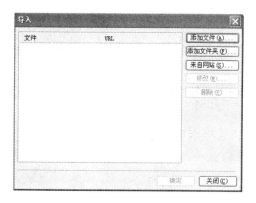

图 7.9 "导入"对话框

图 7.10 "将文件添加到导入列表"对话框

（4）用同样的方法添加其他文件，最后单击"确定"按钮，完成导入操作。

3. 网站的管理

1）打开网站

要对站点内容进行编辑，首先需要利用 FrontPage 将站点打开，选择"文件"、"打开网站"命令，在"打开网站"对话框中选择站点所在的路径，单击"打开"按钮即可。站点打开后，其内容以树状的形式显示在"文件夹列表"中。

图 7.11 "网站设置"对话框

2）网站重命名

网站的名称是指向网站服务器或 Front-Page2003 文件的目录名。网站的名称最好和网站的大致内容相吻合，如果在初始创建网站时没有给网站起一个好的名字，可以通过网站设置对网站进行重命名。具体方法为：选择"工具"、"网站设置"命令，打开"网站设置"对话框，如图 7.11 所示。在"常规"选项卡中的"网站名称"文本框中输入合适的网站名，单击"确定"按钮即可完成网站名称的修改工作。

7.3.2 创建和设计网页

1. 新建网页

网站创建完成后，就可以在网站中创建新网页或设计已有的网页了。通常可以创建两种形式的网页：一种是利用网页模板创建的包含特定内容和格式的网页；另一种是没有任何内容的空白网页。

利用模板创建网页与利用模板创建网站的步骤是相似的：

（1）选择"文件"、"新建"命令，在任务窗格中显示"新建"任务，单击"新建网页"项中的"其他网页模板"即可打开如图 7.12 所示"网页模板"对话框。

（2）单击"常规"选项卡，选择一个合适的模板或向导。在"网页模板"对话框中还有两个选项卡："框架网页"和"样式表"。框架网页的创建和设计将会在 7.7 节中介绍；"样式表"中的模板可以创建用于设定网页特定格式的样式表文件（文件扩展名为 css），利用它可以统一整个网站中所有网页或同类网页的外观风格。

（3）单击"确定"按钮即可创建一个具有特定内容和风格的网页了。

创建空白网页有两种方法：一种是利用"新建"任务窗格来完成，直接在"新建网页"项中选择"空白网页"；另一种是在"网站"的文件夹列表中单击鼠标右键，选择"新建"、"空白网页"命令或者直接单击文件夹列表右上角的"新建网页"按钮即可在网站的文件夹下新建一个空白网页。

例如，在文件夹列表中选中站点根目录，单击鼠标右键，在弹出的快捷菜单中选择"新建"、"空白网页"命令，即可创建一个名为"index. htm"的空白网页了，这就是整个网站的主页，如图 7.13 所示。该主页将用于网站内容的导航，其界面可称为导航界面。

图 7.12　"网页模板"对话框

图 7.13　新建的空白网页

2. 应用主题

与 Office 系列的其他软件一样，FrontPage 也设置了许多美观大方的主题，主题中预先设置了网页的背景、文字的颜色等网页外观特性，这使得用户在没有专业美工人员的协助下也能设计出精美的网页。设计网页主题的步骤如下：

（1）选择"格式"、"主题"命令，或是直接在任务窗格的下拉列表中选择"主题"，打开"主题"任务窗格。

（2）在"选择主题"列表中，选择一个合适的主题，例如"蔚蓝"、"吉祥如意"等。

7.3.3　插入和编辑网页元素

在网页设计的工作区中，通过编辑方式切换按钮选择"设计"视图。在该视图模式下允许用户查看文档在最终产品中的显示形式，并且可以直接编辑文本、图形和其他网页元素。

1. 设置文本格式

任何一个网页都离不开文本，文本是传递各种信息的主要途径。一个网页中文本的好坏直接决定了整个网页的内容和效果。在网页中输入文本只需将光标定位在要输入文本的地方，然后直接输入即可，如图 7.14 所示。

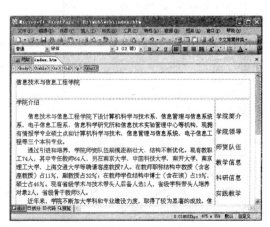

图 7.14　在网页中输入文本

这种效果显然不能满足要求,必须对相应的文本进行格式设置。文本的格式化主要包括字体、字号、修饰效果和颜色等。对于这些属性的设置都是首先选中要修改的文本,这里以标题"安徽财经大学信息工程学院"为例,此时被选中的文本将高亮显示,然后选择"格式"菜单中的"字体"命令,打开"字体"对话框,在"字体"对话框中完成相应的设置,如图 7.15 所示。将标题居中,设置后效果如图 7.16 所示。

图 7.15　"字体"对话框

图 7.16　标题设置后的效果

2. 设置段落格式

文本设置完成后,还要进行段落格式的设置。FrontPage 中段落的概念与 Word 相似,连续地输入文字,系统会自动换行,只有按 Enter 键才表示一段结束。不过,FrontPage 中段与段之间一般会空一行,按 Shift＋Enter 组合键可取消空行。

对于段落属性的设置也是首先选中要修改的段落,下面以导航界面为例进行设置:

首先选中"学院简介"导航界面中所有的文本,选择"格式"菜单中的"段落"命令,打开"段落"对话框,然后在"段落"对话框中对段落的对齐方式、缩进、段落间距等属性进行相应的设置,如图 7.17 所示。

通过标题设置、段落设置和导航界面设置后,网页的基本雏形已经形成,效果如图 7.18 所示。

图 7.17　"段落"对话框

图 7.18　文本设置后的效果图

此外,FrontPage 还可以在明显间隔的地方增加分隔线——水平线,如在标题和其下的内容之间。具体操作步骤为:

(1) 将光标定位在某一行文字的开头,水平线将插入到该行之前;如果将光标定位到某一行文字的末尾,水平线将插入到该行之后。

(2) 选择"插入"菜单中的"水平线"命令,即可插入一条水平线。

若要修改水平线属性,首先选中水平线,然后单击鼠标右键,在弹出的快捷菜单中选择"水平线属性"命令,打开"水平线属性"对话框,通过调节"宽度"(水平线长短)、"高度"(水平线粗细)、"颜色"、"对齐方式"等选项设置水平线格式。

3. 插入图片

图片是网页中仅次于文字的信息载体,与文字一起构成了网页的主体。图片在网页中出现通常有两种形式:作为网页内容或背景。作为背景出现在网页中的图片可以和文字等其他内容层叠,但作为内容的图片通常独立地显示。

在网页中,图片使用最多的是 GIF 格式和 JPEG 格式的,这两种格式的图片是经过压缩处理的,能够显著地减少对带宽的占用,因此适合在 Internet 上传输。

在网页中使用图片元素一般分为两步:一是将图片插入到指定位置;二是对图片进行编辑。

首先介绍图片的插入,具体步骤如下:

(1)将光标定位在待插入图片的位置。

(2)选择"插入"、"图片"、"来自文件"命令,打开"图片"对话框,如图 7.19 所示。

图 7.19　"图片"对话框

(3)选择要插入的图片文件,单击"插入"按钮后返回网页,图片已插入成功,如图 7.20 所示。

图 7.20　图片插入后的效果

图 7.21 "图片属性"对话框

显然插入的图片不能满足整个网页的设计要求,需要对图片进行适当的编辑,具体步骤如下:

(1) 在插入的图片上单击鼠标右键,选择"图片属性"命令,打开"图片属性"对话框,选择"外观"选项卡。

(2) 在"环绕方式"选项区中选择"左(L)"选项,在大小选项区中选中"指定大小"和"保持纵横比"复选框,在"宽度"和"高度"数值框中输入图片的大小,如图 7.21 所示。

(3) 单击"确定"按钮,返回网页,图片编辑后的效果如图 7.22 所示。

图 7.22 图片编辑后的效果

除了利用"图片属性"对话框对图片进行编辑之外,还可以使用"图片"工具栏。"图片"工具栏如图 7.23 所示。

图 7.23 "图片"工具栏

除与 Word 类似的图片编辑功能之外,FrontPage 还提供了更多的图片编辑功能:

(1) 旋转或翻转图片功能可以将图形顺时针或逆时针旋转 90 度,也可以将图形水平翻转(将图形上下倒置)或垂直翻转(生成一个镜像图像)。

(2) 凹凸效果功能为图形添加凹凸效果边框,使其具有凸起的三维外观。如果要把图片制作成按钮,这个功能非常有用。

(3) 创建热点功能的热点可以是图片上具有某种形状的一块区域或是一段文本,它就是一种超链接。当网站访问者单击该区域或文本时,链接的目标就会显示在 Web 浏览器中。在

FrontPage 中,图片热点的形状可以是长方形、圆形或多边形,具体的设置见 7.4.3 节。

(4) 设置透明色功能可以选择图片中的一种颜色使其成为透明色,此后无论该颜色出现在何处,背景都可以透过该颜色显示出来。注意:每个图形只能有一种透明色,而且设置透明色一般用于 GIF 格式的图片文件。

4. 项目符号和编号

FrontPage2003 中的项目符号和编号功能与 Word 相似,选择"格式"、"项目符号和编号"命令,打开"项目符号和编号方式"对话框,选择合适的项目符号或编号样式。

7.4　创建超链接

超链接(也叫超文本链接或链接)是 Web 的精华,它体现了 Web 作为媒体的独特性质——"页面转向"机制内置在页面的内容中。利用超链接可以有效地组织 Web 站点中的元素,使 Web 页交织成网状结构,让访问者更加方便、快捷地访问站点中的信息。

超链接由两部分组成:一是链接的载体,就是网页中的文字或图片;二是链接的目标地址,也就是链接所要指向的内容。

7.4.1　定义文字超链接

建立文字超链接的具体步骤如下:

(1) 选择要建立超链接的文字,例如导航界面中的"师资队伍"。

(2) 通过选择"插入"、"超链接"命令,或是单击常用工具栏上的"插入超链接"按钮,或是用鼠标右键单击所选文字,在弹出的快捷菜单中选择"超链接"命令来打开"插入超链接"对话框,如图 7.24 所示。

图 7.24　"插入超链接"对话框

(3) 在"地址"栏中输入超链接的目标地址,可以有四种方式:

① 输入本地计算机中的某个网页,包括路径和文件名,也可以在"查找范围"列表中选择网页文件。

② 输入 Internet 网站,如 http://www.sina.com.cn/,也可以单击"浏览 Web"按钮,通过浏览器查找网站。

③ 链接到新制作的网页上,在对话框的最左边列表中单击选择"新建文档",Front-Page2003 会新建一个网页窗口,在那里制作好并存盘的网页文件就是超链接的目标地址。

④ 建立电子邮件地址的超链接,在对话框的最左边列表中单击选择"电子邮件地址",打开如图 7.25 所示的对话框,在"电子邮件地址"栏中输入电子邮件的地址,例如:mailto:antest @yahoo.com.cn。

图 7.25　电子邮件超链接

例如,选定当前文件夹中的网页文件"shi.htm"作为链接目标。

(4) 单击"确定"按钮,则建立了文字超链接,可以发现设置超链接的文字变成了蓝色,并且带有下划线,如图 7.26 所示。

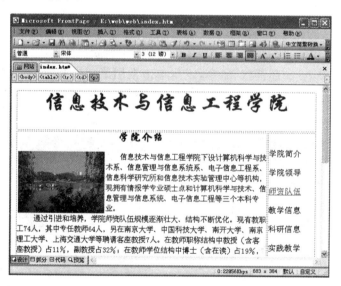

图 7.26　文字超链接

在预览视图下,当把鼠标指向刚才建立了超链接的文字时,鼠标指针变成了手形,单击它即可切换到所链接的目标对象。

若要删除超链接,只需在"编辑超链接"对话框中将地址栏中的内容清空即可。

7.4.2　建立图片超链接

图片超链接和文字超链接的建立方法基本相似,具体步骤如下:

(1) 首先单击选取要建立超链接的图片。

(2) 选择"插入"、"超链接"命令,打开"插入超链接"对话框,如图 7.24 所示。

（3）在"地址"栏中输入链接的目标地址。

（4）单击"确定"按钮，即可建立图片超链接。

在预览视图下，单击图片就可以跳转到链接的目标地址。

7.4.3　建立图片热点超链接

如果要做一个介绍中国各地旅游景点的网站，就可以以中国地图作为首页，想要了解某个地方的旅游景点，直接点击中国地图上的相应位置。这就要求在一张中国地图的图片上，按照各个地区的形状做不同的超链接。

要使一个图片指向多个链接目标，就是单击图片的不同部分可以跳转到不同的目标对象，这就要用到图片热点超链接。FrontPage2003 支持这种功能，通过在一个图片上定义多个热点，每一个热点对应一个超链接。所谓热点就是图片上的一块不可见的区域，该区域分配了一个超链接，热点的形状可以是矩形、圆形或多边形等。创建图片热点超链接的具体步骤如下：

（1）首先选取要建立热点的图片，并打开"图片"工具栏。

（2）选择热点，单击"图片"工具栏上的"长方形热点"、"圆形热点"或"多边形热点"按钮中的一个，在图片上按所选形状画矩形、圆形或多边形。在画多边形时，首先单击多边形的第一个角，然后依次单击多边形每个角的位置，最后双击完成绘制。

（3）热点区域绘制完成后会自动弹出"插入超链接"对话框，按前述的超链接定义方法，指定热点超链接的目标地址。

切换到预览视图下，单击图片上的热点位置就可以跳转到相应的链接目标。如果要移动热点在图片上的位置，只需单击"图片"工具栏上的"选定"按钮 ，然后单击热点并移动，重新设置热点位置即可。

7.4.4　建立书签超链接

用超链接的方法不仅可以在多个网页之间进行跳转，还可以在同一个页面内跳转。在一些内容很多的网页中，设计者常常在该网页的开始部分以网页内容的小标题作为超链接。当浏览者点击网页开始部分的小标题时，网页将跳到对应小标题的内容上，免去了浏览者翻阅网页寻找信息的麻烦。其实，这就是在网页中对应小标题的内容处插入了书签，再通过链接书签来实现的。

书签，也称为锚记或锚点，用来标记网页中的特定位置，使用超链接可以实现对该书签位置的跳转。在网页中建立书签超链接包括两方面的工作：一是在网页中建立书签；另一个就是为书签建立超链接。

创建书签的具体步骤如下：

（1）首先选定书签的插入位置，可以选取若干文字，也可以不选取文字，直接选取光标所在的位置。

（2）选择"插入"菜单中的"书签"命令，打开"书签"对话框，如图 7.27 所示。

（3）在"书签名称"文本框中输入书签名，以定义超链接时的目标对象。

（4）单击"确定"按钮，在设计视图下被选文字下加了下划虚

图 7.27　"书签"对话框

线,表示这里有一个书签;如果是在光标位置定义了书签,则显示的是一个小旗 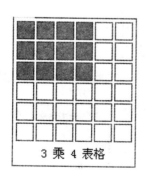 。

建立书签后,接下来就是要链接书签。定义超链接时,在"插入超链接"对话框中单击"书签"按钮或是单击对话框最左边列表中的"本文档中的位置"项,选择定义好的某书签。

如果需要对某书签进行编辑,则选择"插入"、"书签"命令,在对话框中可以修改书签名,或者选择某书签后,单击"转到"按钮,可以检查该书签的位置;若单击"清除"按钮则删除该书签。

7.5 表格

表格以行和列的形式来组织信息,具有容量大、结构严谨和效果直观等多个优点,是网页中不可缺少的记录或总结工具,如个人简历、产品信息、业务报表等都能用到表格。在网页编辑中表格既可以用来放置数据,使浏览者便于查阅,又可以用于网页版面的设计。表格实际上和文字、图片一样,是网页的一个基本元素。

7.5.1 创建表格

1. 创建一个规则的表格

1)使用工具栏按钮

这是一种最简单快速的方法,单击"常用"工具栏上的"插入表格"按钮 ,弹出表格面板,在表格面板上拖动鼠标选择所需要的行数和列数,选择过的颜色会加深(如图 7.28)。一旦选定,释放鼠标,所需表格就可以插入到网页中了。

2)使用菜单命令

选择"表格"菜单下的"插入"、"表格"命令,在弹出的"插入表格"对话框中填入指定的行数和列数(如图 7.29),如果需要还可以设置其他的表格属性。

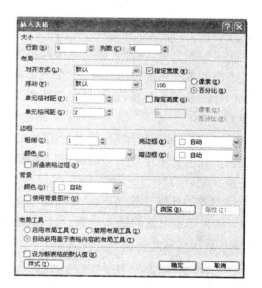

图 7.28　插入表格按钮

图 7.29　"插入表格"对话框

2. 手动创建一个不规则的表格

选择"表格"、"绘制表格"命令,FrontPage 会打开"表格"工具栏,如图 7.30 所示,选择其中的"绘制表格"按钮 ，使其保持下沉状态，鼠标的指针变为笔状。在网页中使用鼠标从表格的左上角向右下角拖动，以绘制表格的外边框，使用水平和垂直线绘制表格中的单元格。如果要删除

图 7.30　"表格"工具栏

不想要的线，单击"表格"工具栏上的"擦除"按钮，按住鼠标从要删除的线的一端拖动通过这条线段，当线段变为红色时释放鼠标即可删除该线段。当表格绘制完毕后，再次单击"表格"工具栏上的"绘制表格"按钮，取消对该按钮的选取状态。

7.5.2　设置表格

创建表格后，在表格的任意单元格中单击鼠标右键，可以通过在弹出菜单中选择"插入行"、"插入列"或"拆分单元格"命令在表格中添加新的单元格。选中若干相邻的单元格，单击鼠标右键，在弹出的快捷菜单中选择"删除单元格"命令则删除所有选中的单元格，选择"合并单元格"命令则合并所选中的单元格，选择"拆分单元格"命令则以相同的方式拆分选中的单元格。当鼠标移动到表格的边框位置，鼠标指针会变成双向箭头形，此时在边框上单击鼠标，可以通过拖动鼠标指针来调整单元格的宽度和高度。

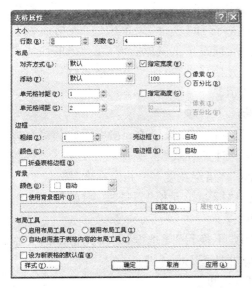

图 7.31　"表格属性"对话框

1. 表格属性

除了上述一些设置之外，有时还需要对表格的整体属性进行设置。首先选中一个已有的表格，然后选择"表格"菜单中的"表格属性"、"表格"命令，或是单击鼠标右键，在弹出的快捷菜单中选择"表格属性"，即可打开如图 7.31 所示的"表格属性"对话框。

1）布局

"布局"选项区用来设置表格整体在网页中的布局方式，包括对齐方式、浮动、单元格衬距和单元格间距等。

（1）"对齐方式"：设置表格整体在网页中的对齐方式。

（2）"浮动"：指定文本是以向左还是向右的方式环绕表格显示。如果不需要文本环绕表格显示，则选择"默认"。

（3）"单元格衬距"：指定单元格内容与边框之间的距离。

（4）"单元格间距"：指定单元格边框的宽度。

（5）"指定宽度"、"指定高度"：设置表格的宽度和高度，它们可以用像素来表示也可以用百分比来表示。如果以百分比作为单位，数值表示表格占当前窗口宽度或高度的百分比。

2）边框

"边框"选项区用来设置表格边框的外观属性，包括边框的宽度和颜色。

（1）"粗细"：设置表格边框的宽度，单位是像素，如果将"粗细"设置为 0 的话，表格的边框将被隐藏。

(2)"颜色":为表格的边框设置统一的颜色。

(3)"亮边框"、"暗边框":为表格设置双色边框,构成三维效果,如图 7.32 所示。

序号	姓名	性别	籍贯	政治面貌	职称	学历	职务
1	姜欢	男	江苏扬州	中共党员	教授	博士	院长
2	孙璐	女	安徽蒙城	中共党员	副教授	博士	实验室主任
3	彭俊	女	黑龙江哈尔滨		副教授	硕士	
4	陆欣玮	男	山东菏泽	中共党员	高级实验师	硕士	
5	宋庆	男	浙江温州	九三学社	高级政工师	硕士	
6	尚卫华	男	安徽桐城	中共党员	教授	硕士	副院长
7	张洋	男	河北衡水		讲师	硕士	
8	鞠华彬	男	河南信阳	中共党员	助教	本科	

图 7.32 设置表格边框构成三维效果

3)背景

"背景"选项区为表格设置背景,分为颜色背景和图像背景。

(1)"颜色":为表格选择背景颜色。

(2)"使用背景图片":要为表格设置图像背景,单击"浏览"按钮,打开"选择背景图片"对话框,为表格指定一个背景图像。

如果同时设置图像背景和颜色背景,颜色背景会被图像背景所覆盖,如果图像上有透明色,颜色背景可以从图像透明的部分中看到。

2. 单元格属性

除了表格属性的设置外,每个单元格还可以进行属性的设置。首先选中一个已有表格中

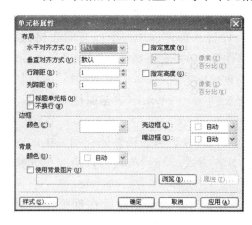

图 7.33 "单元格属性"对话框

的单元格,然后选择"表格"菜单中的"表格属性"、"单元格"命令,或是单击鼠标右键,在弹出的快捷菜单中选择"单元格属性",打开"单元格属性"对话框,如图 7.33 所示。

1)布局

"布局"选项区用来设置单元格中内容的对齐方式,包括"水平对齐方式"、"垂直对齐方式"、"行跨距"、"列跨距"、"指定宽度"和"指定高度"等。

(1)选中"标题单元格"复选框,则单元格中的文字会被加粗。

(2)选中"不换行"复选框,则单元格中的文本不会换行,除非按下 Enter 键。

(3)"指定宽度"、"指定高度":设置单元格的宽度和高度。

2)边框

"边框"选项区用来设置单元格边框的外观属性,包括亮边框和暗边框,设置方法与"表格属性"对话框中对边框的设置类似。

3)背景

"背景"选项区为单元格设置背景,方法和"表格属性"对话框中对背景的设置相似,只是,这里设置的是每一个单元格的背景。不同的单元格可以有不同的颜色背景或图像背景。

7.5.3 利用表格布局网页

表格布局是最常用的一种页面布局技术。表格最大的好处就在于可以根据需要将页面分

成任意大小的单元格,并且在单元格内可以嵌入任何网页对象,包括表格本身。表格中对文字或图片的编辑与一般的编辑方法相同,不过不同单元格的内容是相互独立的。

在 FrontPage2003 中提供了布局表格的概念,这类表格专门用于网页的布局。在菜单栏中选择"表格"、"布局表格和单元格"命令,或是在任务窗格的下拉列表中选择"布局表格和单元格",打开"布局表格和单元格"任务窗格,可以在"新建表格和单元格"项中选择手工绘制布局表格或布局单元格,也可以在"表格布局"下拉列表中选择适合所设计网页的布局形式。

7.6　表单的使用

表单是用来收集浏览者信息的工具,使用它可以在访问者和网站之间提供一个交互的通道。本节主要介绍 FrontPage 中有关表单的各种操作,包括插入表单元素、设置表单元素属性等。

7.6.1　表单的插入与设置

打开要插入表单的网页,在"设计"视图中将光标置于适当的位置,选择"插入"菜单中的"表单"、"表单"命令,在网页中就会出现如图 7.34 所示的虚线框和两个按钮。虚线框代表当前表单的范围,两个按钮分别是"提交"和"重置",负责提交表单数据和恢复表单的默认状态。

图 7.34　表示表单范围的虚线框和按钮

在虚线框中单击鼠标右键,选择"表单属性"命令,在弹出的"表单属性"对话框中可以设置表单的基本属性。该对话框由两个选项区构成:

(1)"将结果保存到"选项区:设置表单中的数据在提交后的保存方式,有"发送到文件"、"发送到电子邮件地址"、"发送到数据库"、"发送到其他对象"等四种选择。通过选择单选按钮选中某种方式,然后根据不同的方式在文本框中输入相应的信息。例如,要将结果保存到站点 _private 目录下的 data.txt 文件中,就选择"发送到"按钮,在"文件名称"中填入文件路径"_private/data.txt"。

(2)"表单属性"选项区:设置表单的名称。

7.6.2　插入表单元素

表单是一个容器,表单中用来填写信息的文本框、选项按钮、复选框等都称为表单元素。在"设计"视图中将光标置于表单虚线框中合适的位置上,就可以插入各种表单元素了。

FrontPage 提供了八种基本的表单元素,使用它们可以创建出常用的表单效果。打开"插入"菜单中的"表单"子菜单,在该子菜单下有多种表单元素可供选择,可将一些主要的表单元素插入到"反馈"网页中,效果如图 7.35 所示。

下面就分别介绍各种表单元素的用途:

(1)文本框:用于让浏览者输入信息量较少的文本,文本框只有一行,所以当输入的文本

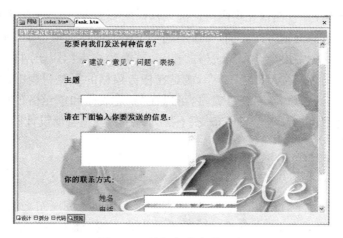

图 7.35 认识各种表单元素

超过文本框宽度时,多余的部分将被隐藏起来。

（2）文本区:又称滚动文本框,浏览者可以在其中输入任意长度的文本,输入的文本会自动换行。

（3）文件上传:在表单中插入文件上传控件。

（4）复选框:访问者能够在所提供的选项中进行多选,被选中的复选框中标有"√"。

（5）选项按钮:只允许访问者选择一个选项,被选中的按钮中有一个黑点。

（6）分组框:在表单中添加分组框以对一组相关控件进行分组。

（7）下拉框:提供一个下拉式选项列表,用户可以从中选择一项或多项。

（8）高级按钮:按钮是最常使用的表单元素,单击按钮可以进行某项操作,也是最常使用的操作。

插入各种表单元素的操作也十分简单,只要在网页中输入相应的文字,然后选择"插入"菜单中的"表单"子菜单,单击选择其中的各种表单元素即可。

7.6.3 设置表单元素的属性

插入各种表单元素后,还需要对这些表单元素进行属性设置。主要元素的属性设置介绍如下:

1. 文本区

在表单范围内选中滚动文本框,单击鼠标右键,在弹出的快捷菜单中选择"表单域属性"命令,或是双击滚动文本框,打开"文本区属性"对话框,如图 7.36 所示。

其中,"名称"文本框用来设置文本区的名称;"初始值"文本框可以设置文本区的初始内容,即表单被打开时文本区的值;"宽度"数值框能够以像素为单位设置文本区的宽度;"行数"可以设置文本区允许显示的行数,如果超出了指定行数,则文本区的滚动按钮就会被激活,此时用户可以使用滚动按钮上下移动文本进行查看。

2. 文本框

文本框的属性设置和文本区基本类似,只是多了个"密码域"属性。"密码域"能够设置单行文本框是否为密码输入框,如果选择"是",则任何输入文本框的文本都以"●"号显示。

3. 复选框

用上述同样的方法打开"复选框属性"对话框,如图 7.37 所示。

除了和前面文本区相同的设置外,该对话框还多了个"初始状态"选项组,其中的两个单选按钮分别代表该复选框的初始状态是"选中"还是"未选中"。

图 7.36　"文本区属性"对话框

图 7.37　"复选框属性"对话框

4. 选项按钮

设置选项按钮属性的对话框和图 7.37 基本相似,唯一不同的是多了个"验证有效性"按钮,单击该按钮后会打开如图 7.38 所示的对话框。

当在表单上使用了选项按钮时,往往需要访问者返回至少一个数据以供参考,此时可以选中"要求有数据"复选框,这样访问者在提交表单前必须选中组中的一个选项按钮。

图 7.38　验证选项按钮的有效性

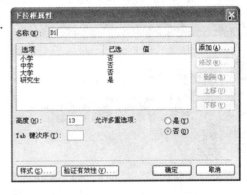

图 7.39　"下拉框属性"对话框

5. 下拉框

双击表单范围内的下拉框,打开相应的"下拉框属性"对话框,如图 7.39 所示。

下拉框的作用就是提供访问者若干个选择,因此设置下拉框属性的主要操作就是在列表中添加各个选项。单击对话框中的"添加"按钮就会打开另一个对话框,可以从中依次添加下拉框中要显示的所有选项,还可以设置各个选项的初始状态。

如果允许访问者在下拉框中同时选择多个选项,可以选中"允许多重选项"右侧的"是"单选按钮。同时,单击列表框右侧的"上移"和"下移"按钮可以调整列表中各个选项的顺序;单击"验证有效性"按钮,可以设置是否需要访问者在提交表单前必须选中下拉框中的选项。

6. 标签

标签可以实现文本与表单之间的关联,用来提示表单域的含义(标签说明),当单击文本标签后,光标就会显示在相对应的表单元素内了。

姓名

图 7.40　插入文本标签

插入表单域并键入标签文本后,选中表单域及相关文本,然后选择"插入"、"表单"、"标签"命令即可插入文本标签,在设计视图下效果如图 7.40 所示。

7.7　框架

框架技术能够将浏览器窗口分为几个区域,每个区域称为一个框架,可以显示单独的网页,由一组框架构成的网页称为框架网页。框架网页是一种特殊的网页,它本身不包括任何可见内容,只用来记载框架显示什么和如何显示。

7.7.1　创建框架网页

FrontPage 对框架的创建提供了强大的支持,开发者可以利用 FrontPage 提供的框架模板来创建框架网页,具体步骤如下:

(1) 选择"文件"、"新建"命令,打开"新建"任务窗格,单击"新建网页"项下的"其他网页模板",弹出"网页模板"对话框。

(2) 选择"框架网页"选项卡,如图 7.41 所示,在列表中选择一个合适的框架模板,在预览窗口中可以看到所选择的框架的比例。

(3) 单击"确定"按钮就创建了一个框架网页,如图 7.42 所示。

图 7.41　"网页模板"中的"框架网页"

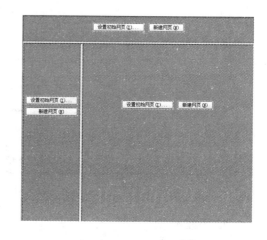

图 7.42　框架网页

可以看到框架网页中每个部分都有两个按钮:"设置初始网页"和"新建网页"。单击"设置初始网页"可以打开"插入超链接"对话框,用户可以从中选定当前站点中的某个网页或直接在"地址"栏中输入初始网页的 URL,单击"确定"按钮即可将网页添加到框架中的相应位置。单击"新建网页",FrontPage 将在框架内的相应位置创建一个新的网页。

图 7.43 所示为创建的框架网页效果,其中左侧和标题位置的网页都是新建的。

向框架中添加网页后,需要单独保存每个独立窗口中的网页,同时还要保存整个框架网页。在本例中,首先选中整个框架网页,单击"常用"工具栏中的"保存"按钮,此时会打开如图 7.44 所示的"另存为"对话框,依次保存整个框架网页和各个框架中的网页。

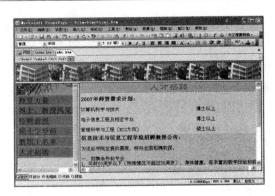
图 7.43　带框架的网页

图 7.44　保存带框架的网页

7.7.2　框架的各种设置

创建了框架网页后,还可以对其进行各种设置,例如拆分框架、设置框架属性、删除框架等。下面分别进行介绍。

1. 拆分框架

将光标移到需拆分的框架中,选择"框架"菜单中的"拆分框架"命令,在弹出的对话框中(见图 7.45)选择"拆分成列"或"拆分成行"的命令,将当前框架按行或按列二等份。

拆分框架还可以使用鼠标拖动的方式,即将鼠标置于窗口分界的框架线上,待其变为双向箭头后,按住 Ctrl 键直接拖动鼠标,就会发现框架中又出现了新的框架,如图 7.46 所示。

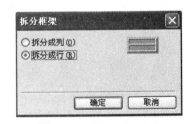
图 7.45　"拆分框架"对话框

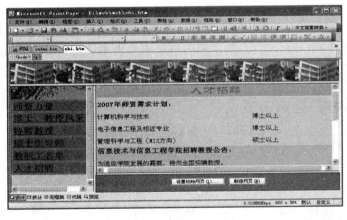
图 7.46　拆分框架的效果

2. 设置框架属性

选中框架,选择"框架"菜单中的"框架属性"命令,或是单击鼠标右键,从快捷菜单中选择"框架属性"命令,打开"框架属性"对话框,如图 7.47 所示。

(1)名称:设置框架名称。

(2)初始网页:设置该框架窗口中显示的初始网页。

(3)框架大小:设置当前框架的列宽和高度。设置框架的列宽和高度应该首先选择度量单位,在"列宽"和"高度"数值框后的下拉列表中可以选择"百分比"、"像素"或"相对"作为单位。"像素"表示以像素值来指定框架的大小;"百分比"表示以浏览器窗口大小的百分比来设

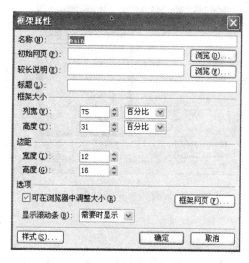

图 7.47 "框架属性"对话框

置;"相对"是指综合考虑同一行或同一列的其他框架的大小来指定框架的大小,例如当两个框架位于同一列,如果每个框架的相对高度都是 1,则表示每个框架的高度都是总高度的 1/2。

(4) 边距:设置框架内的元素与边框的距离。

(5) 选项:设置框架在浏览器中的显示方式。

① 可在浏览器中调整大小:如果选中了该复选框,就表示当在浏览器中打开网页时,访问者可以改变框架的尺寸。

② 显示滚动条:有三个选项,即需要时显示、不显示和始终显示,默认的是"需要时显示"。需要时显示是指框架没有滚动条,只有内容装不下时,滚动条才会自动出现;不显示表示无论什么时候滚动条都不会出现,多余的部分将被隐藏起来;始终显示表示无论什么时候滚动条都会出现。

3. 删除框架

用鼠标单击选中要删除的框架,选择"框架"菜单中的"删除框架"命令,则当前框架被删除。

7.7.3 框架的超链接

在框架网页中创建超链接的方法和普通超链接基本相同,只是在目标框架的指定上有更多的选择,如图 7.48 所示:

(1) 相同框架:在同一个框架中显示链接的页面。

(2) 整页:在当前整个窗口中显示链接的页面。

(3) 新建窗口:打开一个新的浏览器窗口显示链接页面。

(4) 父框架:如果本框架是另一个框架的子框架,链接页面就会在上一层的父框架中显示。

除了"公用的目标区"可选外,还可以在"当前框架网页"中根据所创建的框架网页结构的不同,选择不同的目标框架。

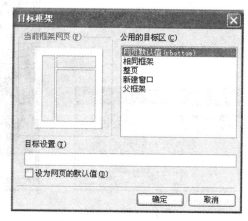

图 7.48 "目标框架"对话框

7.8 增加网页动态效果

为了使网页中的内容以更加生动、直观的方式呈现出来,常常需要在网页中添加一些动态效果和多媒体。FrontPage2003 为网页设计者提供了一个广阔的空间,可以通过插入许多特殊的对象来丰富网页效果。

1. 活动字幕

活动字幕就是能够在网页中按照特定方式进行移动的文字,通常可以使用它来发布网站内的一些通知或提示信息。

将光标置于要插入字幕的位置,选择"插入"菜单中的"Web 组件"命令,在弹出的"插入 Web 组件"对话框中选择"动态效果"组件类型,在右侧的列表框中选择"字幕"效果,如图 7.49 所示。

在弹出的"字幕属性"对话框中可以进行以下设置,如图 7.50 所示:

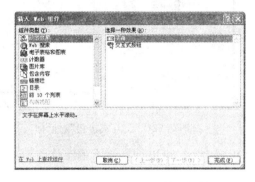

图 7.49　"插入 Web 组件"对话框　　　　图 7.50　"字幕属性"对话框

(1) 文本:设置活动字幕的内容。

(2) 方向:设置字幕的运动方向,包括"左"和"右"两个方向。

(3) 速度:设置字幕每次运动的距离和延迟的时间。其中,"延迟"表示两次移动之间的延迟时间,以 ms 为单位;"数量"表示两次移动所间隔的距离,以像素为单位。

(4) 表现方式:设置字幕运动的方式,包括:"滚动条"方式,即按照方向的设置在网页中从一端向另一端滚动,到尽头后,又重新从起点滚动;"幻灯片"方式,即按照方向的设置在网页中运动一次;"交替"方式,即按照方向的设置在网页中从一端跑到另一端,然后再反弹回来。

(5) 大小:设置字幕移动区域的大小,包括宽度和高度。

(6) 重复:设置活动字幕在网页中重复移动的次数,可以选择"连续移动"或者设定具体的移动次数。

(7) 背景色:设置活动字幕的背景颜色。

设置完成后,单击"确定"按钮,即可在网页中插入活动字幕,在预览视图下可以查看其效果,如图 7.51 所示。

2. 交互式按钮

在访问某些网站时可以发现,当把鼠标移到网页中的某些按钮上时,按钮的颜色会发生某些变化,从而产生动态的按钮效果。FrontPage2003 的交互式按钮也提供了这种功能,它可以产生按钮发光、显示自定义图片或播放声音等效果。

将光标置于网页中合适的位置,选择"插入"菜单中的"Web 组件"命令,在弹出的"插入 Web 组件"对话框中选择"交互式按钮"效果,单击"完成"按钮,打开如图 7.52 所示的对话框。

选择"按钮"选项卡,在"按钮"下拉列表中选择按钮的特殊效果,在"文本"栏中输入按钮上的提示文本,在"链接"文本框中输入单击按钮时链接的目标对象,也可以通过单击"浏览"按钮进行选择。

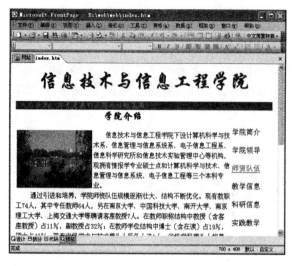

图 7.51　添加活动字幕后的效果　　　　图 7.52　"交互式按钮"对话框

如果要对按钮上的文本进行设置,则选择"字体"选项卡,可以选择文本的字体、字形、字号、对齐方式以及处于不同状态时的颜色等。

3. 声音的插入与设置

除了文本、图像等基本元素之外,网页中还可以使用声音媒体元素,从听觉效果上丰富网页的内容。ForontPage2003 支持多种声音格式,包括普遍使用的 MIDI、AU、WAV 等格式。

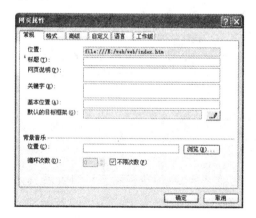

图 7.53　"网页属性"对话框

1) 插入背景音乐

打开要插入声音的网页,进入"网页属性"对话框,选择"常规"选项卡,如图 7.53 所示。在"背景音乐"选项区中单击"浏览"按钮,弹出"背景音乐"对话框,选择要插入的声音文件,单击"确定"按钮就可以将选择的声音文件作为背景音乐插入到网页中了。此外,还可以在"循环次数"数值框中设置音乐的重复播放次数。

作为背景音乐插入的声音不受浏览者的控制,当网页打开时自动播放,重复播放设定的次数后就停止播放。

2) 插入声音插件

在很多情况下,需要给浏览者提供一个播放声音的控制器,帮助浏览者控制网页中声音的播放,这就需要使用插入插件的方式来插入声音。

将光标置于要插入声音插件的位置,选择"插入"菜单中的"Web 组件"命令,在"插入 Web 组件"对话框中选择"插件",如图 7.54 所示。

在打开的"插件属性"对话框中(见图 7.55),单击"数据源"右边的"浏览"按钮,选择要播放的声音文件,单击"确定"按钮,在设计视图下会出现一个插头标志。

如果在"插件属性"对话框中选择"隐藏插件",预览时播放器将不显示出来。

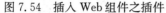

图 7.54　插入 Web 组件之插件

图 7.55　"插件属性"对话框

3）声音文件的超链接

如果指定声音文件为链接目标，则浏览者单击后，将会运行媒体播放软件 Windows Media Player 播放该声音文件。

4. 视频的插入与设置

FrontPage2003 中控制视频的方法和音频相似。

1）插入视频插件

将光标置于要插入视频插件的位置，选择"插入"菜单中的"Web 组件"命令，在"插入 Web 组件"对话框中选择"插件"，将弹出"插件属性"对话框，单击"数据源"右边的"浏览"按钮，选择视频文件，单击"确定"按钮。切换到预览视图下，视频就自动播放了。

2）视频文件的超链接

如果指定一个视频文件作为链接目标，则浏览者单击后，将会运行媒体播放软件 Windows Media Player 播放该视频文件。

3）插入视频文件

将光标置于要插入视频的位置，选择"插入"、"图片"、"视频"命令，打开"视频"对话框，选择要插入的视频文件，单击"确定"按钮。切换到预览视图下，视频就可以自动播放了。在插入的视频上单击鼠标右键，选择"图片属性"命令，在"图片属性"对话框中选择"视频"选项卡可以设置视频重复播放的次数和每次播放的时间间隔。

7.9　发布网站

整个网站制作完成后，就要准备将它在互联网上发布以展示所设计的站点。事实上发布一个站点就是将站点文件夹复制到一个目的地，这里的目的地是指他人可以通过网络浏览到的 WEB 服务器上的一个空间。

在发布站点之前，首先要确定以下事情是否就绪：

（1）确认网页的外观是否是想要的；

（2）检查超链接是否正常链接；

（3）站点中设置好的各项功能是否都可以正常工作。

7.9.1　网站的本机测试

网站制作完成后，不用着急将它立即上传到互联网上，可以在本地计算机上对所制作的网站先进行一下测试,检查是否一切准备就绪,以便进一步完善其效果。要进行网站的本机测试,就需要架设本地服务器。下面,就以 Microsoft Windows XP 的 Internet 信息服务(IIS)为例介绍如何安装和使用本地服务器,具体步骤如下:

(1) 在打开的"我的电脑"窗口中双击"控制面板"选项,进入"控制面板"窗口。双击该窗口中的"添加或删除程序"选项,打开"添加或删除程序"窗口。

(2) 在"添加或删除程序"窗口中,单击左侧的"添加/删除 Windows 组件"按钮,弹出"Windows 组件向导"对话框,如图 7.56 所示。

选中"Internet 信息服务(IIS)",可以单击"详细信息"按钮进一步选择 IIS 的子组件。其中,"万维网服务"选项就是要配置的 Web 服务器,默认是选中全部的组件,如图 7.57 所示。

图 7.56　添加/删除 Windows 组件

图 7.57　选择 IIS 子组件

(3) 单击"下一步"按钮,即开始安装程序。

(4) 安装过程中需要一些文件,如果硬盘里没有操作系统的备份,可以将操作系统的光碟插入到光驱中。安装成功后,在"管理工具"窗口中即可看到 IIS 组件的快捷方式,如图 7.58 所示。双击"Internet 信息服务",打开"Internet 信息服务"窗口,对 IIS 进行配置。

(5) 注意观察"Internet 信息服务"窗口左边的控制台树,展开其中小计算机图片前的加号,出现下一级内容,右击"默认网站",在弹出的快捷菜单中选择"属性"命令,如图 7.59 所示。

图 7.58　IIS 服务组件快捷方式

图 7.59　设置默认网站属性

(6) 在弹出的"默认网站属性"对话框中,选择"主目录"选项卡,在"连接到资源时的内容来源"中选择第一个单选按钮"此计算机上的目录",并在"本地路径"文本框中输入站点的根目录路径,也可以通过"浏览"按钮进行选择,如图 7.60 所示。

选择"文档"选项卡,可以设置默认文档,默认文档就是当浏览者输入 URL 时,如果缺省文件名所要显示的第一个网页(也称为主页)。一般习惯将主页命名为 Default 或 Index,可以指定多个默认文档,IIS 将按照列表中的顺序依次查找,可以通过点击上下箭头来更改默认文档的顺序,如图 7.61 所示。

图 7.60　选择发布目录

图 7.61　设置默认文档

这样,就架设好了本地服务器,接下来只要在浏览器窗口的地址栏中输入 http://localhost/,就可以在本地计算机上对所制作的网站进行测试了。

7.9.2　站点的网上发布

站点测试完毕后就可以对外发布了,以便让所有的人都能够通过互联网来浏览自己设计的网站。在网站发布之前,首先要申请发布空间,发布空间有免费的也有收费的,一般情况下,免费的空间比较小,而且服务质量也不如收费空间。

发布空间一旦申请成功,就会得到发布空间的 IP 地址或是域名,以及用户名和密码,这样就可以使用 HTTP(超文本传输协议)或 FTP(文件传输协议)来发布网站了。

利用 FrontPage2003 发布站点的具体步骤如下:

(1) 如果要发布的远程网站在 Internet 中,首先应当接入 Internet。

(2) 在"文件"菜单中选择"发布网站"命令,打开"远程网站属性"对话框,如图 7.62 所示。

按照发布的需要选择相应的"远程 Web 服务器类型",并且在"远程网站位置"文本框中输入申请到的地址。

(3) 单击"确定"按钮后,在工作区中出现"网站"的"远程网站"视图,工作区的左侧是本地网站的文件和文件夹列表,右侧是远程网站的文件和文件夹列表。如果远程网站是新建的则一般右侧工作区中没有内容,如图 7.63 所示。

图 7.62　"远程网站属性"对话框

（4）选择"发布所有更改过的网页"项中的"本地到远程"按钮（见图 7.64），并单击下方的"发布网站"按钮，等待一会即可完成网站的发布。

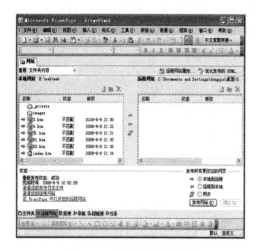

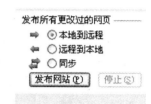

图 7.63　"远程网站"视图　　　　　　　　　　图 7.64　发布网站

本章通过对网站、网页的基础知识和 FrontPage2003 基本功能的介绍，让读者了解了网站、网页制作的基本过程和技巧。任何一个优秀的网站都是由若干高质量的网页组成，因此掌握网页的制作方法是非常必要的。在更为复杂的网站设计中还要涉及到静态图像的处理、动态图像的制作以及建立后台数据库等知识，由于篇幅的限制，不能向大家一一介绍，可以通过查找相关书籍进一步加深自己的网页制作技能。

习题 7

7-1　什么是网页和网站？

7-2　简述网页和 HTML 之间的关系。

7-3　构成网页的基本元素有哪些？

7-4　在 FrontPage2003 中网页工作区左下角有四个标签按钮，它们的名字是什么？各有什么作用？

7-5　简述模板和向导的不同之处。

7-6　什么是超链接？在预览视图下，当鼠标移到超链接上时，鼠标指针会发生什么变化？

7-7　如何修改超链接的设置？

7-8　简述在图像上建立热点超链接的方法。

7-9　书签的主要作用是什么？怎样建立书签超链接？

7-10　如何打开"表格属性"对话框？

7-11　表单的作用是什么？表单的结果可以发送到哪里？

7-12　简述在 FrontPage2003 中创建框架网页的过程。

7-13　表格布局和框架布局有什么差别？各有什么优缺点？

7-14　如何在网页中插入交互式按钮并建立超链接？

7-15　简要描述网站发布的过程。

第8章 数据库基础

本章概要

伴随着人们的生产、生活以及各种活动,数据源源不断地产生,数据是对客观实体属性的记录,是获取信息的基本材料。面对大量的数据,如何才能有效地加以利用,人们经过了长期不断地探索,新的数据处理技术陆续被人们创建和采用。20世纪60年代,数据库技术就诞生了,其主要目的是有效地组织、管理和存取大量的数据资源。目前,数据库技术越来越成熟,应用也越来越广泛。Access是MicroSoft Office系列软件中用于数据库管理的软件,是一种较为流行的数据库管理系统。Access可以方便地用于一般规模和数量的数据、信息处理,可完成数据的收集、存储、维护、查询、发布、管理等工作,是中、小规模数据库应用系统首选的数据库。

在本章中,将通过介绍数据库方面的基本知识,使同学们对数据库及其应用有一个较全面、具体的了解;重点介绍Access 2003的基本功能和操作,使同学们掌握Access的基本的操作、学会利用Access进行简单数据管理。

在本章里,您将能够:

- 了解数据、数据库、数据库管理系统基本知识
- 了解数据组织结构
- 了解Access的用途及基本组成
- 掌握创建数据库、表的基本方法
- 掌握录入和编辑数据的方法
- 初步掌握数据的查询与统计
- 能够创建简单的窗体、报表和数据页
- 初步掌握数据的导入、导出

8.1 数据库基础知识

随着信息时代的到来和互联网的发展,数据与信息处理迅速扩展到社会的各个领域和各个方面。由于信息量的剧增与数据瞬息即变的现实,这就要求数据库系统必须能够提供最先进的现代化手段,提供数据管理与信息处理的最新技术和强有力的工具。在各行各业的数据库应用中,数据库系统所管理、存储的数据,可以说是相关部门的宝贵的信息资源,这些资源直接关系到提高企业的效益、改善部门的管理、改进人们的生活方式,使数据库技术与经济的增长、社会的发展、信息化的进程有着密切的联系,使得这门学科有着巨大的源动力,有着广泛的应用范围和深厚的应用基础。

Access 是 MicroSoft 数据库产品之一,也是众多数据库产品家族中的一员。各种数据库产品为人们的数据和信息管理提供了强有力的支持,它们是现代信息管理的基石。Access 同其他数据库管理系统一样,是建立在数据库相关理论和技术之上的,为了更好地理解和掌握 Access,本节将对数据库相关概念进行简单介绍。

8.1.1　数据与数据库

1. 数据

对大多数人来说,"数据"一词让他们首先想到的就是数字。其实,数字只是最简单的一种数据(Data),这是基于"数"的一种狭义的理解。数据除了可以是数字之外,还可以具有其他多种类型,诸如:文字、图形、图像、声音、语言等。为了了解世界,交流信息,人们需要描述所遇到的各种事物。例如,在日常生活中直接用自然语言来描述自己所喜爱的某一物品,用数字来描述考试成绩,用文字来描述自己的感想,用图像来记录自己的妙曼舞姿等,这些用于记录事物的"符号"都是"数据"。

可以对数据做如下定义:描述事物的符号记录称为数据。描述事物的符号可以是数字,也可以是文字、图形、图像、声音、语言等。数据有多种表现形式,它们都可以经过数字化后利用计算机来存储和处理。

事物的各方面特征对于不同的观察者来说,其关心的程度是不同的。在计算机中,为了存储和处理这些事物,就要提取出对这些事物所关心的特征,形成特定的记录结构。例如:在学生成绩表中,人们最关心的是学生的学号、姓名、考试课程、考试成绩。而在学生学籍表中,人们最关心的是学生的学号、姓名、性别、民族、出生年月、籍贯等内容。

尽管数据是伴随着客观事物的存在和变化而不断地产生着,由于人们所关注的重点的不同,使得有些数据被记录下来,而另一些数据就被忽略、遗忘或丢弃了。数据经过加工后,将产生信息,信息将对接收者的行为能产生影响,对接收者的决策具有一定价值。信息是经过加工后的数据,信息仍然以数据的形式表示。

2. 数据处理

围绕着数据所做的工作均称为数据处理(Data Processing)。数据处理主要分为三类:

(1) 数据管理:收集信息、将信息用数据表示并按类别组织保存,以便在需要的时候能够提供数据。例如,在通讯录上记下同学的 E-mail 地址。

(2) 数据加工:对数据进行变换、抽取和运算,通过数据加工会得到更有用的数据,以指导或控制人的行为或事物的变化趋势。例如,计算本班同学的平均考试成绩,看看自己的成绩是否名列前茅,或者需要更加努力。

(3) 数据传播:在空间或时间上以各种形式传播信息,而不改变数据的结构、性质和内容,使更多的人得到信息。例如,把一条短信发给朋友,把一张照片寄给父母。

3. 数据库

过去人们把数据记录在纸上、胶片上、录音带上,存放在文件柜里,而在科学技术飞速发展的今天,人们的视野越来越广,数据量急剧增加,传统的数据存储方式已经远远不能应付现在的信息处理要求了。当人们收集并抽取出一个应用所需要的大量数据之后,需要采用更有效的方法将其保存起来以供进一步加工处理,进一步抽取有用信息。现在,人们借助计算机和数据库技术来完成记录、保存和管理大量的复杂的经过数字化处理的数据工作,以便能方便而充分地利用这些宝贵的信息资源。

简单地说,数据库(Database,DB),顾名思义,是存放数据的仓库。只不过这个仓库存放的是按一定的格式组织的数据,而且是存放在计算机存储设备上的。严格一点来说,所谓数据库是长期储存在计算机内、有组织的、可共享的数据集合。数据库中的数据按一定的数据模型组织、描述和储存,具有较小的冗余度、较高的数据独立性和易扩展性,并可为各种用户共享。

例如,在进行学校教学管理时,可以把有关学生、教师、教室、课程、成绩等与教学相关的、相互之间存在着一定联系的数据或信息组织起来,集中存放,构成一个"教学管理"数据库。学生、教师、教学管理人员可以按照自己对教学数据的需求来访问和使用这个数据库。

4. 数据库管理系统

数据库管理系统(Database Management System,DBMS)是专门用于管理数据库的计算机系统软件。数据库管理系统的主要功能包括以下几个方面:

(1) 数据定义功能:DBMS 提供数据定义语言(Data Definition Language,简称 DDL),用户通过它可以方便地对数据库中的数据对象进行定义;

(2) 数据操纵功能,DBMS 还提供数据操纵语言(Data Manipulation Language,简称 DML),用户可以使用 DML 实现对数据库的基本操作,如查询、插入、删除和修改等;

(3) 数据库的运行管理功能,数据库在建立、运用和维护时由数据库管理系统统一管理、统一控制,以保证数据的安全性、完整性、多用户对数据的并发使用及发生故障后的系统恢复;

(4) 数据库的建立和维护功能,它包括数据库初始数据的输入、转换功能,数据库的转储、恢复功能,数据库的重组织功能和性能监视、分析功能等。

目前比较流行的 DBMS 有 Access、MS SQL Server、Sybase、DB2、Oracle 和 Informix 等。

5. 数据库系统

数据库系统(DataBase System,DBS)或数据库应用系统(DataBase Application System,DBAS)是使用了数据库技术的应用软件系统。广义地讲,数据库系统应该是指由计算机硬件、操作系统、数据库管理系统,以及在它支持下建立起来的数据库、应用程序、用户和数据库管理员等组成的一个完整的系统。但大多数人都把数据库系统看成是由数据库、数据库管理系统、相关应用软件和有关人员组成的一个应用系统。数据库可以为多个用户所共享,各个用户并不直接与数据库接触,他们通过各自的应用软件来使用数据库中的数据。

8.1.2　数据组织结构

数据库总是基于某种数据模型的,即按某种数据组织方式来存储和管理数据库中的数据。传统的数据模型可以分为三种,即层次模型、网状模型和关系模型,其中关系模型应用的最为普遍。基于关系模型的数据库被称为关系数据库,相应的数据库管理系统也被称为关系数据库管理系统(Relational Database Management System,RDBMS)。目前流行的 DBMS 绝大多数都是基于关系模型的。

按照关系模型,关系是指由行与列构成的二维表。在关系模型中,事物和事物间的联系都用关系来表示。就是说,二维表格中既存放着事物本身的数据,又存放着事物间的联系。见表8-1、8-2、8-3。

表 8-1 学生

学号	姓名	性别	出生日期	班级	入学成绩	照片	生源地	注册
200601011	郑国强	男	1986-10-26	金融学 06	557		安徽	是
200606246	张慎思	男	1986-06-03	法学 06	562		宁夏	是
200615041	吴乐天	男	1985-03-11	会计学 06	559		甘肃	否
200615048	钱云云	女	1986-08-17	会计学 06	553		安徽	是
…	…	…	…	…	…		…	…

表 8-2 课程

课程号	课程名	学分	开课学院	考试否
013001	数据库应用	3	信息工程	否
010002	国际贸易	3	国贸学院	否
009010	高等数学	4	理工学院	是
003010	大学英语	6	外语学院	是
…	…	…	…	…

表 8-3 学习成绩

学号	课程号	成绩	是否重修
200601011	013001	85	否
200601011	003010	76	否
200601011	009010	89	否
200606246	010002	66	否
200615048	013001	77	是
200615048	009010	90	否
…	…	…	…

在关系数据库中，一个关系对应一个表，一个表应该是用来组织、存放关于某种事物的特征的一个数据集合。例如，"学生"表用来存放学生的基本数据；"课程"表用来存放课程的基本数据；"学习成绩"表用来存放学生与课程之间的联系以及成绩数据，等等。每个表所收集的数据应该针对同一个主题。表中的每一行，称为一条记录；表中的每一列称为一个字段。如图8.1所示。

在表中，某一字段的数据应该具有相同意义和性质，它反映了主题某一方面的特征。例如，"学号"字段用来存放学生的学号；"姓名"字段用来存放学生的姓名；"出生日期"字段用来存放学生的出生日期；"入学成绩"字段用来存放学生的入学成绩等。

一个表里，属于同一字段的数据应该有相同的数据意义和类型。为了反映不同的数据，不同的字段可以有不同的数据类型，并且根据类型的不同使用不同个数的字节。在 Access 中，字段常用的数据类型及其长度如表8-4。

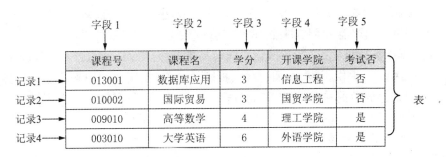

图 8.1 关系(表)的组成

表 8-4 Access 的常用数据类型

数据类型	数据描述	大小
文本	文本或文本与数字的组合,或不需要计算的数字,默认值长度为50	最多为 255 个字符
备注	长文本或文本与数字的组合	最多为 65,535 个字符
数字	用于数学计算的数值数据	1、2、4 或 8 个字节
日期/时间	从 100 到 9999 年的日期与时间值	8 个字节
货币	货币值和用于数学计算的数值数据,这里的数学计算的对象是带有 1 到 4 位小数的数据。精确到小数点左边 15 位和小数点右边 4 位	8 个字节
自动编号	当向表中添加一条新记录时,由 Access 指定的一个唯一的顺序号(按 1 递增)或随机数	4 个字节
是/否	"是"和"否"值,以及只包含两个值之一的字段(Yes/No、True/False 或 On/Off)	1 位
OLE 对象	Access 表中链接或嵌入的对象(例如 Microsoft Excel 电子表格、Microsoft Word 文档、图形、声音或其他二进制数据)	最多为 1 G 字节

一个表可以有若干行,即可以有若干记录。例如,"学生"表中的一行用来存放一个学生的基本数据,如果有 5381 个学生,该表将会有 5381 行记录。记录是由字段组合而成的,是按照预先定义的格式安排的字段(列)集合。

在数据库中,人们可以根据业务的复杂程度,设计和使用多个数据表,并通过数据库管理系统建立各个表之间的关联关系,使之合理、有效地组织和存放数据,以支持实现实际的业务数据和信息管理。

8.1.3 Access 简介

Microsoft Access 是微软公司推出的基于 Windows 的桌面关系数据库管理系统(RDBMS),是 Office 系列应用软件之一。自 Access 加入 Office 以来,每当一个新 Office 面世,Access 也会产生不少变化和改进。人们也许对 Office 家族中的 Word 和 Excel 更熟悉些,这是因为处理单独的文档和表格的机会比系统地收集和管理大量数据要多。当面临众多复杂、大量的数据时,Access 就能够充分表现出它的数据库管理能力,以及对企业或部门业务管理的综合支持能力。

Microsoft Access 在很多地方得到广泛使用,例如小型企业、商场、酒店、大公司的部门、分支机构等,开发人员经常利用它来制作处理管理数据的应用软件系统。目前,Access 仍是较为流行的数据库类软件之一。同时,它也能容易被升级到 Microsoft SQL Server。

Microsoft Access 提供了表、查询、窗体、报表、页、宏、模块 7 种用来建立数据库系统的对象。其中:表用来存放数据;查询用于完成数据的检索和更新;窗体、报表、页提供了与用户间的交互;宏、模块则为更专业化的程序设计提供了方便。Microsoft Access 提供了多种向导、生成器、模板,把数据存储、数据查询、界面设计、报表生成等操作规范化,为建立功能完善的数据库管理系统提供了方便。在进行一般的数据处理时,普通用户不必编写代码,就可以完成大部分数据管理的任务。

Word、Excel 与 Access 的功能是互不相同的,它们各有各的重点和处理任务,同时又能够相互配合,良好地进行数据交换,从不同的层次和不同的角度上处理各类数据和信息。

8.2 创建 Access 数据库和表

Access 数据库是一个容器,在数据库中,将保存表、查询、窗体、报表等 7 种不同的对象。其中,表是最关键也是最基本的对象,因为用户需要管理的数据是以表的形式组织存放的。在进行数据库系统的设计和应用之前,首先必须建立数据库、建立表,然后在此基础上进行后续的工作。本节将介绍如何创建数据库,以及在数据库中创建表。

8.2.1 创建数据库

启动 Access 后,会在系统界面的右方出现"新建文件"任务窗格,如图 8.2 所示。如果新建文件任务窗格没有出现,在系统主菜单中选择"文件",然后单击"新建",这时新建文件任务窗格将会出现。根据需要,可以单击"空数据库",从无到有地建立一个新数据库;也可以单击"通用模板",从系统提供的若干数据库模板中选择一个,以某个预先准备好的数据库作为模板来建立数据库。如图 8.3 中的数据库通用模板。

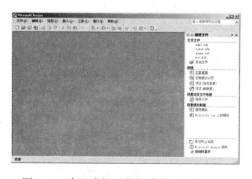
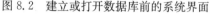

图 8.2 建立或打开数据库前的系统界面

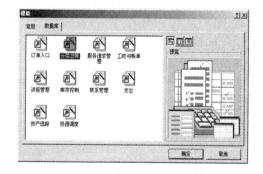

图 8.3 选择数据库通用模板

无论以哪种方式建库,都必须为将建立的数据库指定名称以及存放位置。新数据库将被建立为一个以.mdb 为扩展名的文件,新数据库文件名称像一般文件那样命名即可。当然,数据库文件名通常使用能够表现一定意义的词组作名字,而不使用系统默认的 db1.mdb。选择好数据库的存放位置,并且填写好数据库文件名后,单击"创建",系统自动建立该数据库并打开它,同时显示该数据库操作窗口。图 8.4 中展示了刚刚打开一个名为"Mydb. mdb"的数据库的情形。

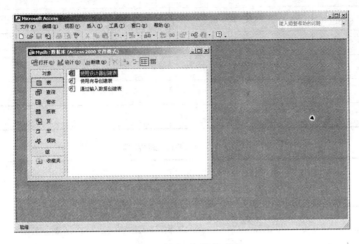

图 8.4 数据库操作窗口

当退出 Access 时,本次的操作结果都将被保存在数据库中。如果想再次修改和操作该数据库,可以以两种方式打开它。一种方式是在 Access 系统界面中,选择指定的数据库,打开它;另一种方式是找到那个数据库文件,双击,由操作系统自动调用 Access 来打开它。

8.2.2 创建表

在数据库中,各种数据都是以表的形式来组织存放的。例如,上节中提到的"学生"、"课程"和"学习成绩"数据,可以各自的结构创建为表。在将现实中的表转换成数据库中的表之前,应该对表结构进行合理地设计,要为表的每一列命名、确定类型、定义宽度。并且,根据需要将某些列定义为表的主键。

通常,数据库中的每一个表都必须有主键。所谓主键,是指具有唯一标识表中每条记录的值的一个或多个列。例如在学生表中,"学号"可以作为主键,因为表中的每条记录表示一个学生的相关数据,每个学生都有学号,而且学号是不重复的。给出一个学号就可以找到唯一的一条记录,学号就可以作为主键,而姓名、性别等数据不具有唯一性,不能做为主键。在学习成绩表中,由于一个学生可以有相关的多门课程成绩记录,此时"学号"不再具有唯一性,"课程号"也不具有唯一性,但这两列组合在一起就具有唯一性了,因此学习成绩表的主键由学号和课程号两列组成。

下面给出的是这三个表的结构:

表 8-5 "学生"表结构

列名	数据类型	宽度	主键
学号	文本	12	是
姓名	文本	10	
性别	文本	1	
出生日期	日期/时间		

（续表）

列名	数据类型	宽度	主键
班级	文本	10	
入学成绩	数字		
照片	OLE		
生源地	文本	10	
注册	是/否		

表 8-6 "课程"表结构

列名	数据类型	宽度	主键
课程号	文本	6	是
课程名	文本	20	
学分	数字		
开课学院	文本	20	
考试否	是/否		

表 8-7 "学习成绩"表结构

列名	数据类型	宽度	主键
学号	文本	12	是
课程号	文本	6	是
成绩	数字		
是否重修	是/否		

创建表的操作过程如下：

（1）打开或创建一个数据库。

（2）选中表对象，双击"使用设计器创建表"，或者单击窗口上方的"设计"，出现如图 8.5 所示表的设计界面。这时的默认表名为"表 1"。

（3）按表结构逐个定义表的每一列。列名的总长度不要超过 64 个字节。选择字段数据类型时，可将光标移到数据类型列后，单击右侧的小箭头，从出现的数据类型列表中选择确定。文本是新字段的默认类型，其默认长度为 50 个字节。根据实际存放的字符内容的长度，可以将长度进行合理调整，最小为 1，最大为 255。窗口下方的"常规"页框中的项目标题以及项目内容是随当前所选中的字段而自动变化的，它给我们提供了更多关于字段特征的选择和设置。

（4）定义主键。在"学生"中，以"学号"字段为主键，单击字段列表学号行左面的标识块，选中该行，单击表设计工具栏上的小钥匙，该字段就被设置为主键了。或者用右键单击字段名，从弹出菜单中单击"主键"。当需要选择多个字段建立复合键时，可点住标识块向下拖动连续选中多行，然后设置。如果需要将不连续的多个字段设置为复合键，也可以按住 Ctrl 键并用鼠标分别单击字段名左边的标识块来选中。如果没有主动设置主键，在结束表定义时，系统会给出设置主键的建议。

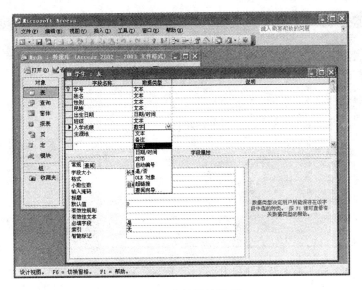

图 8.5 表的设计界面

（5）保存对表的定义，可以单击表设计窗口的关闭按钮，也可以单击文件菜单的关闭命令。如果在关闭前尚未给新建的表命名，这时将出现如图 8.6 所示的对话框。如果选择"否"，本次定义将被放弃。如果选择"是"，将出现如图 8.7 所示的对话框。这时，可以看到默认的表名，可以输入自己拟定的表名。如果是对已经建立的表做设计修改，结束表定义时就不再提示修改表名称了。

图 8.6 表的保存对话框

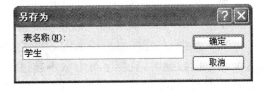

图 8.7 表的命名对话框

8.3 数据维护

完成数据库、表的创建后，即可将准备好的数据输入到表中。此时，可以采用手工的方式，在数据库窗口中直接对表进行数据输入操作。

打开数据库后，首先选择要输入数据的表，双击表名，或者选择表名再单击"打开"，即可打开表，进入数据表视图，如图 8.8 所示。这时表的数据排列形式与我们通常所见的二维表相似，表的顶部是字段（列）名，表里的各行为数据记录。表中当前选中的行用记录指针"4"来标识。在显示时，表的尾部总是多一行，该行的标识为"＊"，表示表的末尾。在表窗口的左下角有一组导航按钮，它们的作用是跳转到首行、上一行、下一行、最后一行，"4＊"表示跳转到表的末尾。按钮间的文本框用来显示当前记录指针所指向的记录号。

刚建立的新表中是没有数据的，这时的记录指针指向表的末尾。尽管此时窗口左下方显示"共有记录数：1"，但表里真正的记录数实际为 0。当记录指针指向某个实际记录时，窗口左

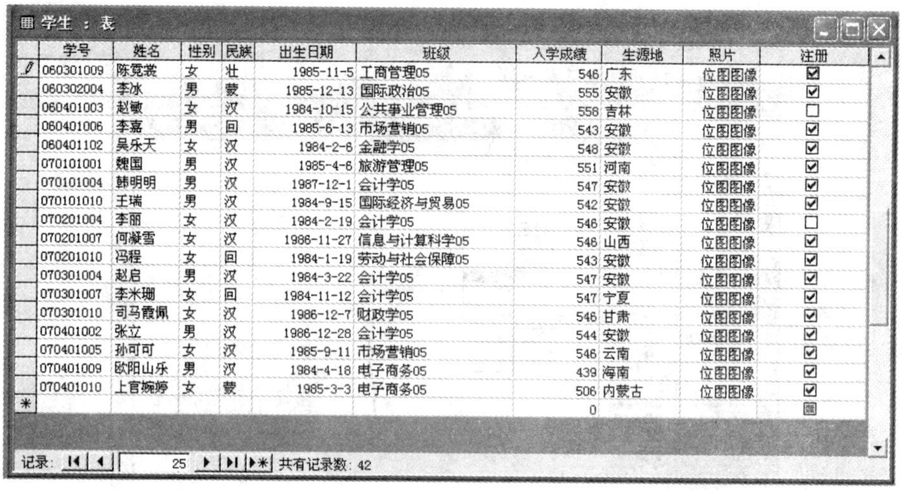

学生 ：表

	学号	姓名	性别	民族	出生日期	班级	入学成绩	生源地	照片	注册
✎	060301009	陈霓裳	女	壮	1985-11-5	工商管理05	546	广东	位图图像	☑
	060302004	李冰	男	蒙	1985-12-13	国际政治05	555	安徽	位图图像	☑
	060401003	赵敏	女	汉	1984-10-15	公共事业管理05	556	吉林	位图图像	☐
	060401006	李嘉	男	回	1985-6-13	市场营销05	543	安徽	位图图像	☑
	060401102	吴乐天	女	汉	1984-2-6	金融学05	548	安徽	位图图像	☑
	070101001	魏国	男	汉	1985-4-6	旅游管理05	551	河南	位图图像	☑
	070101004	韩明明	男	汉	1987-12-1	会计学05	547	安徽	位图图像	☑
	070101010	王瑞	男	汉	1984-9-15	国际经济与贸易05	542	安徽	位图图像	☑
	070201004	李丽	女	汉	1984-2-19	会计学05	546	安徽	位图图像	☐
	070201007	何凝雪	女	汉	1986-11-27	信息与计算科学05	546	山西	位图图像	☑
	070201010	冯程	女	回	1984-1-19	劳动与社会保障05	543	安徽	位图图像	☑
	070301004	赵启	男	汉	1984-3-22	会计学05	547	安徽	位图图像	☑
	070301007	李米珊	女	回	1984-11-12	会计学05	547	宁夏	位图图像	☑
	070301010	司马霞佩	女	汉	1986-12-7	财政学05	546	甘肃	位图图像	☑
	070401002	张立	男	汉	1986-12-28	会计学05	544	安徽	位图图像	☑
	070401005	孙可可	女	汉	1985-9-11	市场营销05	546	云南	位图图像	☑
	070401009	欧阳山乐	男	汉	1984-4-18	电子商务05	439	海南	位图图像	☑
	070401010	上官婉婷	女	蒙	1985-3-3	电子商务05	506	内蒙古	位图图像	☑
*							0			▩

记录: 25 共有记录数: 42

图 8.8 数据表视图

下方显示的记录数才是真正的记录数。如果记录指针指向表的末尾，显示的记录数总是比实际记录数多 1。

8.3.1 输入数据

当记录指针指向表的末尾时，显示一个空行，该行用于添加新记录行。这时，光标所在列就是当前输入数据的位置。通常，可以从左向右逐项输入数据。输入完一项后，按回车键，光标跳到右边那一列。如果在已经位于最右列时按回车，表尾自动添加一行，光标跳到新行的最左列上。当然，也可以用 Tab 键来跳过一些列，或者直接用鼠标选择某一列。

输入数据时，应注意所输入的数据类型应该与该字段的数据类型相匹配。大体上来说，输入文本字段数据时，只要字符个数不超过字段大小就不会有什么问题；数字字段当然不能接受非数字符号，另外还要注意的是日期/时间和逻辑字段数据的输入格式问题。输入日期时，有效的年份为 100 到 9999，年月日数字间用连字符(-)分隔，例如：2007-9-22。如果输入时间，可按时分秒的顺序输入，时分秒间用冒号分隔(:)，例如：21:02:18。如果需要同时输入日期和时间，可以先输入日期然后输入时间，两部分间用一个空格分开即可。例如，2007-9-22 21:02:18。把图片放入 OLE 字段时，需要使用插入对象的操作，可以将一幅学生照片存放到相应字段中。输入逻辑字段值时，记录中该列显示的是一个复选框，如果该框为□，表示其值为“否”(或“False”)，如果该框为 ☒ ，表示其值为“是”(或“True”)。

如果数据输入出错，系统会给出相应出错提示，该行数据并不被存入数据表，用户可以再对本行做适当修改。如果放弃本行输入，可以按 Esc 键。

8.3.2 浏览数据

对于打开的当前表，我们可以对其中的内容进行浏览。如果数据的行、列较多，可以使用水平或垂直滚动条来调整窗口中的显示内容。可以调整行高度、列宽度等，以达到较好的视觉效果。

除此之外，还可以进行其他显示格式选择。当使用右键单击某列列标题时，可见弹出式菜

单,如图 8.9 所示。该菜单中的主要功能如下:

图 8.9 右键单击列标题时出现的菜单

（1）排序显示。单击"升序排序"和"降序排序",可使表中的记录在显示时,按该列值的大小升序或降序排列。这时的排序效果,仅用于显示,与记录在表中真正的顺序无关。

（2）隐藏列。使当前被选择的列处于隐藏状态,不被显示。

（3）冻结列。使当前被选择的列移动到窗口的最左边显示,并在窗口内容向左滚动时,保持原位不变。如果要取消这种效果,可单击"取消对所有列的冻结"。

当使用右键单击某列数据时,可见弹出式菜单,如图 8.10 所示。该菜单中的主要功能如下:

图 8.10 右键单击数据时出现的菜单

（4）按选定内容筛选。按当前选中的值做条件,对表中的记录进行筛选,如果某记录该字段的值与当前选中的值相同,则显示该记录,否则不显示。例如,被选的值是性别"男",则显示结果中仅有性别为"男"的那些记录,其余记录被筛选掉。

（5）内容筛选排除。与上面的处理正好相反,被隐藏掉的是符合当前值条件的记录,显示的是不符合当前值条件的那些记录。例如,被选的值是性别"男",则显示结果中是性别为"女"

的那些记录。

（6）筛选目标。可以直接输入一个值，作为当前列的筛选条件。例如，用右键单击学生表生源地列的某值后，在筛选目标文本框中输入：广东，按回车键后，则显示结果中仅有生源地为"广东"的那些记录。

（7）取消筛选/排序。当不需要筛选/排序效果时，可以选择该项取消前面设置的筛选/排序。

8.3.3 修改数据

通常，在打开表对表中的数据进行浏览时就可以修改数据。修改可以用两种形式进行，即修改单项数据和整条记录。

修改单项数据时，应先选择某行、某字段值，然后进行修改。选择某行的方式很多，可以直接使用垂直滚动条来改变当前窗口所显示的记录；可以直接在导航按钮处的文本框中输入某个记录号来定位记录；可以利用筛选选择记录。此外，也可以用"查找和替换"窗口来进行查找、定位。在数据表视图状态中的主菜单"编辑"中，或右键单击列名时出现的弹出式菜单中，均可以调用查找和替换对话框，该对话框如图 8.11、8.12 所示。

图 8.11 查找对话框

图 8.12 替换对话框

在查找和替换对话框中可以输入查找内容，并选择查找范围、匹配方式、搜索方向等选项。其中，查找范围可以是当前光标所在的那个字段，或者整个表；匹配方式有三种，即"字段任何部分"、"整个字段"，"字段开头"。如果选择的是"整个字段"，要求字段值必须与查找内容完全相等。如果选择的是"字段任何部分"，只要字段值中包含有查找内容就可以了。如果选择的是"字段开头"，只要字段值的左面查找内容相同就可以了。搜索方向分为"向上"、"向下"和"全部"三种。其中，"向上"和"向下"是以当前光标所在记录位置为准的。当选择的"向下"时，就不再对上面范围内的记录进行查找了。

如果想在查找的同时，将原值替换为新值，可以在查找和替换对话框中选择替换，这时，需输入将替换的值，如果这个值为空，就意味着原值将被删除。替换时，可以按找到一个替换一个的方式进行处理，也可以按全部替换的方式一次把所有需要替换的任务都做完。

修改单项数据时，可以使用剪切、复制、粘贴。当离开被修改的字段时，系统也将进行字段级的检查，如：是否缺少必填值、是否符合输入掩码的要求、是否符合字段有效性规则。如果有错，系统将给出提示，光标仍留在出错的数据上，直到修改正确时才允许离开。当然，按 Ese 键可以取消修改，使数据恢复成修改前的原值。

以记录为单位的修改主要是记录的剪切、复制和粘贴。复制与剪切差别是，复制仍保留所选记录，而剪切将删除所选记录。可以选择一条或多条记录，再复制或剪切，然后在表的末尾粘贴。如果在某行上粘贴的话，只能粘贴一行，把该行原有的数据替换为粘贴来的数据，并不能贴过来多行，粘贴时应该注意这一特点，以免丢失数据。

8.3.4　删除记录

删除记录是一种无法撤销的操作,该操作将从表中删除指定的那些记录。注意,前面提到的筛选与删除是有所不同的,筛选只是使不符合条件的记录不被显示,而不是真正地从表中删除那些记录。因此,删除时务必小心、准确,不要误删了有用的数据。

删除一条记录时,可单击记录标记,选中某记录。然后,直接按 Delete 键,或者按右键从弹出菜单中选择"删除",如图 8.13 所示。这时,系统将出现提示框,如图 8.14 所示。

图 8.13　选择删除一条记录　　　　　　　图 8.14　系统的删除提示框

删除多条记录时,先选中那些记录。选择时可单击记录标记并拖动鼠标,以选择多行。需要选择全部时,可以从系统窗口菜单中单击"编辑"、"选择所有记录",然后,直接按 Delete 键。

8.4　数据查询

通常,表中所包含的数据项目很多,记录行数也很多,通常情况下并不总是需要浏览或编辑全部数据,这时可以采用数据库特有的方式来进行处理,即使用"查询"。针对数据库的"查询",并不是仅限于其字面意义,数据库的"查询"包括:数据查询(检索数据)、数据操作(修改数据)、数据定义(定义数据的结构)、数据控制(定义数据库用户的权限)等四类主要功能。在绝大多数关系数据库管理系统中这种"查询"是利用 SQL(Structured Query Language,结构化查询语言)来实现的。

8.4.1　Access 的查询分类

Access 按照自己的特点,为使用者提供了下列几种查询:

1. 选择查询

选择查询是最常见的查询类型,它从一个或多个表中检索数据。也可以使用选择查询来对记录进行分组,并且对记录作总计、计数、平均值以及其他类型的汇总计算。比如查询学生表中来自"福建"的学生、统计课程表中的学分为 3 的课程门数等。

2. 参数查询

参数查询在执行时显示自己的对话框以提示用户输入信息,然后根据用户输入的参数进行查询。可以设计此类查询来提示更多的内容。例如,可以设计它来提示输入两个日期,然后

Access 检索在这两个日期之间的所有记录,还可以根据用户输入的其他数据检索记录。

3. 交叉表查询

使用交叉表查询可以计算并重新组织数据的结构,这样可以更加方便地分析数据。交叉表查询计算数据的总计、平均值、计数或其他类型的总和,这种数据可分为两组信息:一类在数据表左侧排列,另一类在数据表的顶端;如统计来自不同省市的男、女同学人数。

4. 操作查询

操作查询是这样一种查询,使用这种查询只需进行一次操作就可对许多记录进行更改和移动。有四种操作查询,即:

(1) 删除查询:这种查询可以从表中删除一组记录。

(2) 更新查询:这种查询可以对表中的一组记录作全局的更改。

(3) 追加查询:追加查询将一组记录添加到表的末尾。

(4) 生成表查询:这种查询可以根据查询结果新建表。生成表查询有助于创建表以导出到其他 Access 数据库或包含所有旧记录的历史表。

5. SQL 查询

SQL 查询是用户使用 SQL 语句创建的查询。

各种查询均可在 Access 的查询"设计"视图中创建(该内容在下一节中介绍)。在查询"设计"视图中创建查询时,Access 将在后台构造等效的 SQL 语句。如果需要,可以在 SQL 视图中查看和编辑 SQL 语句。

8.4.2　Access 的查询实现方式

在 Access 中,"视图"一词通常用来表示一种用以显示数据或完成某种操作的窗口。所谓"设计"视图是用来显示数据库对象(包括:表、查询、窗体、宏和数据访问页)的设计的窗口,而"SQL"视图,则是用于显示当前查询的 SQL 语句或用于创建 SQL 特有查询的窗口。

Access 中的查询,均可以在查询视图中创建、编辑和运行。下面以查询"来自安徽的男同学们的学号、姓名、性别、生源地"为例,说明选择查询的操作步骤:

(1) 从数据库窗口中,点击"查询"对象按钮,或者选择菜单"视图"、"数据库对象"、"查询",进入查询窗口,如图 8.15 所示。

(2) 点击"新建",系统显示"新建查询"对话框,如图 8.16 所示,选择其中的"设计视图"方式。

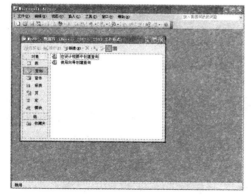

图 8.15　数据库的查询对象窗口

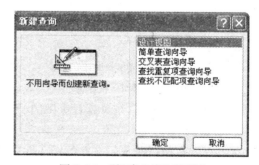

图 8.16　"新建查询"对话框

　　（3）由于选择查询的数据来源是当前数据库中
的一个或多个表,因此我们必须对表进行选择。当系
统显示"显示表"对话框,如图 8.17 所示,可以从中选
择包含所需数据的一个或多个表。"显示表"对话框
中的"查询"选项卡可以让用户选择以前创建的查询,
以便在此基础上建立新查询。"两者都有"选项卡,可
以让用户同时选择表和已存在的查询。

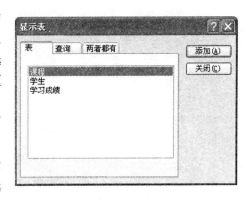

　　（4）关闭"显示表"对话框后,已经选好的表显示
在查询设计窗格的上半部分,如图 8.18 所示。误选
的不需要的表或查询可在表/查询表项窗格中选择后
按 Delete 键删除。

图 8.17　"显示表"对话框

　　（5）查询结果中显示的数据项,是与查询设计时所指定的字段相关的。可以根据需要显
示表中的所有字段,也可以选择显示部分字段。如果要显示一个表中的全部字段,可点击窗口
网格中的字段栏,从下拉列表中选择带星号(＊)选项即可,如:学生.＊(其中,"学生"为表名,
"＊"表示表中的全部字段)。如果需要选择某个字段,可以从下拉列表中选择具有字段名称的
项目,例如:学号、姓名、性别、生源地等。图 8.18 是选择好表和字段的查询。

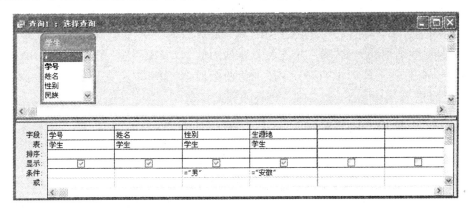

图 8.18　完成的查询设计

　　（6）当希望查到符合某种特定要求的数据时,可以针对相应列设置条件。如:希望找到的
学生性别为"男",并且他们均来自"安徽",则可以在相应列的条件单元里输入条件:＝"男"
及 ＝"安徽"。

　　（7）如果不再选择或定义其他内容,就可以点击"运行"按钮来运行当前的查询。查询结
果如图 8.19 所示。

　　（8）关闭查询设计窗口,系统提示给查询命名,并将其保存。当再次进行相同任务的查询
时,可以直接选择打开已经保存了的查询。

　　在"设计"视图中创建查询时,Access 将在后台构造等效的 SQL 语句。如果需要,可以在
SQL 视图中查看和编辑 SQL 语句。进入 SQL 视图的方法有多种,其中有两种比较简便。其
一,在设计查询时,可以在查询设计窗口的标题栏处单击鼠标右键,在快捷菜单中选取"SQL
视图"。其二,在打开查询时,可以在显示查询结果的窗口的标题栏处单击鼠标右键,在快捷菜
单中选取"SQL 视图"。"SQL 视图"打开后的显示如图 8.20 所示。

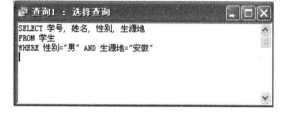

图 8.19   查询结果   图 8.20   SQL 视图中的 SQL 语句

SQL 视图实际上是一个用于显示和编辑 SQL 语句的窗口。我们通过在查询设计视图所完成的查询设计,实际上形成了一条 SQL 语句,即:

SELECT 学号,姓名,性别,生源地

FROM 学生

WHERE 性别="男" AND 生源地="安徽"

该语句描述了从"学生"表中取出其中的四列形成查询结果项,同时也描述了取出的数据记录应该满足:性别列的值为"男" 并且生源地列的值为"安徽"这个条件。这样,查询的结果将由表中符合条件的那些记录的部分字段的值所组成,从而可以从大量的数据中找出我们所关心的数据信息来。

8.4.3   数据查询的基本格式

上节末的 SQL 语句,是典型的数据查询语句。该语句以 SELECT 为语句标识,主要用来从一个或多个表中按条件检索出指定的数据。完整的 SELECT 语句结构是比较复杂的,但它的基本部分非常简单。例如,查找出所有班级为"会计学 05"的学生姓名,并按年龄顺序排列姓名的相关语句如下:

SELECT 姓名 FROM 学生 WHERE 班级='会计学 05' ORDER BY 出生日期

这是一条仅涉及到单个表的查询语句,这个语句所体现的基本语法为:

SELECT   <表达式或字段名列表>

FROM   <被查询的基本表名称列表>

WHERE   <条件>

ORDER BY   <排序方式>

各部分的意义如下:

SELECT:是查询语句的命令动词,在其后可列举构成查询结果的数据列。前例中,"姓名"是一个列名,就是查询结果中将出现的仅有的一列,该列取自"学生"表。当需要出现多个字段数据时,可以列举各个字段名,并用逗号分隔它们。各字段名出现的顺序不受它们在表中原有顺序的影响,可以按显示需要来排列。如果需要显示所有字段的数据,可以用星号(＊)来表示,如:

SELECT ＊ FROM 学生 WHERE 性别＝'男'

FROM：用以指出作为查询对象的表或查询，即，FROM 指定其中包含 SELECT 语句中所列字段的表或查询。一个 SELECT 语句可以从单个表中查询数据，也可以从多个表中查询数据，查询涉及到的表名应该在 FROM 后列出。如：FROM 学生。

WHERE：这是用来描述查询条件的部分。WHERE 部分不像 SELECT 和 FROM 必须在 SELECT 语句中出现，如果不需设置查询条件，WHERE 部分可以不出现在 SELECT 语句中。不包含 WHERE 部分的查询将列出表中所有数据行。例如：

SELECT ＊ FROM 课程

该语句的查询结果将是课程表的全部数据。

查询条件用一个条件表达式来描述，它应该是与表中字段相关的关系或逻辑表达式，如：

SELECT ＊ FROM 学生 WHERE 入学成绩＞550

该例将选择出满足入学成绩在 550 以上的那些记录，而不是全部。当在 WHERE 部分给出了查询条件时，表中的某条记录是否可用来形成查询结果，先得进行条件判断，符合条件时该记录的数据可以放入查询结果，否则该记录的数据与查询结果无关。

ORDER BY：用于指定查询结果数据的排序方式。该子句也是可选的，如果不出现，查询结果行按记录在原数据表中的顺序出现，如果指定则按指定的顺序对得到的数据行进行排序显示。排序将根据在 ORDER BY 后给出的字段的值的大小来进行，如：

SELECT 学号,姓名,入学成绩 FROM 学生

WHERE 生源地＝'安徽' ORDER BY 入学成绩 DESC

该语句中 ORDER BY 后的列名"入学成绩"指出排序将按该字段的值进行，随后的 DESC 表示降序，既按从大到小的顺序排序。如果在字段名后给出 ASC，或者不加说明，则将按从小到大的顺序排序，即按升序排序。如图 8.21、图 8.22 所示。

图 8.21 查询语句示例   图 8.22 查询执行结果

如果不希望在查询结果中出现相同的行，可以对结果行进行相应的限制。例如，查询同学们来自哪些不同的生源地，可使用如下语句：

SELECT DISTINCT 生源地 FROM 学生

该语句的结果只有"生源地"一列，学生表中的不同学生肯定会出现来自同一生源地的情况，如果不做限制地显示出每个学生的生源地，结果中将会出现重复的行。DISTINCT 一词

在语句中的作用就是去除查询结果中的重复行。

在 Access 中有一种称为参数查询的查询形式,就是把查询语句的主要部分写好,在可能变化的部分使用形式参数,使用者在执行查询时在系统给出的输入参数的对话框中输入具体的值,以便系统执行。例如,查询某个班的学生,可以创建如下查询:

SELECT ＊ FROM 学生 WHERE 班级＝X

在语句中使用了符号 X,执行查询时,系统发现它不是一个有效的字段名,于是就视为形式参数,提示输入一个值,并用该值替换它,然后执行查询。这样,就可以使用一个查询设计来完成查询要求可能变化的同类查询任务了。

8.4.4　统计与分组查询

有时我们不仅想知道表里的数据是什么,还想知道表里的数据汇总或平均之后的结果是什么,以及记录的数量,某字段数据的最大值或最小值等。比如,查询所有学生的平均入学成绩是多少、某一个班级的学生人数是多少、某省最高入学成绩是多少、某省学生人数最少,等等。在查询时,我们就可以进行此类计算,并将计算结果作为查询的结果。通常,完成这些计算任务需要用到聚集函数。

常用的聚集函数有以下几种:

（1）COUNT——统计记录行数。

（2）SUM——对记录值求和。

（3）AVG——求记录值的平均值。

（4）MAX——找出一组值中的最大值。

（5）MIN——找出一组值中的最小值。

在查询中,可以在 SELECT 之后,列举查询结果列时使用聚集函数,这时聚集函数被用于指明如何生成结果列。注意,聚集函数针对记录进行统计处理时,是有一定范围限制的。如果没有用 WHERE 子句设置查询条件,处理的范围将是表中的全部记录。如果使用 WHERE 子句设置了查询条件,处理的范围将是表中的符合条件的那些记录。当然,也有无任何记录满足条件的可能,在这种情况下,COUNT、SUM、AVG 的结果都将为 0。如果不是分组统计,则统计结果将形成一行数据,每一个指定的统计结果形成其中一项数据。

COUNT 函数用来统计记录的行数,由于统计记录数通常与记录的任何字段值都无关,所以 COUNT 函数的参数一般情况下使用星号（＊）。例如,统计有多少名来自湖南的同学:

SELECT COUNT（＊）FROM 学生 WHERE 生源地＝'湖南'

SUM 函数用来计算数值型数据的总和,由于求和应该对数值进行,因此要求在 SUM 的参数中给出数值型的表达式。例如,计算安徽男同学入学成绩的总分:

SELECT SUM（入学成绩）FROM 学生 WHERE 生源地＝'湖南' AND 性别＝'男'

AVG 函数用来计算数值型数据的平均值,用法与求和类似,该计算也应该对数值进行,也要求在参数中给出数值型的表达式。例如,计算所有女同学的平均入学成绩:

SELECT AVG（入学成绩）FROM 学生 WHERE 性别＝'女'

MAX 和 MIN 函数用来找出指定表达式值范围内的最大和最小值。例如,找出年龄最大和最小的学生的出生日期:

SELECT MIN（出生日期）AS 年龄最小的学生的生日,

MAX(出生日期) AS 年龄最大的学生的生日

FROM 学生

上述命令中采用了给结果列定义标题的方法,最终查询结果将分别以"年龄最大的学生的生日"和"年龄最小的学生的生日"为列标题显示两个结果数据。如图 8.23 所示。

图 8.23　生日查询结果

在进行统计处理时,往往需要进行分类统计,就是说按一定的规则将表中的数据记录分成若干组,对每组数据进行统计。分组统计时,每一组的统计结果形成一行数据,最终由这些数据行形成统计查询的结果集。例如,当需要获得来自不同生源地的学生人数时,其结果将是一个由生源地和人数组成的表格,表中的每一行都列举一个生源地及相应学生人数。

进行分组统计的关键在于如何对数据记录进行分组。在 SELECT 语句中,用于分组的子句是 GROUP BY,其格式为:GROUP BY <分组字段名表>。分组字段名表中可以有 1 到 10 个字段名,列举出的列的不同值将生成不同的记录。如,按性别分组则可以将学生分为两组,按生源地分组则每个生源地的学生形成一组。

例如,查询各生源地的学生人数:

SELECT 生源地,COUNT(*) AS 学生人数 FROM 学生 GROUP BY 生源地

图 8.24　分组统计示例

执行结果如图 8.24 所示。

在上例中,分组的同时对组内记录数进行统计计算,这种用法是十分常见的。通常,GROUP BY 后用以分组的字段名应该出现在 SELECT 之后的列名表中,以便看到分组的数据值,如上例中以生源地分组,若结果省略了该字段,则表中那些统计出的人数就不知对应哪个地区。如果在语句中出现了 WHERE 子句,执行的顺序是先根据查询条件筛选出符合条件的记录,然后再进行分组处理。

8.4.5　多表查询

在建立数据库的时候,为了避免数据冗余以及更新异常,建立了相互间有一定联系的多个表。如 8.2.2 节中描述的学生、课程、学习成绩三个表,分别保存了三类不同的数据。如果直接对学习成绩进行查询,由于该表中使用了学号和课程号与学生表、课程表建立联系,而没有直接存放学生的姓名和课程的名称,就只能在查询结果中看到学号和课程号。由于没有姓名和课程名称,这样的成绩结果看起来就不够直观了。

在组织查询时,可以分别从多个表中提取相应数据,形成查询结果。这种在一个查询中涉及多个表的查询属于多表查询。多表查询的关键在于如何把来自各个表中的数据合理地组合成结果集。

例如,需要查找学号为"040301006"的学生的全部学习成绩情况时,学习成绩从学习成绩表中取出,课程名则需要从课程表中对应取出,使来自于不同表且具有相同课程号的两条记录,组成一行结果数据(见图 8.25、图 8.26、图 8.27)。完成本查询的 SQL 语句如下:

学号	课程号	成绩	是否重修
040201005	050666	84	
040301006	050669	98	
040301006	130348	77	
040301006	130355	86	
040401001	050669	86	
040401001	130347	84	
040401007	050667	84	
050101005	130355	86	

记录：8　共有记录数：53

图 8.25　学习成绩表数据

课程号	课程名	学分	开课系	考试否
050665	信息分析与研究	3	信管	是
050666	信息管理概论	2	信管	否
050667	信息检索	3	信管	是
050669	信息检索技术	3	信管	是
050671	信息经济学	2	信管	否
130347	计算机图形学	4	计算机	否
130348	计算机网络	4	计算机	是
130355	计算机原理	4	计算机	是
130391	电子商务理论与应用	3	计算机	否

记录：1　共有记录数：9

图 8.26　课程表数据

SELECT 学习成绩.学号，学习成绩.课程号，课程.课程名，学习成绩.成绩

FROM 学习成绩，课程

WHERE 学习成绩.学号＝'040301006' AND 学习成绩.课程号＝课程.课程号

如果要按课程分别统计各门课的平均成绩，由于课程名和学习成绩分别放在课程表和学习成绩表中，完成这个查询也要进行多表查询。这个查询中所用到的课程表和学习成绩表之间应该通过相同的课程号进行连接。相应的 SQL 语句如下：

SELECT 课程.课程名，AVG(学习成绩.成绩) FROM 课程，学习成绩

WHERE 学习成绩.课程号＝课程.课程号 GROUP BY 课程.课程名

查询结果见图 8.28。

学号	课程号	课程名	成绩
040301006	050669	信息检索技术	98
040301006	130348	计算机网络	77
040301006	130355	计算机原理	86

记录：2　共有记录数：3

图 8.27　由学习成绩和课程表获取的数据

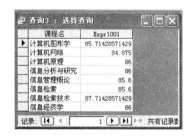

图 8.28　由学习成绩和课程表获取的数据

但是在如图 8.27 的查询结果中，只能看到学号而看不到学生的姓名，这是因为与学号对应的姓名存放在学生表中。为了显示出学生姓名，可以再与学生表进行连接，这时，在一个查询中就将涉及到三个表。除了需要在查询中注意通过课程号建立学习成绩表与课程表记录间的联系外，还应该通过学号建立学习成绩表与学生表记录间的联系。将 SQL 语句做如下修改：

SELECT 学生.班级，学生.姓名，课程.课程名，学习成绩.成绩

FROM 学习成绩，课程，学生

WHERE 学生.学号＝学习成绩.学号 AND 学习成绩.课程号＝课程.课程号

图 8.29 为通过连接从三个表中获取数据而得到的查询结果。

在上面的多表查询示例中，使用了表与表间的等值连接，这是查询中常用的一种最简单的连接。除此之外，表与表间的连接还有内连接、外连接等多种形式。有时，为了处理复杂的查询还会用到子查询、存在谓词(EXISTS)、嵌套查询等多种技术和方法。

班级	姓名	课程名	成绩
会计学04	蒋昌年	信息分析与研究	86
会计学04	蒋昌年	信息管理概论	84
财政学04	赵胜君	信息检索技术	98
财政学04	赵胜君	计算机网络	77
财政学04	赵胜君	计算机原理	86
财政学04	李强	信息检索技术	86
财政学04	李强	计算机图形学	84
英语04	周一德	信息检索	84

图 8.29 由三个表中实现的查询

8.5 数据输出

数据库中的数据以及由数据加工生成的信息,最终是要提供给用户使用的。这就像一个工厂的运行,除了有原料的购进、储存、加工外,最终还必须有产品的产生与销售,否则就失去了工厂存在的意义了。Access 数据库提供了多种数据输出的方式,其中包括:利用屏幕显示的窗体、可以打印在纸上的报表、可以通过网络访问的 WEB 页等,其主要目的就是以一定的形式和格式表现出用户所关心的那些数据。

8.5.1 窗体

Access 数据库中提供了窗体对象,这是一种更接近实际业务的界面形式。它与在 Windows 环境下的其他应用软件一样,采用了窗口形式的用户界面。

窗体的最基本功能是显示数据,它可以通过文本、数字、图片、图表、形状、色彩等多种形式表现数据,并且这些数据的来源可以是一个或多个数据表。用窗体来显示并浏览数据对用户来说,比用表和查询的数据表视图更接近实际业务数据的表现形式,因而更容易被用户接受和使用。用户也可以将窗体作为数据输入与编辑的窗口,以此实现用户与数据库的数据交换。这种方式可以使用户以接近实际业务的格式来进行数据操作,仅输入那些必须的数据项,省略输入那些可以由系统自动生成的数据,节省数据录入的时间。并且,用户在规定的区域内,使用受必要限制的方法输入数据,既可以提高数据输入的准确度,又可以提高数据的安全性。

此外,窗体也可以用来控制打印数据库中的数据、图像,或者由数据形成的图表。

窗体创建的主要步骤如下:

(1) 在数据库窗口中,选择窗体对象,单击数据库窗口工具栏上的"新建"按钮,系统弹出如图 8.30 所示"新建窗体"对话框。

(2) 在"新建窗体"对话框中,选择一种生成窗体的方式,然后选择将在窗体中加以显示的数据的来源表或者已经定义好的查询。确定后,系统将直接生成特定格

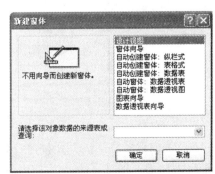

图 8.30 "新建窗体"对话框

图 8.31 设计完成的窗体

式的窗体,或者一步步地引导用户进行相关的选择,直至完成窗体设计。

(3)保存窗体。窗体设计完成后,可以单击窗体设计工具栏上的"保存"按钮,输入窗体名称并保存窗体。

(4)使用和修改窗体。已经创建并保存了的窗体,直接双击就可以运行它。如果需要改进某窗体的内容和效果,可以选择该窗体,对其进行进一步的设计处理,直至满意为止。如图 8.31 所示。

创建窗体的几种主要方式如下:

(1)设计视图。该方式将不用向导,提供一个完全由设计者自行进行窗体设计的界面,提供窗体设计区域和工具。用户可以根据自己的设计,自由地选择在窗体上放些什么、放在何处、采用什么形式和效果等,从而完全自主地完成窗体设计。这种方式对设计者的技术要求较高,设计复杂,过程较长;优点是设计者可以利用多种工具和技巧,充分发挥自己的设计特长,以获得自己满意的窗体。此外,设计视图也可以用来修改已经存在的窗体。如图 8.32 所示。

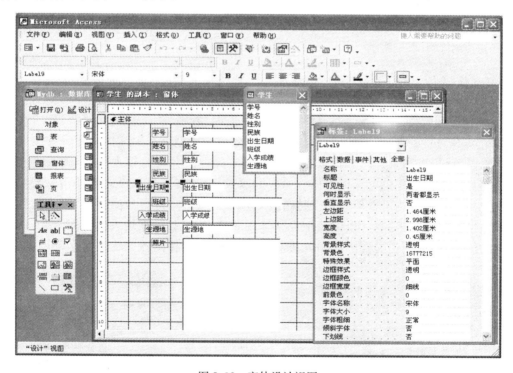

图 8.32 窗体设计视图

(2)窗体向导。该方式按照一定的顺序引导用户进行相关项目的选择,从而生成窗体。图 8.33.(a)至图 8.33.(d)为使用向导生成窗体的各步骤,无论在哪一步,点击"完成"都将按既定选择生成相应窗体。

（3）自动创建窗体，纵栏式自动创建窗体、表格式自动创建窗体、数据表这三种方式简化了窗体向导，选择某方式后，直接按照一定的格式生成窗体。速度较快，格式相对固定，有时需要进一步设计优化，对未掌握较高设计技巧的用户来说，这类方式最简便。图 8.31 为纵栏式窗体；图 8.34 为表格式窗体；图 8.35 为数据表式窗体。

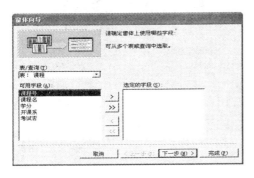

图 8.33.(a)　向导 1 选择数据字段

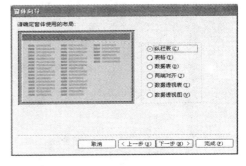

图 8.33.(b)　向导 2 选择窗体布局

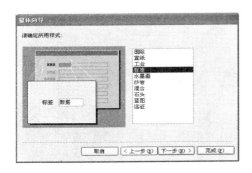

图 8.33.(c)　向导 3 选择窗体样式

图 8.33.(d)　向导 4 指定窗体标题

图 8.34　表格式窗体

图 8.35　数据表格式窗体

（4）数据透视表，是用于汇总并分析数据的一种数据表现形式。数据透视图，是用于显示数据图形分析的一种数据表现形式。Access 分别为数据透视表和数据透视图的创建提供了自动和向导方式。数据透视表、数据透视图和相应窗体可以进行相互转换，为更高层次的观测、分析数据提供了方便。图 8.36 为数据透视表，图 8.37 为数据透视图。

图 8.36　数据透视表

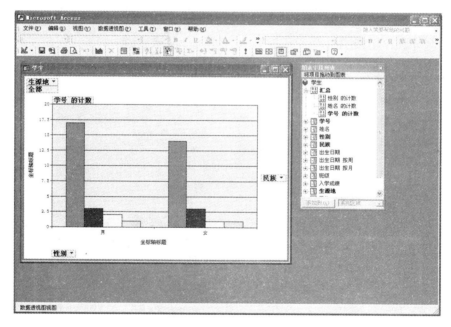

图 8.37　数据透视图

8.5.2　报表

报表一词较为频繁地在诸多管理领域出现,如上市公司的财务报表、商场的销售报表、企业的人力资源报表等。实际上,报表是一种信息的表现形式,在数据库应用系统中,凡是由系统数据组织生成并可以打印输出的信息表现形式都可以称为报表。

报表中的数据主要来自于数据库,其类型主要是文本、数值、日期等可以以符号表示的数据类型,也可以是数据库中存放的或另外指定的图像,或者是由数据生成的各种图形。报表与窗体有着同样的表现数据的能力,不同的是报表中的数据是不允许修改的,并且报表可以被打印出来,以便于分发。报表的数据处理能力也是极强的,除了可以直接显示原始数据之外,还有着对原始数据的计算和统计能力。我们既可以用报表来生成表现原始数据的详细报告,也可以生成对原始数据经过加工处理而产生的总结报告。在 Access 中,有关数据的打印输出通常都是通过"报表"来实现的。此外,在数据的表现形式上,报表也为我们提供了多种多样的选择。

同窗体的创建类似,Access 也提供了如:设计视图、报表向导、自动创建报表、图表向导、标签向导等多种创建报表的方式。向导的提示明确,整个操作十分简便。图 8.38 为纵栏式报表示例,图 8.39 为表格式报表示例。

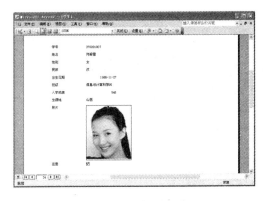

图 8.38 纵栏式报表

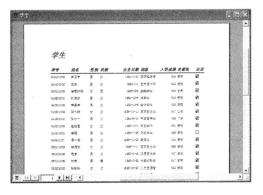

图 8.39 表格式报表

标签是一种尺寸较小的报表形式。标签的应用非常广泛。以公司为例,通常公司都会定时将一些宣传材料、产品目录、使用说明等资料邮寄给自己的客户,邮寄时信封上需要邮寄标签,以说明如何将邮件送交给收件人。通常,客户的通信资料作为系统的重要资源被保存在数据库中,采用"标签"能够把数据库中客户的通信资料成批地按照指定格式打印出来,简单、方便地制作成邮寄标签。

Access 专门提供了一种向导来简化标签类型的报表的建立过程,这个向导就叫做标签向导。通过标签向导建立标签的步骤如图 8.40.(a)至图 8.40.(f)所示,最终生成的标签如图 8.41 所示。

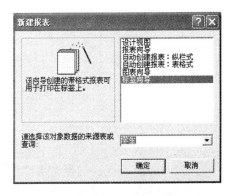

图 8.40.(a) 选择标签向导

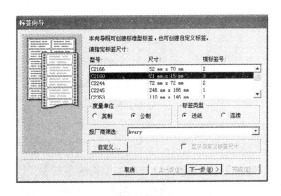

图 8.40.(b) 选择标签尺寸

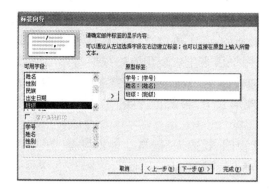

图 8.40.(c)　定义标签内容

图 8.40.(d)　定义标签字体和颜色

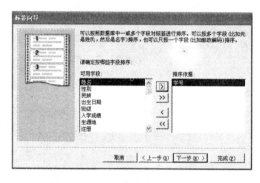

图 8.40.(e)　指定标签排序顺序

图 8.40.(f)　指定标签文件名称

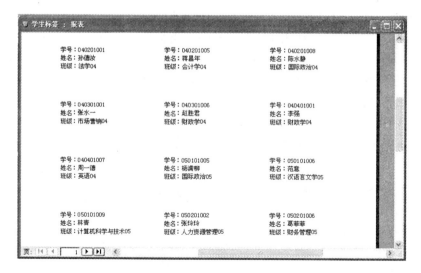

图 8.41　最终生成的标签

8.5.3　数据访问页

随着互联网技术的发展,越来越多的数据通过 Internet 进行传递,所以我们经常需要通过 WEB 页面来访问存放在数据库中的数据。通过其他工具制作访问 Access 数据库的 WEB 页面是一项相对专业的工作,为了提高开发效率,简化设计的难度,Access 提供了方便快捷的页面制作形式方式:数据访问页。

　　像表、查询、窗体和报表一样,数据访问页(或简称:页)也是 Access 数据库的一个对象,但和它们不同的是,数据访问页对象并不是直接存储到 Access 数据库中,而是存储到 Access 数据库之外的一个独立的 HTML 文件,是一种特殊的 WEB 页。Access 数据库"页"对象中仅保留一个快捷方式,在数据库窗口中就是通过这个快捷方式来访问数据访问页的。

　　在实际的应用中,数据访问页应该位于 WEB 服务器之上,并且通过一定的途径与数据库相链接,Internet 上用户可以通过 WEB 浏览器显示数据访问页的界面,并且通过数据访问页与数据库进行交互。所以,设计数据访问页的主要目的是为 Internet/Intranet 用户提供一个能够通过浏览器访问 Access 数据库的操作界面。在这个操作界面上,用户可以对 Access 数据库中的数据进行一系列的操作,包括浏览数据,筛选查阅数据,甚至可以编辑数据等。图8.42 是由课程表生成的数据访问页。

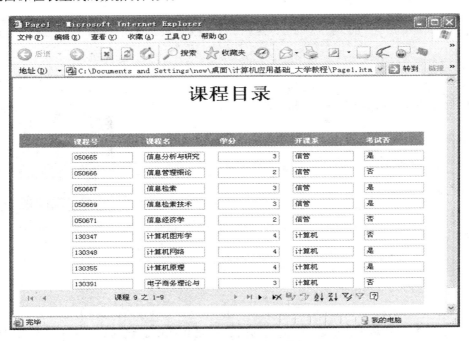

图 8.42　由课程表生成的数据页

　　在 Access 中,创建数据访问页的方法与创建报表或窗体的方法基本相同,数据访问页的创建可以通过自动创建、向导、自定义设计三种方式来实现。而最快捷的方法是,将一个选定的表另存为数据访问页。

8.6　数据转换

　　在实际应用中,经常会遇到这种情况,相关数据已经组成了数据文件,即形成了相对于当前数据库来说的外部数据,这些数据能够不经过再次录入而直接进入到数据库中来吗? 反之,数据库中现有的数据能够生成其他格式的数据文件,供其他方式数据处理使用吗? 这种问题,实际上涉及到了当前数据库应用系统与其他软件间的数据转换问题,数据转换是一种将数据从一种格式转换为另一种格式的技术。

Access 数据库同其他数据库一样,也提供了数据转换功能,并将相关的功能分作导入、导出两类。导入,可将原来不属于当前数据库的文本文件、数据表或数据库表中的数据复制到 Access 表中。可以用导入的数据新建表,或者可以将其追加(添加)到与之有着相匹配的数据结构的现有表中。导出,是一种将数据输出到其他数据库、电子表格或文件格式中,以便其他数据库、应用程序或程序可以使用该数据的方法。

8.6.1 数据导出

当选择了一个表,想把其中的数据导出为其他软件可以直接使用的数据时,可以使用以下两种方法:

1. 使用 Office 链接

如图 8.43 所示,Office 链接有三种处理方式,即:

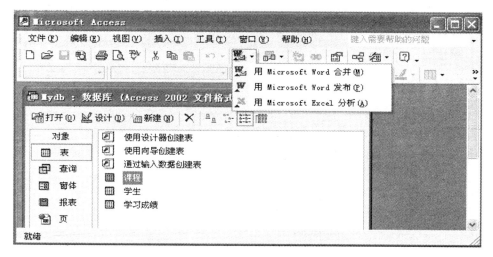

图 8.43　Office 链接

1) 用 Microsoft Word 合并

使用该方式可以将选中表中的数据并入 Microsoft Word 文档。例如,有一个需要发给若干学生的信函,除了收信人的姓名外,信函的内容都是相同的。这时,可以将学生表中的学生信息并入信函文档,对应每个学生,生成一份独立的含有该学生信息的信函。这种处理在 Microsoft Word 称做邮件合并。

2) 用 Microsoft Word 发布

使用该方式可以生成一个新 Microsoft Word 文档,将选中表中的数据组织成文档中的表格。如图 8.44 所示。

3) 用 Microsoft Excel 分析

使用该方式根据选中表中的数据组织生成一个新 Microsoft Excel 电子表格。如图 8.45 所示。

2. 使用表的导出命令

如图 8.46 所示,选中一个表后,点击右键,从弹出菜单中选择“导出”。这时,出现如图 8.47 所示的导出窗口,在该窗口中可以选择导出的后数据的保存类型以及保存文件名。

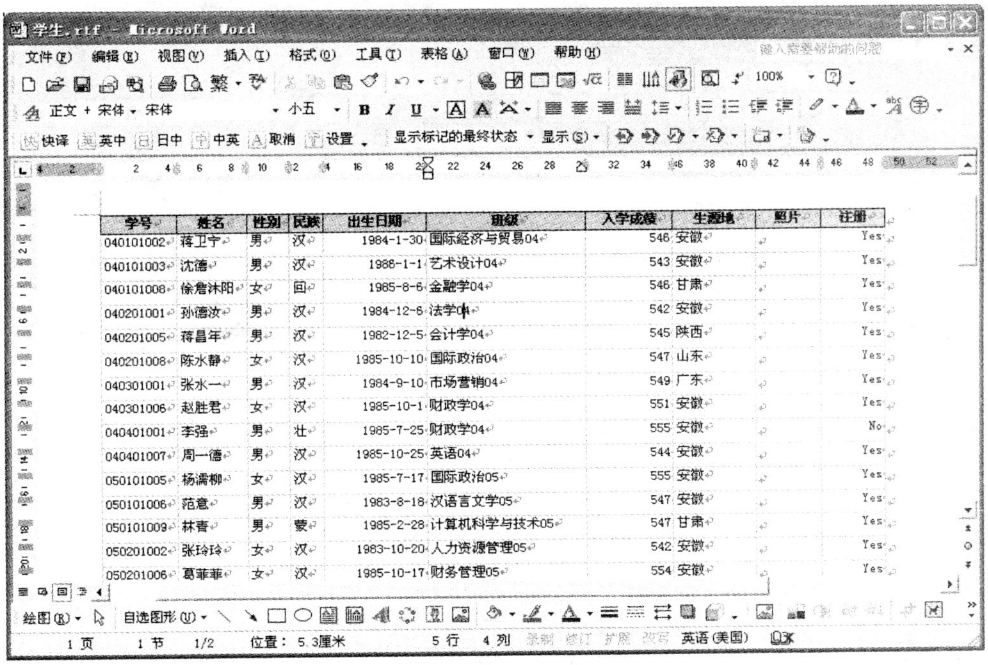

学号	姓名	性别	民族	出生日期	班级	入学成绩	生源地	照片	注册
040101002	蒋卫宁	男	汉	1984-1-30	国际经济与贸易04	546	安徽		Yes
040101003	沈德	男	汉	1986-1-1	艺术设计04	543	安徽		Yes
040101008	徐詹沐阳	女	回	1985-8-6	金融学04	546	甘肃		Yes
040201001	孙德汝	男	汉	1984-12-6	法学04	542	安徽		Yes
040201005	蒋昌年	男	汉	1982-12-5	会计学04	545	陕西		Yes
040201008	陈水静	女	汉	1985-10-10	国际政治04	547	山东		Yes
040301001	张水一	男	汉	1984-9-10	市场营销04	549	广东		Yes
040301006	赵胜君	女	汉	1985-10-1	财政学04	551	安徽		Yes
040401001	李强	男	壮	1985-7-25	财政学04	555	安徽		No
040401007	周一德	男	汉	1985-10-25	英语04	544	安徽		Yes
050101005	杨漓柳	女	汉	1985-7-17	国际政治05	555	安徽		Yes
050101006	范意	男	汉	1983-8-18	汉语言文学05	547	安徽		Yes
050101009	林青	男	蒙	1985-2-28	计算机科学与技术05	547	甘肃		Yes
050201002	张玲玲	女	汉	1983-10-20	人力资源管理05	542	安徽		Yes
050201006	葛菲菲	女	汉	1985-10-17	财务管理05	554	安徽		Yes

图 8.44　用 Word 发布生成的文档

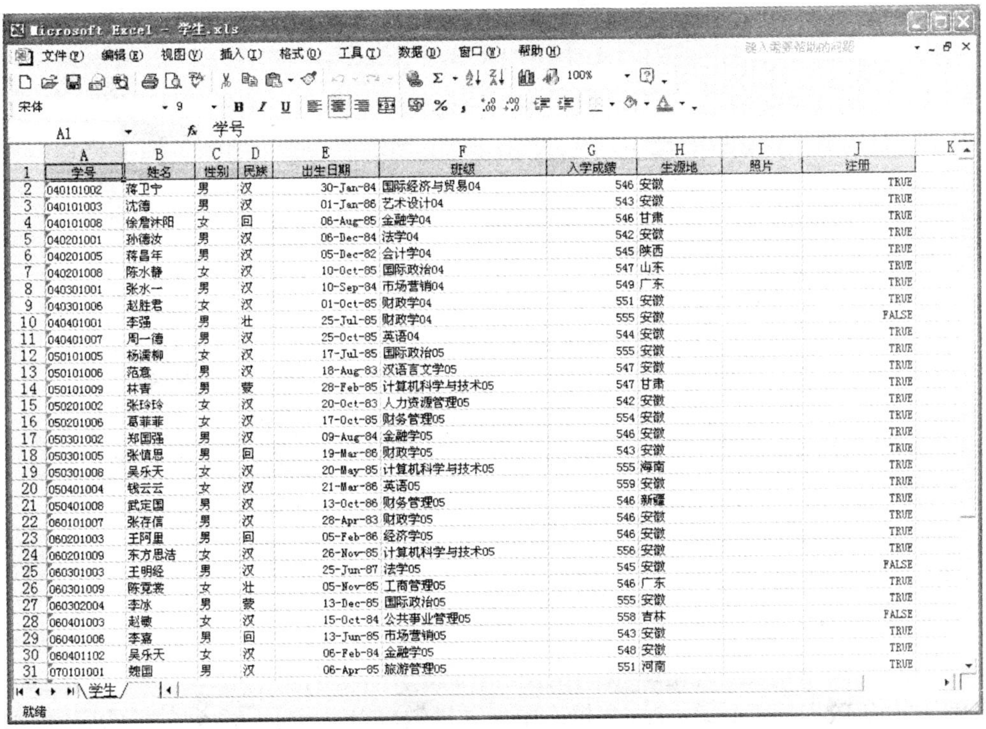

	A	B	C	D	E	F	G	H	I	J
1	学号	姓名	性别	民族	出生日期	班级	入学成绩	生源地	照片	注册
2	040101002	蒋卫宁	男	汉	30-Jan-84	国际经济与贸易04	546	安徽		TRUE
3	040101003	沈德	男	汉	01-Jan-86	艺术设计04	543	安徽		TRUE
4	040101008	徐詹沐阳	女	回	06-Aug-85	金融学04	546	甘肃		TRUE
5	040201001	孙德汝	男	汉	06-Dec-84	法学04	542	安徽		TRUE
6	040201005	蒋昌年	男	汉	05-Dec-82	会计学04	545	陕西		TRUE
7	040201008	陈水静	女	汉	10-Oct-85	国际政治04	547	山东		TRUE
8	040301001	张水一	男	汉	10-Sep-84	市场营销04	549	广东		TRUE
9	040301006	赵胜君	女	汉	01-Oct-85	财政学04	551	安徽		TRUE
10	040401001	李强	男	壮	25-Jul-85	财政学04	555	安徽		FALSE
11	040401007	周一德	男	汉	25-Oct-85	英语04	544	安徽		TRUE
12	050101005	杨漓柳	女	汉	17-Jul-85	国际政治05	555	安徽		TRUE
13	050101006	范意	男	汉	18-Aug-83	汉语言文学05	547	安徽		TRUE
14	050101009	林青	男	蒙	28-Feb-85	计算机科学与技术05	547	甘肃		TRUE
15	050201002	张玲玲	女	汉	20-Oct-83	人力资源管理05	542	安徽		TRUE
16	050201006	葛菲菲	女	汉	17-Oct-85	财务管理05	554	安徽		TRUE
17	050301002	郑国强	男	汉	09-Aug-84	金融学05	546	安徽		TRUE
18	050301005	张慎思	男	回	19-Mar-86	财政学05	543	安徽		TRUE
19	050301008	吴乐天	女	汉	20-May-85	计算机科学与技术05	555	海南		TRUE
20	050401004	钱云云	女	汉	21-Mar-86	英语05	559	安徽		TRUE
21	050401008	武定国	男	汉	13-Oct-86	财务管理05	546	新疆		TRUE
22	060101007	张存信	男	汉	28-Apr-83	财政学05	546	安徽		TRUE
23	060201003	王阿里	男	回	05-Feb-86	经济学05	546	安徽		TRUE
24	060201009	东方思洁	女	汉	26-Nov-85	计算机科学与技术05	556	安徽		TRUE
25	060301003	王明经	男	汉	25-Jun-87	法学05	545	安徽		FALSE
26	060301009	陈霓裳	女	壮	05-Nov-85	工商管理05	546	广东		TRUE
27	060302004	李冰	男	蒙	13-Dec-85	国际政治05	555	安徽		TRUE
28	060401003	赵敏	女	汉	15-Oct-84	公共事业管理05	558	吉林		FALSE
29	060401006	李嘉	男	回	13-Jun-85	市场营销05	543	安徽		TRUE
30	060401102	吴乐天	女	汉	06-Feb-84	金融学05	548	安徽		TRUE
31	070101001	魏国	男	汉	06-Apr-85	旅游管理05	551	河南		TRUE

图 8.45　用 Excel 分析生成的电子表格

如果将表导出到另一个 Access 数据库中，还需要指定该表在目标数据库中的名称。同时，可以选择导出表的定义和数据，或者仅导出定义而不导出数据。

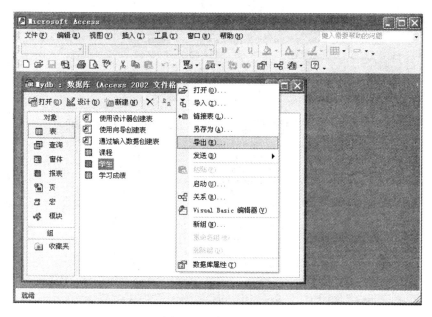

图 8.46　表导出选项

图 8.47　选择表的导出类型和位置

8.6.2　数据导入

当数据已经利用其他软件组织、处理过，并形成了相关文件时，可以采用导入方法将指定文件中所包含的数据导入到 Access 数据库中。这样做可以直接生成含有数据的表，可以节省大量重新录入数据的工作。

导入的操作方法是：右键点击数据库窗口的空白处，从弹出菜单中选择"导入"。如图 8.48 所示。这时，出现导入窗口，如图 8.49 所示，在该窗口中可以选择将导入的数据文件类型以及文件名。

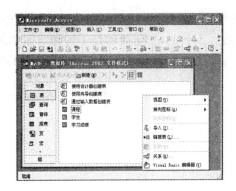

图 8.48 选择导入操作

图 8.49 选择要导入的数据文件

当选择导入的是 Microsoft Excel 电子表格时,将出现如图 8.50 所示的"导入数据表向导",按照向导的提示逐步向下就可以将电子表格中的数据导入生成一个新表,或者将这些数据并入到事先已经存在的表中。结果如图 8.51 所示。

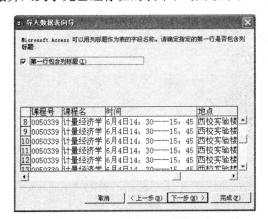

图 8.50(a) 导入电子表格向导

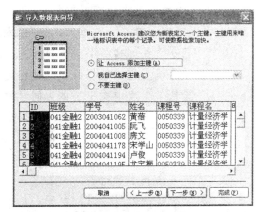

图 8.50(b) 导入电子表格向导

图 8.51 导入后新表中的数据

本章仅介绍了 Access 中最基本的内容和操作,实际上 Access 的功能和用途远不止这些。同时,进行数据处理和信息管理仅掌握数据库工具是远远不够的,更重要的是了解和掌握如何分析和组织业务数据,使之得以利用数据库技术来进行加工和处理,从而为经营和管理提供数据和信息服务。

习题 8

8-1　什么是数据?信息与数据的关系?

8-2　数据处理主要分为哪三类?

8-3　简述数据库的定义和作用。

8-4　简述数据库管理系统及其主要功能。

8-5　简述表、记录、字段间的结构关系。

8-6　Access 有哪些常用的数据类型?

8-7　Access 有哪些数据库系统对象?

8-8　表的主键有什么作用?

8-9　自己动手创建一个数据库,并创建本章定义的学生表、课程表、学习成绩表。

8-10　自己定义并创建一个用于存放通讯录的表。

8-11　在计算机上完成数据维护相关练习。

8-12　写出从学生表中找出全体男同学的 SQL 语句。

8-13　写出从学生表中找出不同班级名称 SQL 语句。

8-14　写出统计各学院开设课程数 SQL 语句。

8-15　创建一个基于的课程表窗体。

8-16　创建一个基于学生表的报表。

8-17　将学生表的数据导出到电子表格。

8-18　将任一个电子表格中的数据导入到 Access 中生成一个新表。

第9章 常用软件简介

本章概述

尽管电子计算机已经成为人们日常工作、学习、娱乐 生活等各方面不可或缺的工具。但是电脑在许多人的手里,并没有能够充分展现出其才能。其中有些原因是因为其主人没有相应的工作需求,也有的是因为其主人没有掌握相应的操作技能,或者说不会使用相关的软件。计算机的应用软件有很多,而且每一种软件,如果要详细介绍其具有的功能、使用方法和操作技巧,都够写一本书的。因此,在这一章的容量中,既不可能涉及太广,也不可能涉及太深,只能对少量的几个最为有用的软件作简单的介绍。

本章介绍了文件压缩工具、绘图工具、数据统计分析工具,以及反病毒工具。每一种工具也仅仅选取了最流行的软件作为代表,介绍其基本功能和基本操作方法。使读者对这些软件有个概括的了解,掌握基本的操作方法,为将来的进一步学习和使用打基础。

学习完本章后,您将能够:

- 掌握文件压缩工具 WinRAR 和 WinZip 的基本使用方法
- 了解绘图工具 Visio 的基本功能与使用方法
- 了解统计分析软件 SPSS 的基本功能与使用方法
- 了解计算机病毒防范方面的基本知识和常用查杀病毒软件的使用方法

9.1 文件压缩工具 WinRAR 和 WinZip

文件压缩就是将尺寸较大的原文件通过某种方法转换为尺寸较小的目标文件。那么文件为什么能够被压缩呢? 其基本原理简介如下:

1. 数据压缩的基本原理

数据压缩之所以可以实现,是因为原始数据存在着很大的冗余度。产生数据冗余度的原因很多,下面列举两个主要的方面。

首先是数据编码的本身。计算机中采用 ASCII 码来表示字符信息,即每个字符用 8 位二进制数表示。8 位二进制数可以表示 256 个字符,但是在一般的文本文件(比如一篇英文文章)中出现的不同的字符数可能只有几十个。如果针对这个具体的文件来对字符编码,可能只需要 6 位(可表示 64 个字符)就够了。这样,数据被压缩了,压缩比为 3/4。

其次是计算机中的数据存储没有考虑到数据本身的特点。图片是由像素组成的,对于 24 位色的图片,一个像素需要 24 位二进制数(3 个字节)。如果图片是 600×1 的红色的线段,保存这幅图片需要 3×600=1800 字节。但是如果注意到该幅图片的特点,可能只需几个字节就行了:红色的点(3 字节)重复 600 次(两字节)。这样表示,数据被压缩了,压缩比为 1/360。

压缩软件就是通过对原文件进行重新编码,以减少原文件中的冗余度,从而实现对原文件的压缩。由此得出这样的结论:当文件中的冗余度低到一定的程度时,就无法再通过压缩来减小其大小了。

2. 数据压缩的必要性

很显然,尺寸较小的文件在保存、传输等方面都要比尺寸较大的文件来的经济、方便和快捷。

由于用 Word 建立的文本信息文件(. DOC)、用 PowerPoint 建立的演示文稿文件(. PPT)、用 Windows 中的"画图"建立的图片文件(. BMP)等等许多类型的文件中都存在很大的冗余度。通过压缩处理可以大幅度地减小文件的尺寸。所以为了传输的快捷,互联网上所提供的共享资源大多数都是以压缩文件的形式出现的。就是说,如果有资源希望放到互联网上让大家共享,则一般需要先将这些资源(文件)压缩,然后上传到互联网上;如果从网上下载了某些资源,如果这些资源是压缩的,则需要先将其还原(解压缩),然后才能使用。

对一般文件的压缩和对压缩文件的解压,都需要用到文件压缩工具。所以,文件压缩工具是电脑用户必不可少的工具之一。目前,通用的文件压缩软件有很多,但最著名、最流行的只有两个,即 WinRAR 和 WinZip。

9.1.1　WinRAR

WinRAR 以其小巧、实用赢得了大家的喜爱。它是目前最流行、最好用的压缩工具之一。它可以解开 ZIP、CAB、ARJ、LZH、TAR、GZ、ACE、UUE、BZ2、JAR、ISO 等多种类型的压缩文件;具有历史记录和收藏夹功能;压缩率相当高,而资源占用相对较少;固定压缩、多媒体压缩和多卷自释放压缩是大多压缩工具所不具备的。

WinRAR 使用非常简单方便,在资源管理器中就可以完成通常的压缩与解压工作;对于 ZIP 和 RAR 格式的自解压压缩文件,查看属性就可以轻易知道此文件的压缩属性,如果有注释,还能在属性中查看其内容。新版的 WinRAR 更加强了 Windows NT/2000 在信息安全和数据流方面的功能,并对不同的需要保存不同的压缩配置。

WinRAR 紧密地与 Windows 资源管理器的拖放操作集成在一起,全面支持 Windows 中的鼠标拖放操作。

目前,WinRAR 简体中文版的新版本是 v3.8。本节的操作过程均以 WinRAR 3.51 简体中文版为蓝本。

1. WinRAR 的基本功能

要使用 WinRAR,得先获得 WinRAR 软件,例如到一个正规的网站上下载一个,并且将其安装到电脑上。

WinRAR 的基本功能为建立压缩文件和对压缩文件的解压。

1) 建立压缩文件

建立压缩文件就是将一个或多个文件或文件夹压缩为一个压缩文件(扩展名为. RAR)。具体操作过程如下:

(1) 选择要压缩的文件或文件夹(一个或多个)。

(2) 单击鼠标右键,激活快捷菜单,其中与文件压缩相关部分如图 9.1 所示。

(3) 选择菜单"添加到 'XX. RAR'",其中 XX 为压缩文件的文件名。

这时,将出现 WinRAR 展示其压缩工作进度窗口,该窗口中有两个进度条:上面一个表示当前正在压缩的那个文件的进展情况,下面一个表示总的进展情况。当完成压缩任务时,该窗口自动关闭,一个压缩文件出现在当前文件夹中。

WinRAR 压缩文件的扩展名为. RAR,其图标如图 9.2 所示。

2) 将压缩文件解压

将压缩文件解压就是将压缩文件中的内容还原到未压缩之前的样子。具体操作过程如下:

(1) 选择要解压的压缩文件(扩展名为. RAR 或. ZIP、. ISO 等)。

(2) 单击鼠标右键,激活快捷菜单,其中与文件解缩相关部分如图 9.3。

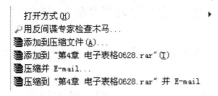

图 9.1　文件压缩菜单　　　图 9.2　RAR 文件的图标　　　图 9.3　文件解压菜单

(3) 选择菜单命令"解压到 XX\(E)"(其中 XX 为压缩文件的文件名)。

这时,将出现 WinRAR 展示其解压工作进度窗口,该窗口中有两个进度条:上面一个表示当前正在解压的那个文件的进展情况,下面一个表示总的进展情况。当完成解压任务时,该窗口自动关闭,一个与压缩文件同名的文件夹出现在当前文件夹中。

注意,在操作步骤(3) 中,也可以选择菜单命令"解压到当前文件夹(X)"或者"解压文件(A)…"。其中,"解压文件(A)…"命令表示解压到指定的文件夹,这时将出现"解压路径和选项"对话框,用户可以作出选择。

2. WinRAR 的常用功能

WinRAR 其他常用的功能如下:

1) 分卷压缩与多卷压缩文件的解压

当要压缩的文件很多,压缩为一个文件太大时,可能没法使用。例如,要把一些照片通过电子邮件附件传给远方的朋友,而许多邮件服务器对邮件附件的大小都有限制(比如不能超过10M)。这时就可以采用分卷压缩方式予以解决。

分卷压缩的操作步骤如下:

(1) 选择要压缩的文件或文件夹(一个或多个)。

(2) 单击鼠标右键,激活快捷菜单。

(3) 选择菜单命令"添加到压缩文件(A)…",这时出现"压缩文件名和参数"对话框,如图 9.4 所示。

(4) 在该对话框的"常规"选项卡中的"压缩分卷大小"的组合框中选择或者输入压缩分卷的

图 9.4　"压缩文件名和参数"对话框

大小(以字节为单位),其他参数一般无需设置,然后单击"确定"按钮即可。

分卷压缩的结果是若干个压缩文件,其文件名依次是"XX. part1. rar"、"XX. part2. rar"、……。

多卷压缩文件的解压操作很简单:在任何一个分卷上单击鼠标右键,然后选择菜单命令"解压到 XX\(E)"即可。

2) 向压缩文件中添加文件

向一个已经存在的压缩文件中添加一些文件的操作步骤是:

(1) 选择要添加到压缩文件的文件或文件夹(一个或多个)。

(2) 单击鼠标右键,激活快捷菜单。

(3) 选择菜单命令"添加到压缩文件(A)…",这时出现"压缩文件名和参数"对话框,如图 9.4 所示。

(4) 在该对话框的"常规"选项卡中,通过浏览找到要添加到的压缩文件(其他参数一般无需设置),然后单击"确定"按钮即可。

此外,最简单的方法是,把选中的那些文件拖放到某个已经存在的压缩文件图标上,就可以完成向压缩文件中添加文件的操作。

3) 浏览并解压压缩文件中的部分文件

要想知道一个压缩文件中压缩了哪些文件,可以打开并浏览该压缩文件。在 Windows 资源管理器中双击该压缩文件,WinRAR 主窗口被打开,如图 9.5 所示。在此窗口中可以像使用 Windows 资源管理器一样来浏览该压缩文件中的文件以及该系统中所有的文件。

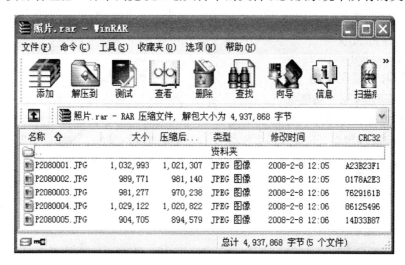

图 9.5　WinRAR 主窗口

在浏览的过程中,如果想解压某压缩文件中的一些文件,可以这样操作:

(1) 展开该压缩文件。

(2) 选择要解压的文件或文件夹(一个或多个)。

(3) 单击工具栏上的"解压到"工具按钮(这时出现"解压路径和选项"对话框)。

(4) 指定(输入或选择)解压文件将要放置到的目标路径,并按"确定"按钮。

(5) 关闭 WinRAR 主窗口。

4）建立自解压文件

在一台电脑上对于压缩文件（.RAR）的解压，要求该电脑上必须安装了 WinRAR 软件，否则无法完成解压操作。为了让压缩文件在没有安装 WinRAR 软件的电脑上也能完成解压操作，可以将压缩文件制作成自解压文件（.EXE）。

建立自解压文件的操作步骤如下：

（1）打开要建立自解压文件的压缩文件，进入 WinRAR 主窗口。

（2）单击 WinRAR 主窗口工具栏上的"自解压格式"工具按钮，这时打开"压缩文件 XX.rar"对话框，如图 9.6 所示。

（3）在"压缩文件 XX.rar"对话框的"自解压格式"选项卡的"选择命令"框架中选中"添加新的自解压模块"、在"选择自解压模块"列表框中选择"Default.sfx"。

（4）单击"确定"按钮。

（5）关闭 WinRAR 主窗口。

至此，自解压文件建立完毕。自解压文件的图标如图 9.7 所示。

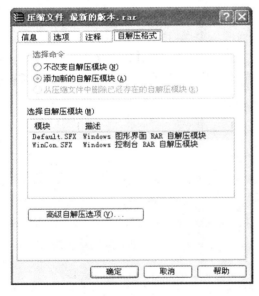

图 9.6　文件解压菜单　　　　　　　　　图 9.7　自解压文件的图标

自解压文件的解压很简单，只要在 Windows 资源管理器中双击该自解压文件，然后根据提示进行操作即可。

5）设置密码

对于压缩文件，如果不希望每一个人都能够执行解压操作，可以为其设置密码，这样就只有知道密码的人才能执行解压操作了。从而对数据起到保密作用。

建立具有密码保护的压缩文件的操作步骤如下：

（1）选择要压缩的文件或文件夹（一个或多个）。

（2）单击鼠标右键，激活快捷菜单。

（3）选择菜单命令"添加到压缩文件（A）…"，这时显示"压缩文件名和参数"对话框。

（4）选择"高级"选项卡，如图 9.8 所示。

（5）单击"设置密码"按钮，显示"带密码压缩"对话框，输入密码，然后单击"确定"按钮。

（6）回到"压缩文件名和参数"对话框后，单击"确定"按钮，执行压缩操作。

当试图打开或解压带密码压缩的压缩文件时，首先会出现"输入密码"对话框，只有输入了正确的密码，才能打开或解压该压缩文件。

图9.8 "高级"选项卡

9.1.2 WinZip

WinZip 也是一种功能强大并且易用的压缩工具。它几乎支持 ZIP、CAB、TAR、GZIP、MIME、……等目前所有常见的压缩文件格式。

WinZip 也是紧密地与 Windows 资源管理器拖放操作集成在一起，全面支持 Windows 中的鼠标拖放操作，用鼠标将压缩文件拖拽到 WinZip 程序窗口，即可快速打开该压缩文件；同样地，将需要压缩的那些文件（或文件夹）拖曳到 WinZip 窗口，便可完成对这些文件（或文件夹）的压缩操作。

(a)   (b)

图 9.9

(a) WinZip 压缩文件的图标
(b) WinZip 自解压文件的图标

此外，WinZip 也支持加密、病毒扫描、分卷、分割和制作自解压（.exe）文件。新手还可以使用向导界面完成上述操作。新版还支持计划任务和视图风格切换。

目前，WinZip 简体中文版的最新版本为 V11。

WinZip 压缩文件的扩展名为.ZIP，其压缩文件和自解压文件的图标如图 9.9 所示。

由于 WinZip 的功能以及操作方法均与 WinRAR 类似，故不赘述。

9.2 绘图工具 Visio

无论是机械工程师、电气工程师、软件工程师、会计师、项目经理、还是业务主管或者业务员，在日常工作中都免不了要和图形打交道，毕竟，一幅好图胜过千言万语。使用图形可以直观、清晰地表达诸如设计思想、工艺流程、处理逻辑、管理过程、作业安排、人员调度……，等等。因此，掌握一种电脑绘图工具，对以后的工作将会大有益处的。

目前，绘图工具软件有很多，比如各种 CAD、CAXA、Visio 等等。这里将介绍微软的 Visio，因为 Visio 不仅功能强大，而且使用非常方便，还容易学习。

目前，Visio 简体中文版的最新版本是 Visio2007。本节的操作过程均以 Visio2003 简体中文版为蓝本。

9.2.1 Visio 的绘图功能和特点

Visio 是当今最优秀的办公绘图软件之一，它可以绘制业务流程图、组织结构图、办公室布局图、网络图、电子线路图、数据库模型图、工艺管道图等，被广泛地应用于电子、机械、通信、建筑、软件设计和企业管理等众多领域。

1. Visio 可以绘制的各类图形

(1) Web 图表:Web 图表类型中包括网站图和网站总体设计等图形工具。

(2) 地图,地图类型中包括方向图和三维方向图等图形工具。

(3) 电气工程:电气工程类型中包括系统、基本电气、电路和逻辑电路以及工业控制系统等图形工具。

(4) 工艺工程:工艺工程图类型中包括工艺流程图及管道和仪表设备图等图形工具。

(5) 机械工程:机械工程图类型中包括部件和组件图及流体动力等图形工具。

(6) 建筑设计图:建筑设计图类型中包括平面布置图、现场平面图、办公室布局等十几种图形工具。

(7) 框图:框图类型中包括框图、基本框图和具有透视效果的框图等图形工具。

(8) 灵感触发:灵感触发图的作用是:在小组会议中,项目经理可以使用灵感触发图来分析并解决进程问题,或确定新的产品构思;作家可以使用灵感触发图来直观地组织自己的构思;项目组成员可以使用灵感触发图来生成活动项等。

(9) 流程图:流程图类型中包括基本流程图、跨职能流程图等多种图形工具。

(10) 软件:软件图类型中包括程序结构图、数据流模型图等多种图形工具。

(11) 数据库:数据库类型中包括数据库模型图和 ORM(对象关系模型)图表等多种图形工具。

(12) 图表和图形:图表和图形类型中包括营销图表及图表和图形等图形工具。

(13) 网络:网络类型中包括基本(逻辑)网络图和详细(物理)网络图等多种图形工具。

(14) 项目日程:项目日程类型中包括日历和时间线等多种图形工具。

(15) 业务进程:业务进程类型中包括 TQM(全面质量管理)图、工作流程图和因果图等多种图形工具。

(16) 组织结构图:组织结构图的作用是:制订项目日程时,项目经理可以使用组织结构图来显示小组的人员构成及任务分配情况;管理人员可以使用组织结构图来形象地显示如何重组其部门或如何评估职位安置需要;人力资源专家可以创建组织结构图并将它们张贴在公司的 Intranet 上,等等。

2. Visio 的主要特点

Visio 与 AutoCAD、CAXA 等绘图软件相比较,具有如下特点:

(1) 兼容性:Visio 软件与微软公司的 Office 软件全面兼容,它与 Microsoft 的产品实现了无缝连接。Visio 提供了 Office 与 Lotus 两种软件图标兼容的格式供用户选择,这大大减少了用户学习时间。

(2) 方便的比例尺换算:对于工程技术人员来说,比例尺换算是一件头痛的事,而在 Visio 中用户只要设定好绘图单位后,就可以在图纸上按实际尺寸进行绘图,勿需进行比例尺换算。

(3) 众多的图标工具:Visio 提供了多达上百种图标工具的图标库,这些图标工具都是采用了国际通用的标准,这减少了许多计算机绘图的基础工作(制作各种图标),如果用户对这些图标不满意,亦可建立自己的模板或修改已有的图标。

(4) Visio 是面向对象的绘图软件:因此其中的每一个对象可通过改变其属性而改变其特征,比如一直线可通过改变其属性而使其成为虚线、点划线或改变其方向。

（5）采用拖放机制进行绘图：这也是 Visio 在 CAD 软件中最为吸引人的地方。在 Visio 中绘图只需用鼠标将所需图标拖到自己的绘图区域中即可，同时在 Visio 中用拖放方法可选中一个或多个对象，进行拷贝、粘贴或改变位置。

（6）方便的尺寸标注功能：在图标库中有尺寸标注模板，用户可把尺寸标注图标拖到需标注的物体中，通过用户设置的比例尺与拖动尺寸边框，即可对物体方便地进行尺寸标注。

（7）方便的连线工具以及阵列方式绘图：Visio 的连线只需指定两个对象即可实现两个对象间的连线。同时在需绘制多个均匀间隔的物体时，可采用阵列（Array）方式绘图，减少了重复工作。

（8）方便的标题块工具与画图工具：在 Visio 中无须像 AutoCAD 中那样记忆画图命令即可实现两点、三点画图等等，同时用户可根据自己的需要，设立图纸样式。

（9）模板和向导工具：用户通过模板和向导工具，可根据自己的要求先对 Visio 提要求，然后再在 Visio 给的图纸上进行修改，这样可以大大缩短绘图周期。

（10）AutoCAD 格式文件的转换：Visio 可打开 AutoCAD 格式的图纸，导入、导出 Auto-CAD 格式的图纸等。

9.2.2 Visio 操作基础

要使用电脑来完成某项任务，首先应该知道有哪些软件有助我们完成此项任务，并从中选择一种软件。接下来，就应该熟悉该软件的工作环境、了解该软件提供了哪些工具以及学习并掌握该软件的基本操作方法。

如果已经选择了 Visio 来完成绘图任务，那么就应该熟悉 Visio 的工作环境（操作界面）、了解 Visio 提供了哪些工具并掌握这些工具的基本操作方法。

1. Visio 的绘图环境

当启动 Visio 2003 之后，首先进入的是要求用户选择将要绘制的图形所属类别以及图形模板的界面，用户选择之后进入 Visio 绘制图形的操作主界面。

图 9.10 是用 Visio 绘制工作流程图时的操作主界面，它主要由绘图纸、工具栏和形状窗

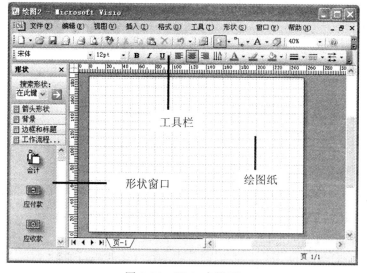

图 9.10 Visio 主界面

口等三部分组成。

　　其中：

　　(1) 绘图纸，是绘制图形的地方。

　　(2) 工具栏，摆放着绘制图形时经常要用到的工具按钮。

　　(3) 形状窗口，视所绘制的图形种类的不同会有若干不同的栏目，一般都有所绘制图形所需的基本元素（形状）、边框和标题、背景、箭头形状等栏目。

　　2. 几个重要的工具图标

图 9.11　常用工具图标

　　在具体的绘图过程中，需要用到很多工具，这些工具都可以从菜单或工具栏中找到，有些工具与 Word 等软件中工具相同。这里简单介绍常用工具栏和格式工具栏中几个最常用工具图标（如图 9.11）。

　　1) 选择工具

　　选择工具中包括区域选择、套索选择和多重选择等三个工具。其中，多重选择工具可以与区域选择工具或套索选择工具配合使用。

　　选择工具用于选定对象：区域选择工具可以选择单个对象或者一个矩形区域的对象；套索选择工具可以选择任何封闭区域的对象。当多重选择工具有效时，可以通过直接连续单击或拖画出封闭区域而选定多个对象或封闭区域而无需 Shift 键或 Ctrl 键配合。

　　选择工具的操作方法是单击或者拖曳一个矩形区域。套索选择工具的操作方法是拖画出一个封闭区域。

　　2) 连接线工具

　　连接线工具中包括连接线工具和连接点工具。连接线工具用于建立两个连接点（连接点的标记为"×"）之间的连线，这两个连接点可以分别属于两个不同的对象，也可以属于同一个对象。连接点工具用于选择、设置、移动连接点。

　　连接线工具的操作方法是，从一个连接点拖到另一个连接点放开。连接点工具的操作方法是，单击连接点可以选定连接点，拖放连接点可以移动连接点，按着 Ctrl 键拖放连接点可以设置连接点。

　　3) 文本工具

　　文本工具中包括文本工具和文本块工具。文本工具用于为对象设置文本，而文本块工具用于设置独立于对象的文本。比如图的标题、说明之类。

　　4) 绘图工具

　　绘图工具中包括矩形工具、椭圆形工具、线条工具、弧形工具、自由绘制工具和铅笔工具。绘图工具主要用于绘制矩形、椭圆形、线条、弧、任意曲线等。绘图工具的操作方法是以拖曳为主的。

9.2.3　Visio 绘图实例

　　如前所述，使用 Visio 可以绘制各种图形图表。对于不同类型的图形，其绘制方法会有所不同，但是其操作步骤基本是相同的。

　　1. 利用 Visio 绘制图形的基本步骤

　　在启动了 Visio 之后，利用它来绘制一个实用的图形大致需要如下一些基本步骤：

（1）创建一个新图形。这一工作可以在文件菜单下选择新建文件，进而选择所需的图形模板来完成。

（2）设置纸张大小及最小单位。这些工作可以在文件菜单下的页面设置中完成。

（3）把所需要的基本形状拖到绘图纸上，然后根据需要重新排列这些形状、调整其大小、旋转其方向等。

（4）使用连接线工具连接图形中的各个基本形状。

（5）为图形中的基本形状添加文本并为标题添加独立文本。

（6）使用格式菜单和工具栏按钮设置图表中形状的格式。

（7）在绘图文件中添加和处理绘图页（当图形太大时可能需要多页）。

（8）保存和打印图表。

2. Visio 绘图实例

现在，通过一些实例来说明 Visio 的基本用法。

【例 9.1】　绘制如图 9.12 所示的毕业论文写作流程图，并保存为名为"LWXZLC.vsd"的文件。操作步骤如下：

（1）新建一个图形。方法如下：

① 启动 Visio，从"文件"菜单中选择"新建"、"选择绘图类型"。

② 从"选择绘图类型"窗格的"类别"中选择"流程图"。

③ 从流程图的"模板中"选择"基本流程图"，进入绘图工作界面。

（2）将形状中文字的字号设置为 10 磅（纸张大小及最小单位均取默认设置）。方法如下：

① 选择菜单"工具"、"选项"，此时显示"选项"对话框。

② 在"选项"对话框中选择"常规"选项卡，将"编辑时，文本字号小于"的值设置为 10。

③ 单击"确定"按钮。

（3）从"基本流程图形状"工具栏中把所需要的基本形状（矩形、菱形等）拖到绘图纸上，然后调整其大小，并将其排列成如图 9.13 所示的位置。

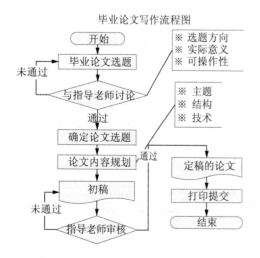

图 9.12　毕业论文写作流程图

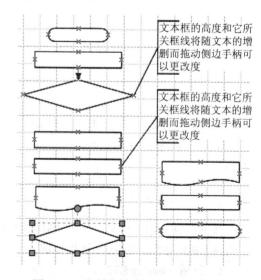

图 9.13　绘制中的毕业论文写作流程图

（4）按要求连接各个形状。方法如下：

① 选择"连接线工具"。

② 鼠标移到形状的某个连接点上，这时该连接点被红色小方框罩住。

③ 拖曳鼠标到另一个形状的某个连接点上，放开鼠标按钮，连线即可完成。

（5）为图形中的基本形状及连接线添加文本以及图的标题文本。

① 从工具栏选择"文本工具"或"文本块工具"。

② 单击要添加文本的形状、或连接线、或准备放置图标题处。

③ 输入文本，输入完成后，单击区域以外的图纸空白区域即可退出输入状态。

此外，单击指针工具，可以退出某种操作状态。

（6）设置图形的背景、图形中各形状的格式等。

这些设置可以使用格式菜单和工具栏按钮来完成。操作方法基本上都是先选定对象，然后单击相应的工具按钮（或者单击相应工具按钮的下拉箭头，然后单击其中的某项）。

（7）保存图表。

① 选择菜单"文件"、"保存"或者"另存为…"（显示"另存为"对话框）。

② 在"另存为"对话框中选择保存位置，并在"文件名"输入框中输入"LWXZLC"。

③ 单击"保存"按钮。

（8）打印图表。

选择菜单"文件"、"打印"、……接下来按打印向导的提示进行操作即可。

至此，完成了"毕业论文写作流程图"的绘制工作。

【例9.2】 绘制如图9.14所示的新生报到流程图。操作步骤如下：

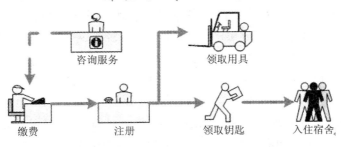

图9.14　新生报到流程图

（1）新建一个图形。

① 启动Visio，从"文件"菜单中选择"新建"、"选择绘图类型"。

② 从"选择绘图类型"窗格的"类别"中选择"业务进程"。

③ 从业务进程的"模板中"选择"工作流程图"。

（2）从"工作流程图形状"工具栏中把所需要的形状（客户服务、会计、前台、发货、仓库和员工/职员等）拖到绘图纸上，然后调整其大小、将其排列成如图9.15所示的位置，并按图9.15所示修改各形状的标签文字。

（3）按要求连接各个形状。注意：对于该图的连接线，需要设置线宽、线型和线端等属性。

（4）添加图的标题文本。

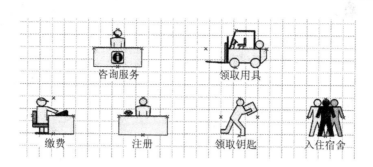

图 9.15 绘制中的新生报到流程图

（5）保存和打印图表。

至此,完成"新生报到流程图"的绘制工作。

9.3 数据统计工具 SPSS

SPSS 是公认的最优秀的统计分析软件包之一。它在自然科学、经济管理、工商企业、金融保险、医疗卫生、体育运动等各个领域中都在发挥着巨大作用,是统计、计划、管理等部门实现科学管理决策的有力工具。

SPSS 软件的版本更新速度很快,目前的最新版本是 SPSS 16,本节将以 SPSS 13.0 For Windows 为蓝本简要介绍 SPSS 的基本功能特点、操作基础和简单应用。

9.3.1 SPSS 概述

SPSS 是其英文名称的首字母缩写:Statistical Package for the Social Sciences,即"社会科学统计软件包"。但是随着 SPSS 产品服务领域的扩大和服务深度的增加,SPSS 公司已于 2000 年正式将英文全称更改为 Statistical Product and Service Solutions,意为"统计产品与服务解决方案"。这标志着 SPSS 的战略方向正在做出重大调整。

SPSS 是世界上最早的统计分析软件,由美国斯坦福大学的三位研究生于 20 世纪 60 年代末研制。SPSS 原是为大型计算机开发的,微机普及以后,它及时地推出了微机版本,这不仅扩大了它的用户量,同时也推动了其应用范围的扩充。目前,SPSS 软件的用户已经广泛分布于通信、医疗、银行、证券、保险、制造、商业、市场研究、科研教育等多个领域和行业,是世界上应用最广泛的专业统计软件。

目前,在学术界对于 SPSS 有这么一个不成文的"免检"规则,即凡学术论文中出现的数据和图表,如果是经由 SPSS 分析得到的,可以不给出算法。

9.3.1.1 SPSS 的主要特点

SPSS 有如下主要特点:

（1）操作简单:除了数据录入及部分命令程序等少数输入工作需要键盘键入外,大多数操作可通过"菜单"、"按钮"和"对话框"来完成。

（2）无须编程:具有第四代语言的特点,告诉系统要做什么,无需告诉怎样做。因此,对于一般的数据统计与分析任务,只要用户了解统计分析的原理,无需通晓统计方法的各种算法,即可得到需要的统计分析结果。对于常见的统计方法,SPSS 的命令语句、子命令及选择项的选择绝大部分由"对话框"的操作完成。因此,用户无需花大量时间记忆大量的命令、过程、选择项。

(3) 功能强大:具有完整的数据输入、编辑、统计分析、报表、图形制作等功能。SPSS 提供了从简单的统计描述到复杂的多因素统计分析方法。

(4) 方便的数据接口:能够读取及输出多种格式的文件。比如,由 FoxPRO 产生的数据库文件(.dbf),Excel 产生的电子表格文件(.xls),乃至记事本等文本编辑器软件生成的 ASCⅡ文件(.txt)等均可转换成可供分析使用的 SPSS 数据文件。SPSS 的分析结果导出为 ASCⅡ文件格式(.txt)、Web 页文件格式(.html)以及 Word 文件格式(.DOC)。

(5) 灵活的功能模块组合:SPSS 分为若干功能模块。用户可以根据自己的分析需要和计算机的实际配置情况灵活选择。

(6) 强大的二次开发能力:SPSS 还为高级用户提供了强大的程序编辑功能(内置的 VBA 语言,可以通过 Visual Basic 编程来控制 SPSS),使得他(她)们很方便地进行二次开发,以便完成更为复杂的统计分析任务。

(7) 实例丰富、帮助完善:SPSS 附带丰富的数据资料实例和完善的使用指南等,为用户学习掌握软件的使用方法提供更多的方便。软件启动后,用户还可以直接上网访问 SPSS 公司主页获得更多的帮助和信息。

9.3.1.2　SPSS 的功能简介

随着 SPSS 的版本不断更新,软件的功能不断完善,操作也越来越简便,与其他软件的接口也越来越多。现在的 SPSS for Windows 具有以下几种功能。

(1) 数据编辑功能:在 SPSS 的数据编辑器窗口中,不仅可以对打开的数据文件进行增加、删除、复制、剪切和粘贴等常规操作,还可以对数据文件中的数据进行排序、转置、拆分、聚合、加权等预处理操作,对多个数据文件可以根据变量或个案进行合并。可以根据需要把将要分析的变量集中到一个集合中,打开时只要指定打开该集合即可,而不必打开整个数据文件。

(2) 表格的生成和编辑:利用 SPSS 可以生成数十种风格的表格,根据功能又可有一般表、多响应表和频数表等。利用专门的编辑窗口或直接在查看器中可以编辑所生成的表格。SPSS 的统计成果多被归纳为表格和(或)图形的形式。

(3) 图形的生成和编辑:利用 SPSS 可以生成数十种基本图和交互图。其中基本图包括条形图、线图、面积图、饼图、高低图、帕累托图、控制图、箱图、误差条图、散点图、直方图、P-P 概率图、Q-Q 概率图、序列图和时间序列图等,有的基本图中又可进一步细分。交互图比基本图更漂亮,可有不同风格的二维、三维图。交互图包括条形交互图、点形交互图、线形交互图、带形交互图、饼形交互图、箱形交互图、误差条形交互图、直方交互图和散点交互图等。图形生成以后,可以进行编辑。

(4) 与其他软件的连接:SPSS 不仅提供方便的数据接口,能够读取及输出多种格式的文件,它还支持 OLE 技术和 ActiveX 技术,使生成的表格或交互图对象可以与其他同样支持该技术的软件进行自动嵌入与链接。

(5) SPSS 的统计功能:统计分析功能是 SPSS 的核心部分。SPSS 的基本统计功能包括如下几类:样本数据的描述和预处理、假设检验、方差分析、列联表、相关分析、回归分析、对数线性分析、聚类分析、判别分析、因子分析、对应分析、时间序列分析、生灭分析、可靠性分析等。

9.3.2　利用 SPSS 进行统计分析处理的基本过程

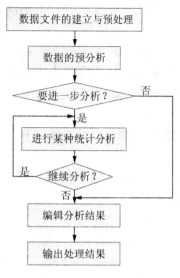

图 9.16　用 SPSS 进行
统计分析的流程

利用 SPSS 进行数据统计分析时，一般需要经过如图 9.16 所示的几个步骤。其中，各项工作简介如下：

1. 数据文件的建立与预处理

SPSS 统计与分析所需要的原始数据，可以来自诸如 Excel、FoxPro 等外部数据文件，也可以在 SPSS 环境直接由键盘输入。无论是从外部文件获取的数据还是直接由键盘输入的数据，一般都需要按 SPSS 的格式要求进行适当的编辑、分组、排序等预处理以后才能进行统计与分析。

2. 数据的预分析

在原始数据录入完成之后，一般还需要对数据进行必要的预分析，以便掌握数据的基本特点和基本情况，为确定应采用何种统计、检验方法提供依据，从而保证后续工作的有效性。

3. 统计分析

根据具体研究目标的要求，结合数据的具体情况，选用适当的统计分析方法来对数据进行统计分析。这一工作可能要反复进行多次，当然，每一次重复所使用的统计分析方法不一定是相同的。

4. 编辑统计分析的结果

每一次的统计分析都会有产生一些统计分析结果，当一项研究任务的全部统计分析工作都完成之后，SPSS 会生成一系列的结果报告（数据、报表、图表等）。为了能够更清晰表示统计分析结果，一般需要对 SPSS 生成的结果报告进行适当的编辑，比如删除一些不重要的、重复的结果等。有时为了能更形象地表示数据，还需要利用 SPSS 提供的图形生成工具将所得到的数据结果可视化。

5. 输出和保存统计分析的结果

完成对统计分析结果的处理之后，可将其打印输出，也可以以 SPSS 自带的数据格式进行存贮以备以后使用，还可以导出为 Web 页以便发布到网上或导出为 Word 等格式的文件以供其他系统使用。

9.3.3　数据文件的建立与预处理

通过调查或试验搜集到的数据，只有先输入到计算机中，才能利用计算机进行统计分析，同时，只有高质量的数据，才能得出可信的统计分析结果。因此，建立和使用数据文件，是进行统计分析的基础工作。

9.3.3.1　数据文件的建立和打开

启动 SPSS For Windows 时，出现"SPSS For Windows"对话框，如图 9.17 所示。该对话框提供了 6 种选择，分别是：

（1）运行教学程序；

（2）键入数据；

（3）执行一个存在的查询；

（4）使用数据库向导生成新查询；

（5）打开一个存在的数据源；

（6）打开其他类型的文件。

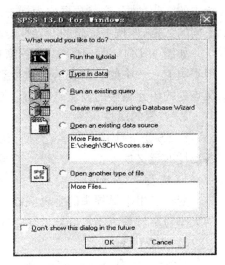

图 9.17 SPSS 的启动界面

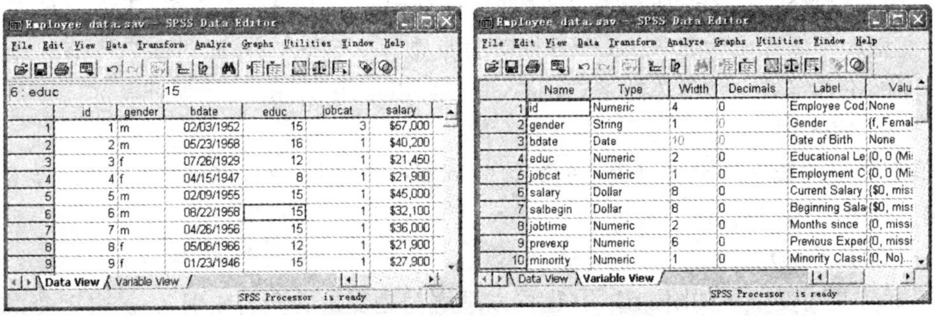

如果要建立一个新数据文件，可以选择"Type in Data"，并单击"OK"按钮。这时进入 SPSS 的数据窗口。

SPSS 的窗口主要有两种视图，即：Data View（数据视图）和 Variables View（变量视图）。数据视图用来录入和处理数据，变量视图则用来定义和管理变量。这两种视图可以通过点击窗口左下方的选项卡来进行切换。操作界面如图 9.18 所示。

在 SPSS 窗口中，可以通过点击"文件"菜单，从中选择"新建"命令来创建新文件。或者，通过点击"文件"菜单，从中选择"打开"命令来打开一个已经存在的文件。

图 9.18 Data View（数据视图）和 Variables View（变量视图）

可供选择的 SPSS 的文件类型有：数据文件、格式文件、输出文件、脚本文件和其他文件等五类。其中数据文件最为常用，统计分析所用的数据都放在此类文件中。

数据文件一般保存为 SPSS for Windows 格式的文件（. sav），当然，也可以保存为其他格式的数据文件，以便于其他应用软件使用。打开数据文件时，注意选择文件类型应为 SPSS（＊. sav）。

9.3.3.2 变量的概念及定义

组织建立一个科学、合理的数据文件是做好统计分析工作的基础。要建立一个符合要求的数据文件，必须要掌握 SPSS 数据文件里包括的变量、观测量等基本概念。

1. 变量的概念

SPSS 中的变量与统计学中的变量概念一致，对总体单位而言，它表示统计标志，对总体而言，则表示统计指标。统计学中指出，构成总体的单位具有各种各样的特征，将这些特征的名称称为"标志"。例如，某学校的全体学生组成一个总体，而其中的每个学生为一个总体单位，他（她）们都有姓名、性别、民族、体重、身高、入学分数等属性，这些反映学生属性特征的名称称为标志。标志又区分为数量型标志（可用数量来表示的，如体重、身高、入学分数等）和品质型标志（不能用数量表示的，如性别、民族等）。对每一个学生进行观察，都可以记录到每个标志的一组数据,这组数据称为标志表现(或观测量,或样本)。对不同学生的观察将会记录到不同的数据,体现了标志的变异性。因此,称观测对象的各个特征为变量。

如图 9.18 所示,SPSS 的数据窗口是一张二维表格,表中的一行用来存放一个观测量(一组观测值),表中的一列表示观测对象的一个属性特征(即变量)。因此,表中第 m 行第 n 列交叉点处的单元格中的数值是第 m 个总体单位的第 n 个变量的变量值。

2. 变量的属性

SPSS 变量具有变量名、类型、长度、标签、缺失值、列宽度、对齐格式、测度水平等属性。各属性的意义如下:

1) 变量名(Name)

变量名由字母领头的字母或数字(或某些其他符号)组成,其长度不得大于 8。变量名中的大小写字母系统不加区分,比如 AGE、age、Age、aGe 等视为同一个变量名。

2) 类型(Type)

SPSS 变量有 Numeric(数值型)、String(字符型)和 Date(日期型)等三种基本类型。数值型又被细分为 Numeric(标准数值型)、Comma(带逗点型)、Dollar(带美元符 $ 型)等多种。数值型变量用于保存年龄、考试成绩等数值数据;字符型变量用于保存姓名、工作单位等字符型数据;日期型用于保存出生日期、入学日期等日期数据。SPSS 中,日期型变量值的显示格式非常多,但无论选定哪一种具体的格式,输入时都可以使用"/"和"-"作为分隔符。

3) 长度(Width)

数值型变量的长度决定可以表示的数值的范围;字符型长度($\leqslant 255$)表示可以容纳的字符数;日期型长度是固定的(10)。

4) 标签(Labels)

变量标签是对变量名的附加说明(也可以理解为是变量的全名或别名)。由于变量名的长度不得大于 8 个字符,有时变量名不能准确地反映变量的意义,此时可以为变量定义一个能够准确表达其意义的标签。

例如,定义变量名 Name 时,可以加注标签"姓名"。给变量加了标签以后,在数据窗口工作时,当鼠标箭头指向一个变量的时候,变量名下立即显示出它的标签,以后在对该变量进行统计分析时,将在统计分析中以标签来标记该变量,使结果更加清晰。

5) 值标签(Value)

变量值标签是对变量的可能取值的附加说明。变量的值标签对于用于区分类别的分类变量有着重要的作用。例如,定义了一个变量"Nation",代表学生的民族,以后准备将它作为分类变量参与数据文件的统计分析。如果将它定义为一个字符型变量,看来比较合理,但在输入数据时必须输入民族名称,这将大大地增加键盘输入的工作量。如果将它定义为一个数值型变量(比如,用 1 表示汉族,2 表示回族……),输入简单了,但将给数据文件的阅读者带来了很大的不便。这时,为 Nation 变量加上值标签即可克服上述缺点,既能减轻输入的工作量,又可以一目了然地了解变量值的意义。

6) 缺失值(Missing)

在搜集研究对象的有关数据时,常常会发生一些失误。例如,有些观测现象没有观测到、不慎遗失了原始记录、由于疏忽导致记录错误等等。总之,会因种种原因造成统计数据的残缺、遗漏和差错。这些残缺、遗漏和差错被称为缺失值。例如,在学生单科成绩(百分制)的记录中,发现某个学生的成绩 150 分,显然这个数据是错误的,如果统计分析中使用了这样的数据必然导致错误的分析结果。SPSS 提供了处理这些缺失值的功能,以便在统计分析中排除它们。SPSS 中,对数值型变量,系统默认的缺失值为 0;对字符型变量,默认的缺失值为空格。用户可以自定义缺失值。例如在处理学生单科成绩时,可以把数值大于 100 分的数据标记为缺失值。

7)列宽度(Columns)

列宽度指在数据窗口中变量列所占据的列宽度。

8)对齐格式(Align)

指定在数据窗口中,变量值在单元格中的对齐方式。

9)测度水平(Measure)

一般来说,任何事物都具有直接的或者潜在的可测性,但是可测的程度或者水平是不同的。统计学中,通常将测度分为:Scale(定比测度,或比率测度)、Ordinal(定序测度,或顺序测度)和 Nominal(定类测度,或名义测度)。这三种测度水平以 Scale 测度为最高,Ordinal 测度次之,Nominal 测度为最低。测度选择一般按以下原则进行:

(1)如果变量取值于一个区间,或者取值为比率的连续型变量应设置为 Scale 测度,例如学生的年龄、考试成绩、身高、体重等。

(2)如果变量值具有某种内在的顺序分类(如可明显地区分为大、中、小;强、中、弱;优、良、中、差等),则应设置为 Ordinal 测度。

(3)如果变量值是不具有某种内在顺序分类的字符型变量(如教师的职称、职工的民族、公司的部门等),可以设置为 Nominal 测度。表示明显分类的数值性变量也可以设置为 Nominal 测度,例如将 Sex(性别)定义为数值型变量,1:"男",2:"女"。

测度的确定与许多统计分析过程以及图形过程有密切关系。在这些过程中系统需要区分变量是定比测度的变量,或是分类变量。Nominal 测度和 Ordind 测度的变量只作为分类变量来对待。

3. 定义变量

建立数据文件首要任务就是定义变量。定义变量,就是确定变量的名称、类型、测度等属性并输入到 SPSS 的数据文件中。

在建立数据文件之前,一般应先对数据资料进行一些分析,对需建立的文件从内容、格式、变量名等方面进行通盘的考虑并制定一个简要的计划。下面以 30 名学生的某门课考试成绩表(见表 9-1)为例来说明 SPSS 变量的定义方法。

表 9-1　学生成绩数据

序号	姓名	性别	成绩	序号	姓名	性别	成绩	序号	姓名	性别	成绩
1	张琪	女	79	11	王兴	男	76	21	吴萍希	女	81
2	常燕会	女	80	12	经莲妹	女	69	22	李佳磊	男	77
3	高宁萍	女	82	13	胡翔	男	73	23	杨燃森	男	90
4	周清磊	男	62	14	陈芳	女	90	24	刘玮庆	女	83
5	许喆艳	女	93	15	郭雅健	男	55	25	王彬	男	71

（续表）

序号	姓名	性别	成绩	序号	姓名	性别	成绩	序号	姓名	性别	成绩
6	宋淼	女	63	16	毕鑫	女	85	26	吴梅磊	男	87
7	杨娟茵	女	78	17	高敏	女	86	27	朱琼兰	女	58
8	常凌	男	74	18	孙艳	女	82	28	王年	男	70
9	李婷叶	女	96	19	王华刚	男	67	29	尹宁	男	80
10	刘健	男	70	20	魏丽驰	男	88	30	明平	男	64

对于表 9-1 的学生成绩数据，可以建立一个包含四个变量的数据文件。其中"序号"和"成绩"应定义为数值型变量，其测度水平为 Scale，"姓名"定义为字符型变量，"性别"可以定义为字符型，但考虑到它具有分类的特性，因此将其定义为数值型变量，并附上值标签（1："男"，2："女"），测度水平设置为 Ordinal。

定义变量的具体操作步骤如下：

（1）进入 SPSS 窗口，选择新建数据文件。

（2）点击变量视图选项卡。

（3）在 Name 下的单元格中输入变量名。

（4）定义变量类型及宽度。操作步骤操作如下：

① 点击 Type 下的单元格右端的浏览按钮"…"，弹出"Variable Type"对话框（如图 9.19）。

② 从"Variable Type"对话框中选择变量类型、宽度（以及小数位数），并单击"OK"按钮。

（5）定义变量标签。在 Label 下的单元格中输入变量标签。

（6）定义值标签。对于测度为 Scale 的变量，不需要定义值标签的变量，保持其默认状态"None"。对于定序（或定类）变量——比如性别、民族等，有时需要定义值标签。现在以定义变量性别的值标签为例，来说明定义值标签的操作方法：

① 输入点置入 Values 下性别行的单元格，这时该单元格右端出现浏览按钮"…"。

② 单击浏览按钮，打开"Value Labels"对话框，如图 9.20 所示。

图 9.19　定义变量类型的对话框

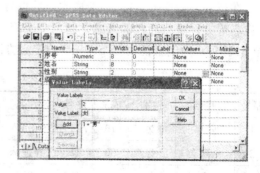

图 9.20　"Value Labels"对话框

③ 在 Value 栏里输入变量的一个取值（比如，1），在下面的 Value Label 中输入该值的标签（比如，男），单击"Add"按钮，这时刚输入的值及其标签就会显示在值标签清单中，如图 9.20

所示。

④ 按照上面的方法输入其余的值标签,当变量的所有可能的取值及其标签都输入并添加到值标签清单中之后,单击"OK"按钮。

注意:对于定义了值标签的变量,其值的显示方式受"View"菜单中的"Value Labels"菜单项控制,当该菜单项有效时显示其标签,否则显示其值。

(7) 定义缺失值。缺失值一般可以不定义,如果需要定义,则可按如下步骤操作:

① 输入点置入 Missing 下的单元格(这时该单元格右端出现浏览按钮"…")。

② 单击浏览按钮(打开"Missing Values"对话框)。

③ 输入缺失值,单击"OK"按钮。

(8) 定义测度水平的操作步骤如下:

① 输入点置入 Measure 下的单元格(这时该单元格右端出现浏览按钮"…")。

② 单击浏览按钮。

③ 选择所需的测度水平。

(9) 定义列宽度和对齐格式。列宽度和对齐格式一般无需定义。

按上述操作方法,完成序号、姓名、性别、成绩等四个变量的定义。结果如图 9.21 所示。

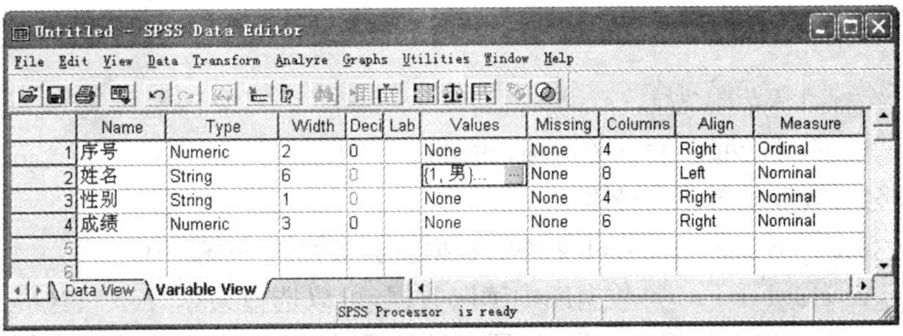

图 9.21　完成定义的变量

9.3.3.3　输入与编辑

定义好变量之后,就可以单击 Data View 选项卡,激活数据视图。

数据视图的外观与 Excel 类似,一般数据的输入方法也与 Excel 类似,不再重述。

对于定义了值标签的变量,在输入数据时,如果"View"菜单下的"Values Labels"菜单被选中(√),或 按钮被按下,定义了值标签的列中的数据就根据定义改为显示标签值,则可以从标签列表选择所需的值。如果"View"菜单下的"Value Labels"菜单没有被选中,全部数据列将全部显示实际值。

输入数据过程中,可以对数据行(即观测量 Cases)或数据列(即变量 Variables)进行插入、剪切、复制、粘贴、清除、删除等处理。操作时选中要处理的行或列,点击鼠标右键,从弹出的菜单中选择执行相应命令即可。

有关操作命令可以从"Edit"和"Data"菜单或单击右键启动的快捷菜单中找到,不再赘述。

完成数据的输入和编辑后,可以将当前的数据保存为数据文件,以便下一次继续进行处理。例如,可将由学生成绩保存为 Scores.sav。

9.3.3.4　由外部数据建立数据文件

如前所述,原始数据可以在 SPSS 环境从键盘直接输入,也可以从 Excel 等外部文件获取。现在以 Excel 文件为例来说明从外部文件获取数据的操作方法如下：

（1）如果需要的话，保存当前数据文件，以免被导入数据破坏。

（2）"File"菜单选择"Open"、"Data…"，这时出现"Open File"对话框，如图 9.22 所示。

（3）从"文件类型"中找到外部数据文件的类型，比如，Excel（∗.xls）。

（4）找到所需的文件并选中，然后单击"打开"按钮，出现"Opening Excel Data Source"对话框，如图 9.23 所示。

图 9.22　"Open File"对话框

图 9.23　"Opening Excel Data Source"对话框

（5）选中设置该对话框中的有关选项，比如选中"Read variable names from the first row of data"（变量名从数据的第一行读取）。

（6）单击"OK"按钮，这样，Excel 文件的数据就会被读到 SPSS 中。

如果是从 Access、FoxPro 等数据库中读取数据，可以选择菜单"File"、"Open DataBase"、"New Query…"，之后出现数据库向导，按照向导的提示很容易将数据库中有关文件（表）的数据导入 SPSS 的数据文件中。

9.3.4　数据文件的处理

无论是通过在 SPSS 环境从键盘直接输入而建立的数据文件，还是通过从 Excel 等外部文件获取数据而建立的数据文件，通常情况下是不能立即供统计分析使用的，还需要进行进一步的加工、整理，使之更加科学、系统、合理。这项工作称为统计整理。统计整理是统计工作的一个非常重要的环节，直接关系到统计分析的结果。

1. 观测量分类整理

所谓分类，就是将数据文件的行（观测量）按照某（些）个变量的值的大小重新排列。将观测量按照统计分析的具体要求进行合理的分类整理是数据文件整理的重要工作。

观测量分类整理的基本操作步骤如下：

（1）选择菜单"Data"、"Sort Cases"（打开"Sort Cases"对话框，如图 9.24）。

（2）在"Sort Cases"对话框中，从左边列表框中

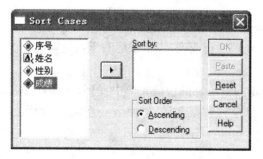

图 9.24　"Sort Cases"对话框

选中排序所依据的变量,单击中间的箭头按钮(▶)将其移入右边的列表框中(见图 9.24)。

(3) 在 Sort Order 栏中选择一种排序方式(Ascending 升序或 Descending 降序)。

(4) 单击"OK"按钮。

例如,要将 Scores. sav 文件按照成绩变量从大到小分类,可将"成绩"移入右边框中,并选择"Descending"(降序),然后单击"OK"按钮。

2. 数据文件的转置

利用数据的转置功能可以将原数据文件中的行、列进行互换,将观测量转变为变量,将变量转变为观测量。转置的目的是为了更方便地进行计算处理。转置结果系统将创建一个新的数据文件,并且自动地建立新的变量名显示各新变量列。

例如,图 9.25.(a)所示的数据文件可以转置为图 9.25.(b)所示的数据文件。

具体操作步骤如下:

(1) 选择菜单"Data"、"Transpose",打开"Transpose"对话框,见图 9.25.(b)。

(2) 将左边列表框中的服装、鞋帽和百货三个变量移入"Variable(s)"列表框中。

(3) 从左边列表框中的季度变量,移入"Name Variable"框中。

(4) 单击"OK"按钮,即可完成转置,见图 9.25.(c)。

	季度	服装	鞋帽	百货
1	一季度	120.50	80.78	2045.70
2	二季度	100.20	67.89	2000.50
3	三季度	90.60	60.05	2100.90
4	四季度	125.80	90.54	2205.70

图 9.25.(a)　转置前的数据

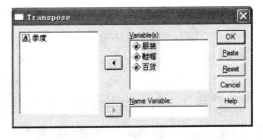

图 9.25.(b)　"Transpose"对话框

	CASE_LBL	var001	var002	var003	var004
1	服装	120.50	100.20	90.60	125.80
2	鞋帽	80.78	67.89	60.05	90.54
3	百货	2045.70	2000.50	2100.90	2205.70
4					

图 9.25.(c)　转置后的数据

3. 数据文件的合并

文件合并指的是将另一个数据文件的观测量或变量增加到当前工作文件中将它们合并成一个文件。

文件合并有横向合并(增加变量,即图 9.26 中的 a 和 c 合并为 d)和纵向合并(增加观测

序号	姓名	性别
1	张琪	男
2	常燕会	女
3	高宁萍	女

(a)

序号	姓名	性别
4	周清磊	男
5	许喆艳	女
6	宋淼	男

(b)

序号	姓名	计算机	数学	英语
1	张琪	80	75	86
2	常燕会	80	78	84
3	高宁萍	82	80	90

(c)

序号	姓名	性别	计算机	数学	英语
1	张琪	男	80	75	86
2	常燕会	女	80	78	84
3	高宁萍	女	82	80	90

(d)

序号	姓名	性别
1	张琪	男
2	常燕会	女
3	高宁萍	女
4	周清磊	男
5	许喆艳	女
6	宋淼	男

(e)

图 9.26　数据文件合并

量,即图 9.26 中的 a 和 b 合并为 e)两种方式。

如果要合并的文件很规范(如图 9.26 中的 a,b,c),则操作非常简单:

(1) 选择菜单"Data"、"Merge Files"。

(2) 如果进行纵向合并选择"Add Cases";如果进行横向合并选择"Add Variable(s)"。

(3) 在打开的对话框中选择要合并来的文件。

(4) 剔除不需要的观测量或变量。

(5) 单击"OK"按钮,完成合并操作。

4. 数据的分类汇总

数据的分类汇总是指将观测量按若干分组变量(或分类变量)进行分组,对每一组的变量值求其具有概述性的函数值(如各部分的均值、总和、最大值、最小值等)。例如,将表 9.1 数据资料,按照性别分组,并按性别进行成绩统计汇总,希望得到男、女生的平均成绩、最高分和最低分。

数据分类汇总的操作步骤如下:

(1) 选择菜单"Data"、"Aggregate",打开"Aggregate Data"对话框,如图 9.27 所示。

(2) 在"Aggregate Data"对话框中,将左边列表框中的分组变量,例如"性别",移入右边的 Break Variable(s)列表框中。

(3) 将左边列表框中要汇总的变量,例如"成绩",移入右边的 Aggregate Variable(s)列表框中。出现在 Aggregate Variable(s)列表中的每个项目对应一个统计量。例如,需要根据成绩产生 3 个统计量时,可将成绩变量移入 3 次。

(4) 对 Aggregate Variabule(s)列表框中每一项设置汇总函数。操作步骤如下:

① 选中"Aggregate Variabule(s)"列表框中一项。

② 单击"Function"按钮,显示"Aggregate Data:Aggregate Function"对话框,如图 9.28。

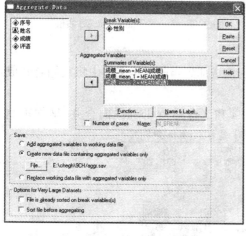

图 9.27 "Aggregate Data"对话框

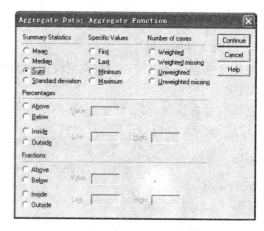

图 9.28 "Aggregate Data:Aggregate Function"对话框

③ 选中所需的汇总函数例如 Sum,然后单击"Continue"按钮。

(5) 对 Aggregate Variabule(s)列表框中每一项设置在汇总文件中的变量名。操作步骤如下:

① 选中"Aggregate Variabule(s)"列表框中一项。

② 单击"Name & Label"按钮,显示"Aggregate Data：Variabule Name an…"对话框,如图 9.29 所示。

③ 在 Name 框中输入变量名、Label 框中输入变量标签,然后单击"Continue"按钮。

(6) 在"Aggregate Data"对话框中选中"Create new data file containing aggregated variables only"选项,并单击"File"按钮以指定将要生成的汇总文件的文件名。

(7) 单击"OK"按钮,即可生成一个新的由汇总数据组成的数据文件,如图 9.30 所示。

性别	平成绩	最高分	最低分
男	73.60	90	55
女	80.27	96	58

图 9.29　"Aggregate Data：Variabule …"对话框　　　　图 9.30　表 9-1 数据资料的汇总

5. 选择观测量

一般情况下,数据文件中的数据资料往往是对观测对象的较全面的记录,对于某一个具体的研究目的来说,这些数据并不一定都有用。比如,对于表 9-1,如果我们只想分析女生的学习情况,则所有男生的数据记录就都是不需要的。因此,在进行具体的统计分析之前,有时需要根据统计的目的和要求,对数据文件中的数据进行筛选,选出对本次统计分析有用的观测量作为分析样本。

例如,要选取表 9.1 中女生数据资料作为分析样本,可按以下步骤操作：

(1) 打开包含学生资料的数据文件。

(2) 选择菜单"Data"、"Select Cases",显示"Select Cases"对话框,如图 9.31 所示。

(3) 在 Select 栏中指定筛选方式。例如"If condition is satisfied",按条件进行筛选。

(4) 设置相应的条件。例如,"性别 = 2",然后单击"Continue"按钮。

(5) 设置其他相关选项后,单击"OK"按钮即可。

图 9.31　"Select Cases"对话框

选项时,需要注意 Select 对话框中各种筛选方式选项的意义,主要项目如下：

① All cases：选择全部观测量,即不执行 Select Cases 命令。

② If condition is satisfied：选择满足条件的观测量。

③ Random sample of cases：随机抽取占全部观测量接近 x% 的观测量,或者,从前的 X 个观测量中随机选择 Y 个观测量。

④ Based on time or case range：按时间或观测量范围选择,即选择从第 X 号到第 Y 号的观测量。

⑤ Use filter Variable：使用过滤器变量（数值型），即凡过滤器变量值不等于 0 或缺失值的观测量均被选中。

⑥ Filtered：未被选中的观测量不从数据文件中删除，即只作标记。

⑦ Deleted：未被选中的观测量从数据文件中删除。

6. 数据的转换

所谓数据转换，是指利用原有数据，通过某种转换关系来生成新的数据，为达到特定的统计分析目的做准备。例如，对于表 9-1，如果希望根据成绩给出优秀（成绩＞＝90）、良好（80＜＝成绩＜90）、中等（70＜＝成绩＜80）、及格（60＜＝成绩＜70）和不及格（成绩＜60）等评语，则可以通过数据转换来实现。

数据转换有多种方法，这里以根据成绩给出评语为例，简单介绍使用"Compute"功能进行数据转换的方法。

为了便于以后的统计分析，可以先利用"Compute"功能由"成绩"变量计算出由数值表示的"评语"（1，2，3，4，5 分别表示不及格，及格，中等，良好和优秀），然后为"评语"变量加上值标签。具体操作步骤如下：

打开记录表 9.1 数据的数据文件 Scores. sav，然后按如下步骤操作：

（1）选择菜单"Transform"、"Compute"，显示"Compute Variable"对话框，如图 9.32 所示。

（2）在 Target Variable 框中输入用来存放计算结果的变量名。本例将新变量命名为"评语"。

（3）定义该变量的类型和标签。单击"Type & Label"按钮，定义好后单击"Continue"。

（4）在"… Expression"框中输入表达式。如果表达式较复杂，可以单击"Paste"按钮，打开"SPSS 语法编辑器"，在 SPSS 语法编辑器中输入相关命令。本例的代码如图 9.33 所示。

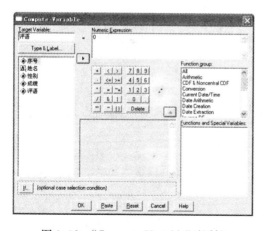

图 9.32　"Compute Variable"对话框

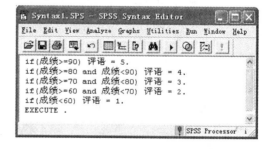

图 9.33　"SPSS 语法编辑器"窗口

（5）在 SPSS 语法编辑器中，选择菜单"Run"、"All"。当前的代码被执行，"评语"变量被建立，并且按条件计算出了每行的评语值。

（6）保存代码，然后关闭"SPSS 语法编辑器"窗口。

（7）进入变量视图，为"评语"变量建立值标签：1、2、3、4、5 分别表示不及格、及格、中等、良好和优秀。

现在,再回到数据视图,可以看到,数据文件中多了一列评语,如果"评语"中显示的是数字,则选择菜单"View"、"Value Labels",可以看到数据转换的结果。

9.3.5　统计图表的创建

无论是对于数据文件的简单处理还是深入分析,其结果都可以用图的形式显示出来。SPSS 提供了强大的图形处理功能,可以生成和处理数十种图形。

虽然在绘制图形的操作过程中,不同的图形所出现的对话框会有所不同,但其中的共性也是相当强的。下面通过两个简单的例子来介绍绘制图形的操作过程。

【例 9.3】　根据 Scores. sav 数据文件中的数据,用条形图来显示获得优秀、良好等各档次评语的人数情况。

打开 Scores. sav 数据文件后,按如下步骤操作:

(1) 选择菜单"graphs"、"bar",打开"Bar Charts"对话框,如图 9.34 所示。

该对话框中有三个图标和三个单选项,三个图标的意义如下:

① Simple:绘制简单条形图

② Clustered:绘制复式条形图

③ Stacked:绘制堆积条形图(分段条形图)

三个单选项的意义如下:

① Summaries for groups of cases:条形图反映若干观测量的分组汇总。

② Summaries of separate variables:条形图反映不同变量的汇总。

③ Values of individual cases:条形图反映个体观测量。

(2) 选中"Simple"图标和"Summaries for groups of cases"选项,单击"Define",显示"Define Simple Bars:⋯"对话框,如图 9.35 所示。

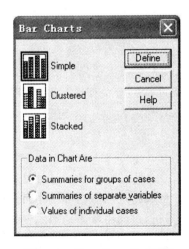

图 9.34　"Bar Charts"对话框

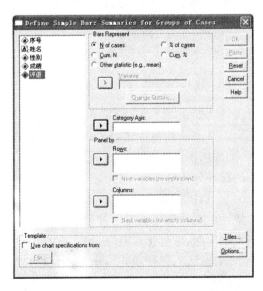

图 9.35　"Define Simple Bars:⋯"对话框

该对话框中有五个单选项,它们用于确定按什么量来绘图,具体意义如下:

① N of cases:观测量数。

② ％ of cases：观测量数所占的百分比。

③ Cum. n of cases：累计观测量数。

④ Cum. ％ of cases：累计观测量数所占的百分比。

⑤ Other summary function：其他汇总函数（最大、最小、平均等）。

（3）本例选中"N of cases"。

（4）在变量列表中选中分类变量"评语"，并将其移入"Category Axis"框中。

（5）单击"OK"按钮，即可看到反映获得各种评语人数的条形图，如图 9.36 所示。

【例 9.4】 根据 Scores. sav 数据文件中的数据，用饼图来显示男女生人数所占的比例情况。

打开 Scores. sav 数据文件后，按如下步骤操作：

（1）选择菜单"graphs"、"Pie"，打开"Pie Charts"对话框。该对话框中也有三个与"Bar Charts"对话框中相同的单选项。

（2）本例选中"Summaries for groups of cases"，并单击"Define"按钮，这时出现"Define Pie…"对话框。

（3）在变量列表中选中分类变量"性别"，并将其移入"Define Slices by"框中。

（4）单击"OK"按钮。至此，反映男女生比例情况的饼图绘制完毕，如图 9.37 所示。

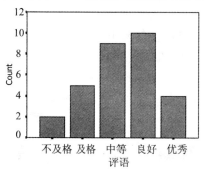

图 9.36　反映获得各种评语人数的条形图

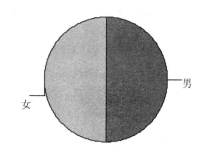

图 9.37　反映男女生比例情况的饼图

9.3.6　数据的统计分析实例

统计功能是 SPSS 的核心部分，利用 SPSS For Windows，几乎可以完成所有的数理统计任务。如本节开始时所述，SPSS 的操作非常简单，只要熟悉统计学的有关概念，很容易利用 SPSS 完成所需的统计分析任务。因此，本小节将通过一些实例，示范性地介绍 SPSS 的几种基本的统计分析功能。

9.3.6.1　数据的描述统计

描述性统计实际上是一种预分析。在描述性统计中，观察变量取值的分布情况是首先需要研究的问题，统计工作者通过对它的分析研究，可以对变量的分布特征以及内部结构有一个直观的感性认识，以便决定应该采用何种方法作进一步的统计分析，进而更深入地揭示变量变化的统计规律。

SPSS 的描述统计功能被安排在主菜单"Analyze"中的"Descriptive Statistics"菜单项中，主要有频数分析（Frequencies）、描述分析（Descriptives）、数据探索（Explore）、交叉表（Crosstabs）和比率统计（Ratio）等。这里给出前三个分析实例。

1. 频数分析

通过对数据的频数分析可以得到一系列描述数据分布状况的统计量。

【**例 9.5**】　根据表 9-1 的数据计算观测量的数字特征,绘制直方图观察分数的分布状况。

操作步骤如下:

(1) 打开 Scores. sav 数据文件。

(2) 选择菜单"Analyze"、"Descriptive Statistics"、"Frequencies",显示"Frequencies"对话框。

(3) 将左边变量列表中的"成绩"移入右边的框中。如图 9.38 所示。

(4) 打开"Statistics"对话框,如图 9.39,选中其中的 Quartiles,Mean、Midian 和 Std. Deviation 等选项,然后单击"Continue"按钮。

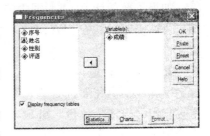

图 9.38　"Statistics"对话框

(5) 单击"Charts"按钮,打开"Charts"对话框。选中其中的 Histogram 和 With Normal Curve(附带正态曲线),如图 9.40,然后单击"Continue"按钮。

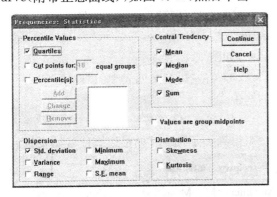

图 9.39　"Statistics"对话框

图 9.40　"Charts"对话框

(6) 单击"OK"按钮。完成了"成绩"的频数分析任务。

本例的分析结果由三个部分组成:

(1) 统计量值表。该表列出了有效值个数、缺失值个数、平均值、标准差……统计量。如图 9.41(a)所示。

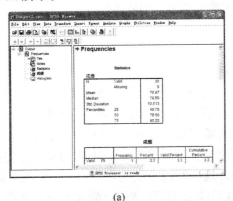

(a)

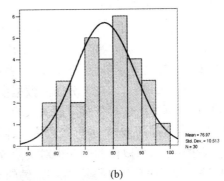

(b)

图 9.41　频数分析报告

（2）"成绩"变量的频数、频率表。该表列出每个成绩值的频数及其所占百分比。

（3）成绩分布直方图，如图 9.41（b）所示。该图纵轴为频数，横轴为成绩，各条形块显示了各个成绩的频数。图的右侧显示了标准差、平均值和观测量总数。从该图可看出成绩分布大致呈正态分布。

如果需要的话，可以对图中的相应成分进行颜色设置，可以修改图中的标题、文字。分析结果可以复制，粘贴到 Word 文档中。也可以将分析结果以 .spo 为扩展名保存为 SPSS 的输出文件。

2. 描述统计量

统计量是研究随机变量变化综合特征的重要工具，它们集中描述了变量变化的特征，所以常称它们为描述统计量。SPSS 中主要给出了均值、算术和、标准差、最大值、最小值、极差和平均数标准误差等常用的统计量。

【**例 9.6**】 据表 9-1 的数据，计算成绩的有关描述统计量。

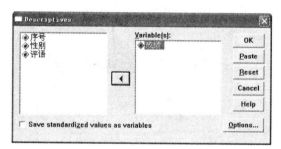

图 9.42 "Descriptives"对话框

操作步骤如下：

（1）打开 Scores. sav 数据文件

（2）选择菜单"Analyze"、"Descriptive Statistics"、"Descriptives"，显示"Descriptives"对话框，如图 9.42 所示。

（3）将左边变量列表中的"成绩"移入右边的框中。

（4）单击"OK"按钮。

得到关于"成绩"的描述统计量如表 9-2。

表 9-2 描述统计量（Descriptive Statistics）

	N	Minimum	Maximum	Mean	Std. Deviation
成绩	30	55	96	76.97	10.513
Valid N（listwise）	30				

3. 数据探索

通常，搜集到的数据并不能立即用于统计分析，因为数据结构、数据中隐含的内在统计规律等尚不清楚，需要对数据进行考察或探索，以便确定应该选用的统计方法。

数据探索的目的主要有两点：

（1）检查或发现数据中的错误。比如，检查数据中有无异常数值？ 如果有，则找出这些异常值，并分析其产生的原因，决定是否可以剔出或修改。

（2）探索变量变化的分布特征。不同的随机变量服从不同的分布规律，需要采用不同的统计分析方法。例如，来自非正态分布的数据使用正态分析方法，自然不会得到期望的结果。因此，需要通过数据的探索对变量可能服从的分布类型加以确定。另外，对两组来自正态分布的数据，研究两者之间的差异，进行参数估计、假设检验等项统计工作时，需要确定它们的方差齐性。通过数据探索，可以使我们获得对变量统计规律的初步认识。

【**例 9.7**】 对于表 9-1 的数据，先将刘健的成绩改为-70，陈芳的成绩改为 190，然后执行数据探索功能。

操作步骤如下：

（1）打开 Scores.sav 数据文件，并完成题中要求的修改。

（2）选择菜单"Analyze"、"Descriptive Statistics"、"Explore"，显示"Explore"对话框。如图 9.43 所示。

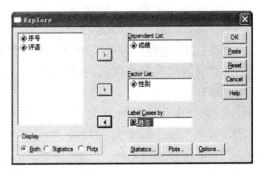

图 9.43 "Explore"对话框

（3）将左边变量列表中欲探索的变量"成绩"移入右边的"Dependent List"框中。

（4）将左边变量列表中的"性别"作为分组变量移入右边的"Factor List"框中。

（5）将左边变量列表中的"姓名"作为标记变量移入右边的"Label Cases by"框中。

（6）其他设置取默认状态，单击"OK"。

得到探索结果包括：

① 观测量概述表。

② 描述统计量表，如图 9.44(a)所示。

③ 茎叶图(Stem and leaf plot)。

④ 箱图(BoxPlot)，如图 9.44(b)所示。

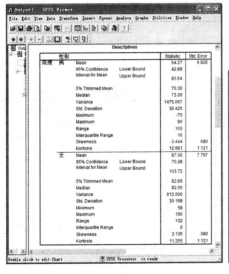

(a) 描述统计量表

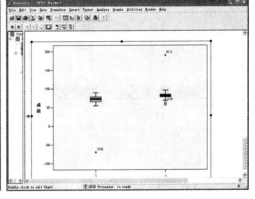

(b) 箱图

图 9.44 数据探索报告

从描述统计量表中可以看到，男生的最小值为-70，女生的最大值为 190，显然不合理。进一步从箱图中可以看到，拥有男生最小值的是刘健，拥有女生最大值的是陈芳。现在应该去核对原始记录，以决定是将它们改正还是剔除。

9.3.6.2 均值比较分析

在所有数字特征中，均值是反映总体一般水平的最重要的特征。调查得来的样本，能否认为是来自于某个确定均值的总体，就需要比较样本均值与总体均值之间的差异。

SPSS 提供的均值比较功能包括：

1）均值比较（MEANS）

MEANS 过程按分组变量计算因变量的描述统计量值，如均值、方差、标准差、偏度、峰度等，并将计算结果并列显示，提供用户比较分析各组变量值的差异。

2）T 检验

根据样本所提供的有关未知总体的信息，检验事先给出的关于总体的假设是否正确。SPSS 提供了单个样本的 T 检验、独立样本的 T 检验和成对样本的 T 检验。

3）单因素方差分析

用于检验多个独立样本是否是来自于具有相同均值的正态总体。

现在，来看两个均值比较应用的例子。

【**例 9.8**】 对于表 9-1 的数据，试用均值比较功能来比较分析男女学生考试成绩之间的差异。

操作步骤如下：

（1）打开 Scores. sav 数据文件。

（2）选择菜单"Analyze"、"Compare Means"、"Means"，显示"Means"对话框。如图 9.45（a）所示。

（3）将左边变量列表中的"成绩"作为因变量移入右边的"Dependent List"框中。

（4）将左边变量列表中的"性别"作为自变量移入右边的"Independent List"框中。

（5）单击"Options"按钮（显示"Options"对话框）。

（6）将左边列表中的项目全部移入右边的框中，选中两个复选框，如图 9.45（b）所示。单击"Continue"按钮。

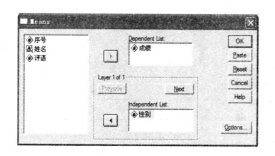

图 9.45（a） "Means"对话框

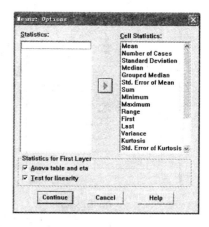

图 9.45（b） "Options"对话框

（7）单击"OK"按钮，完成分析。输出结果如图 9.46 所示，其中包括：

① 观测量概述表。

② 均值比较报告。

③ 第一层变量（本例只有一层）的方差分析表。

④ 关联性测度表。

结果的简单分析如下：

（1）从变量的方差分析表中看到，成绩按性别分组计算的 F 值都比较小，显著性水平 Sig. 的值为 0.079，比 0.05 略大，但已经很接近，说明该班级男女学生成绩之间有较大差异。

（2）从关联性测度表可以看出，成绩的 Eta 值等于 0.326，Eta Squared 为 0.106。Eta 值是一个刻画因变量与自变量之间联系密切程度的统计量，其值越接近于 1，则说明两者之间的联系越密切。本例中，Eta 的值等于 0.326，不算太小，说明学生成绩与性别之间有一定的关系。

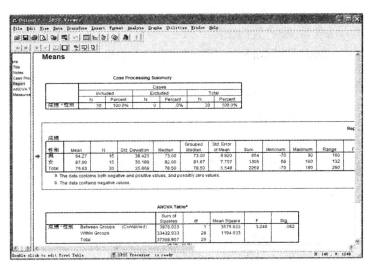

图 9.46　男女生成绩的均值比较报告

【例 9.9】　某教师进行一项新教学方法的研究，随机地选择 30 个学生，并通过抽签的方式分成两组，每组 15 名。然后对两组学生分别采用传统方法和新创方法进行教学，一段时间以后进行测验，获得两组的成绩如表 9-3。用 SPSS 分析这两种教学方法的效果是否存在差异。

表 9-3　测验成绩

创新方法	84	81	81	48	63	57	90	92	63	69	78	81	78	75	87
传统方法	66	57	42	51	51	48	88	82	51	36	72	69	63	72	69

解决这一问题的步骤如下：

（1）建立数据文件。建立数据文件时，应该注意数据的格式。表 9-3 所示的格式适合于观测者记录数据，但不符合 SPSS 的数据分析要求，所以应该按图 9.47 所示的格式建立数据表。

由图 9.47 可见，该数据文件有"组别"和"成绩"两个变量，其中"组别"变量测度水平设置为"Ordinal"或"Nominal"，并为其定义值标签（1：创新方法，2：传统方法），"成绩"变量测度水平设置为"Scale"，变量的其他属性可以取默认状态。

定义好变量以后，将表 9-3 的数据输入，将文件保存为"教学方法实验.sav"。

（2）对数据文件进行预处理。对于本例，由于各组的成绩都在

	组别	成绩
1	1	84
2	1	81
…		
14	1	75
15	1	87
16	2	66
17	2	57
…		
29	2	72
30	2	69

图 9.47　数据文件的结构

同一个变量中,因此无法直接对各组的成绩进行频数、分布特性等分析,因此需要按"组别"对文件进行分割。

（3）对数据进行预分析。对于刚建立的数据文件,需要知道一些数据的基本情况,如频率、均值、最大、最小等。这一工作可按前面例子所示的方法进行。经过初步分析,数据没有发现异常,因此可以进一步分析。

（4）进行独立样本 T 检验。根据题目要求,可以通过"独立样本 T 检验"功能来判断两种教学方法的效果是否存在差异。操作步骤如下:

① 打开"教学方法实验. sav"数据文件。

② 选择菜单"Analyze"、"Compare Means"、"Independent-Samples T Test"（显示"Independent-Samples T Test"对话框——类似于"Means"对话框）。

③ 将"成绩"变量作为检验变量移入"Test variable"框中。

④ 将"组别"变量作为分组变量移入"Grouping Variable"框中。

⑤ 单击"Define Groups"按钮（显示"Define Groups"对话框,如图 9.48）。

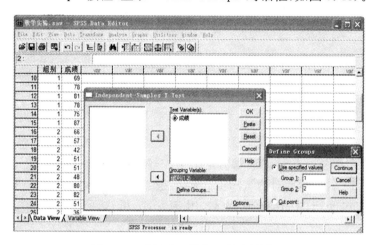

图 9.48　进行独立样本 T 检验的设置

⑥ 在"Define Groups"对话框中的"Group1"中输入 1,"Group2"中输入 2,并单击"Continue"按钮

⑦ 单击"OK"按钮,得到 T 检验结果如图 9.49 所示。

图中,前一个表为分组统计表,给出了各组的样本数量、均值、标准差等。

后一个表为独立样本 T 检验的结果。该结果分为两大部分:

第一部分为 Levene's 方差齐性检验,用于判断两总体方差是否齐,这里的结果为 $F = 0.440$, Sig. $= 0.513$（远大于 0.05）,可见在本例中方差是齐性的。

第二部分则分别给出两组所在总体方差齐性和方差不齐性时的 T 检验结果。由于前面的方差齐性检验结果为方差齐性,因此这部分应选用方差齐时的 T 检验结果,即取上面一行列出的结果:$t = 3.005$, df$=28$, Sig. (2-tailed)$=0.006$（远小于 0.05）。由此,得出统计结论为创新教学方法组与传统教学方法组的成绩有显著的不同,从两组样本的均值可见,创新教学方法组的成绩较高。这部分的后面还有一些其他指标（如两组均值的置信区间等）,以便对差异情况有更直观的了解。

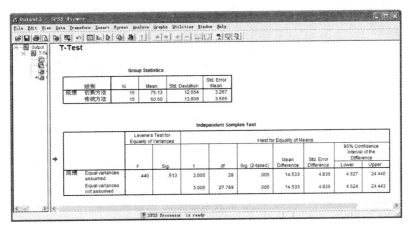

图 9.49　T 检验结果报告

9.3.6.3　相关分析

现实世界中的各种客观事物之间是相互联系、相互影响和相互制约的,事物之间的这种相互联系反映到数量上,则表现为刻画这些事物的有关变量之间存在着一定的关系。

变量之间的关系可以分为确定性关系和非确定性关系两类。确定性关系,是指变量之间存在某种函数关系。非确定性关系,是指变量之间存在某种相关关系,但这种关系无法用函数准确地表达。例如职工的工作能力与受教育程度关系,毫无疑问,这两者之间存在着一定的关系,一般而言,受教育程度越高其工作能力也越强,但是也有这样的情况:职工甲所受的教育程度比职工乙高,而其工作能力却没有乙那么强;受过同等教育的职工其工作能力也是有差别的。因此,工作能力与受教育程度的关系就属于非确定性关系。

相关分析就是研究分析变量之间的线性相关密切程度的一种统计方法。

【例 9.10】　从某中学的高中学生中随机抽出了 15 个学生,调查他们的语文、数学和物理 3 门功课的考试成绩,获得数据如表 9-4 所示。试分析各科成绩之间的关系。

表 9-4　成绩调查表

序号	语文	数学	物理	序号	语文	数学	物理
1	76	75	78	9	68	82	84
2	66	65	60	10	69	75	78
3	65	78	80	11	85	76	75
4	68	88	87	12	82	85	82
5	78	80	90	13	55	78	80
6	65	75	78	14	62	67	75
7	82	85	89	15	68	70	75
8	67	78	73				

现在,用 SPSS 的二元变量相关分析的功能来进行统计分析。具体操作步骤如下:

(1) 建立数据文件并输入成绩调查表的数据。

(2) 对数据进行二元变量相关分析。操作步骤如下:

① 选择菜单"Analyze"、"Correlate"、"Bivariate",显示"Bivariate Correlations"对话框,如见图 9.50 所示。

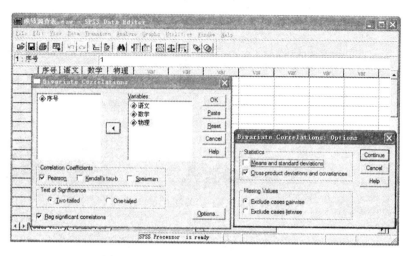

图 9.50 二元变量相关分析的选项过程

② 将左边变量列表中的语文、数学和物理三个变量移入右边的 Variables 框中。

③ 单击"Options"按钮,显示"Bivariate Correlations:Options"对话框,如图 9.50 所示。

Correlations

		语文	数学	物理
语文	Pearson Correlation	1	.376	.313
	Sig. (2-tailed)	.	.168	.257
	Sum of Squares and Cross-products	987.600	287.200	272.400
	Covariance	70.543	20.514	19.457
	N	15	15	15
数学	Pearson Correlation	.376	1	.819*
	Sig. (2-tailed)	.168	.	.000
	Sum of Squares and Cross-products	287.200	591.733	552.133
	Covariance	20.514	42.267	39.438
	N	15	15	15
物理	Pearson Correlation	.313	.819*	1
	Sig. (2-tailed)	.257	.000	.
	Sum of Squares and Cross-products	272.400	552.133	768.933
	Covariance	19.457	39.438	54.924
	N	15	15	15

**. Correlation is significant at the 0.01 level (2-tailed).

图 9.51 二元变量相关分析结果

④ 选中"Cross-product deviations and co-variances(输出反映选中的每一对变量之间的叉积离差阵和协方差阵)"复选框,并单击"Continue"按钮

⑤ 单击"OK"按钮,得到统计结果如图 9.51 所示。

Correlations 表的下面对表中双星号标记的相关系数作出注释,即在显著性水平在 0.01 下,认为标记的相关系数是显著的。

在输出表中,每个行变量与列变量交叉单元格处是两者的相关统计量值。例如,语文与数学、物理成绩之间的相关系数依次为 0.376、0.313,说明语文成绩与数学、物理成绩虽有一定的正相关关系,但相关系数较低,说明文理两科之间的差异。数学与物理的相关系数分别为 0.819,说明了数学与物理课程的成绩之间具有高度的正相关关系。数学与物理的相关系数为 0.819,说明这两门课程之间有非常密切的关系。

这些结果提供的信息与人们的普遍认识是基本一致的。

9.3.7 统计分析结果的编辑与输出

利用 SPSS 进行某项统计分析研究时,往往需要先进行预分析,预分析之后,可能还需要采用不同的统计分析方法进行多种统计分析研究,这期间将产生大量的统计分析结果图表。

这些结果当中,有一些是对具体的分析研究有用的,而另一些可能无用的。因此,在完成统计分析任务之后,往往还需要对输出结果进行必要的编辑处理。

SPSS 将这些统计分析结果集中组织在一个输出窗口中,如图 9.52 所示。

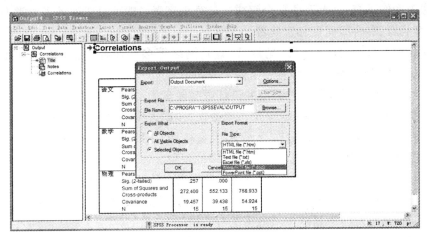

图 9.52　SPSS 的输出窗口

SPSS 输出窗口分成左右两个窗格,左边窗格以树形结构列出各次统计分析的输出结果目录,右边窗格列出统计分析的具体内容。

在 SPSS 输出窗口中,可以很方便地对统计分析结果进行编辑处理。例如,删除不必要的内容,对有用的结果进行格式上的处理等等。

同时,SPSS 的统计分析结果可以很容易地导出为 Word 文档。具体操作步骤是:

① 选择菜单"File"、"Export",显示"Export Output"对话框,如图 9.52 所示。

② 选择好输出位置,文件类型选择"Word file（∗.Doc)"。

③ 选择输出的内容。

④ 单击"OK"按钮。

这时将在指定的位置建立一个 Word 文档,可以用 Word 来对该文档进行编辑和打印输出。

9.4　反病毒工具

病毒与反病毒是一对矛盾,自从出现计算机病毒的那天起,反计算机病毒工作就没有停止,随着研究的深入,人们对计算机病毒的认知也就越来越深刻。

9.4.1　计算机病毒

对于计算机病毒,有多种不完全相同的定义。1984 年 5 月 Cohen 博士在世界上第一次给出了计算机病毒的定义:计算机病毒是一段程序,它通过修改其他程序把自身拷贝嵌入而实现对其他程序的感染。较为普遍的定义认为:计算机病毒是一种人为制造的、隐藏在计算机系统的数据资源中的、能够自我复制进行传播的程序。计算机病毒是一种特殊的程序,它不仅能破坏计算机系统,而且还能够传播、感染到其他系统。它通常隐藏在其他看起来无害的程序中,它能复制自身并将其插入其他的程序中以执行恶意的行动。计算机病毒之所以称作病毒正是它具有生物学上病毒的特征。其主要特征包括：可执行性、传染性、潜伏性、可触发性和破坏性。

从已发现计算机病毒来看，小的病毒程序只有几十条指令，不到上百个字节，而大的病毒程序简直像个操作系统，由上万条指令组成。计算机病毒一般可分成四种主要类型：引导区型病毒、文件型病毒、混合型病毒和宏病毒。

计算机病毒可以通过软、硬盘、光碟、U盘及网络等多种途径传播，其种类繁多，危害极大，对计算机信息系统的危害主要有以下四个方面：

（1）破坏系统和数据病毒通过感染并破坏电脑硬盘的引导扇区、分区表，或用错误数据改写主板上可擦写型 BIOS 芯片，造成整个系统瘫痪、数据丢失，甚至主板损坏。

（2）耗费资源病毒通过感染可执行程序，大量耗费 CPU、内存及硬盘资源，造成计算机运行效率大幅度降低，表现出计算机处理速度变慢的现象。

（3）破坏计算机功能病毒可能造成不能正常列出文件清单、封锁打印功能等。

（4）删改文件对用户的程序及其他各类文件进行删除或更改，破坏用户资料。

搞好计算机病毒的防治是减少其危害的有力措施，防治的办法一是从管理入手；二是采取一些技术手段，如定期利用杀毒软件检查和清除病毒或安装防病毒卡等。

9.4.2　杀毒软件原理

反病毒工具也称作杀毒软件，是用于消除电脑病毒、特洛伊木马和恶意软件、保护电脑安全的一类软件的总称。杀毒软件通常集成监控识别、病毒扫描和清除和自动升级等功能，有的杀毒软件还带有数据恢复等功能。部分杀毒软件通过在系统添加驱动程序的方式，进驻系统，并且随操作系统启动。大部分的杀毒软件还具有防火墙功能。杀毒软件的工作原理就是实时监控和扫描磁盘。

杀毒软件的实时监控方式因软件而异。有的杀毒软件，是通过在内存里划分一部分空间，将电脑里流过内存的数据与杀毒软件自身所带的病毒库（包含病毒定义）的特征码相比较，以判断是否为病毒。另一些杀毒软件则在所划分到的内存空间里面，虚拟执行系统或用户提交的程序，根据其行为或结果做出判断。

而扫描磁盘的方式，则和上面提到的实时监控的第一种工作方式一样，在这里杀毒软件将会对磁盘上所有的文件（或者用户自定义的扫描范围内的文件）做一次检查。

另外，杀毒软件的设计还涉及很多其他方面的技术，主要包括：脱壳技术，即是对压缩文件和封装好的文件作分析检查的技术；自身保护技术，避免病毒程序杀死自身进程；修复技术，对被病毒损坏的文件进行修复的技术。杀毒软件有待改进的方面有：更加智能识别未知病毒，查到病毒后，能够彻底清除病毒；保护自身。

9.4.3　常用杀毒软件

目前，国外比较好的杀毒工具主要包括：BitDefender、Kaspersky、ESET NOD32、Trend Micro Antivirus、F-Secure Anti-Virus、McAfee VirusScan、Norton AntiVirus、AVG Anti-Virus、CA Antivirus、Norman Virus Control 等；而国内比较好的杀毒工具主要包括：金山毒霸、江民杀毒软件、瑞星杀毒软件、东方卫士 V3、北信源 VRV、冠群金辰 KILL、河南豫能 AV95、上海创源安全之星等。限于篇幅，本小节只简单介绍其中两种常见的杀毒软件。

9.4.3.1　金山毒霸

金山毒霸(Kingsoft Antivirus)是金山软件股份有限公司开发的高智能反病毒软件,独创双引擎杀毒设计,内置金山自主研发的杀毒引擎和俄罗斯著名杀毒软件 Dr. Web 的杀毒引擎,融合了启发式搜索、代码分析、虚拟机查毒等经业界证明成熟可靠的反病毒技术,使其在查杀病毒种类、查杀病毒速度、未知病毒防治等多方面达到世界先进水平,同时金山毒霸具有病毒防火墙实时监控、压缩文件查毒、查杀电子邮件病毒等多项先进的功能。紧随世界反病毒技术的发展,为个人用户和企事业单位提供完善的反病毒解决方案。

金山毒霸 2008 是目前最新版本,也是国产最好的杀毒软件之一。其主要功能包括:

(1)顽固病毒彻底清除技术。该技术的内部代号为 bootclean,意思是重启清除。现在有很多顽固的病毒,即使重启到安全模式,病毒还是会加载;而这种情况下,采用 bootscan 技术的杀毒软件也是无济于事。(注:Bootscan 技术,是在开机时,用户选择是否进行病毒扫描,扫描完毕再加载资源管理器。)

顽固病毒清除技术(Bootclean)是指在杀毒软件检测到病毒时,发现不能在普通模式下安全清除掉,将调用特殊的驱动程序,在下次重启电脑的过程中,直接将目标病毒文件清除掉。对用户来说,只是需要重启一次电脑就可以。

(2)恶意行为智能拦截技术。现在"主动防御"成为杀毒软件特别时髦的一个技术名词,采用这类技术后,好的方面是对一些新的威胁可以进行报警,另一方面的问题是:这些报警会令普通用户困惑。比如"×××程序企图注入 rundll32.exe 的空间运行,请选择:1 允许,2 禁止"。

而对于金山毒霸 2008 来说,就没有这种困惑。当运行一个可能有危险的程序(通常又称为宿主程序),该程序运行后有危险动作,比如释放出病毒、插入正常程序的空间、修改关键的系统配置信息等等。恶意行为智能拦截技术可以及时发现威胁,并结合联机安全评估系统和系统增强安全计划,反查有恶意行为的危险程序,将这些根据病毒特征库,尚不能判定为病毒的危险程序直接清除或隔离。

(3)一对一安全诊断。金山毒霸 2008 中集成了金山清理专家,通过简单的向导,提升用户电脑系统的安全性。最值得称道的是在该模块中可清晰查看系统进程、加载项,并且将这些加载信息和金山毒霸的安全认证服务器进行匹配,可以清晰的显示,哪些加载项安全,哪些可疑,相当于金山毒霸的工程师在对用户进行一对一的安全指导。并且,在你仍不能确定的情况下,可以把相关的安全日志导出发送到爱毒霸社区,会有更专业的网友或技术人员协助你完成分析。

(4)流行病毒免疫。免疫就是由毒霸来伪造一个病毒已经感染的特征,或者防止病毒创建特定的执行程序,达到阻止病毒传播或危害的目的。目前,毒霸支持对熊猫烧香、威金等严重影响系统的病毒进行免疫。

(5)网页滤毒。一般的杀毒软件是文件下载到本地后检查是否带毒,金山毒霸 2008 的网页滤毒功能,可以阻止利用浏览器安全漏洞在后台偷偷下载木马,危险程序无法被下载到本地计算机。

(6)自我保护。以 AV 终结者为代表的恶意病毒越来越多,病毒为了更顺利的控制用户电脑,会对杀毒软件进行各种破坏,金山毒霸 2008 针对病毒最常用的破坏手法进行了加固,可以防止自身进程被病毒关闭,防止相关注册表键值被病毒改写。

（7）系统安全增强计划。该计划是金山毒霸网络蜘蛛计划的一部分，通过该计划，用户在使用毒霸的过程中，可以把联机安全诊断中未知的文件联机提交，迅速对这些危险程序进行分析，使金山毒霸对新病毒的响应做到更快。未来还将使用网络蜘蛛技术，当一个危险程序在互联网出现，在它还没有大面积扩散时，网络蜘蛛将首先发现该危险程序，该计划将会令毒霸用户受益匪浅。

下面简要介绍一下金山毒霸的使用及相关问题。

1. 安装

一般情况下，一台电脑上只安装一种杀毒软件。这是因为，一方面，杀毒软件都需要消耗一定的系统资源，安装多种杀毒会影响系统的效率；另一方面，有些杀毒软件不能兼容其他杀毒软件，这时如果系统中已经安装了这种杀毒软件，其他的杀毒软件将无法安装，即使是通过某种途径强行地安装了，以后也无法正常工作，它们会相互厮杀，互相指责对方为病毒。因此，在安装金山毒霸之前，应该检查该电脑中是否已经安装了其他杀病毒软件。在确信系统没有安装其他杀病毒软件之后，就可以安装金山毒霸了。具体安装过程非常简单，只要按其安装向导的提示一步一步进行即可，这里不拟详述。

安装完成后，在任务栏（右端系统托盘）上显示图标 （左边为金山毒霸图标，右边为金山网镖图标）。

2. 基本设置

金山毒霸安装成功之后，一般先要进行一些基本的选项设置。具体操作步骤说明如下：

（1）打开金山毒霸主窗口。操作方法是：在任务栏右端的金山毒霸图标（ ）上单击鼠标右键，从弹出菜单中选择并单击"打开金山毒霸主程序"。金山毒霸的主窗口如图 9.53 所示。

（2）选择菜单"工具"、"综合设置"，显示"综合设置"对话框，如图 9.54 所示。

图 9.53　金山毒霸 2008 运行界面

图 9.54　"综合设置"对话框

（3）在"综合设置"对话框中对有关选项进行设置。各种选项的含义都比较清楚，这里就不一一列出了。完成后单击"确定"按钮。

3. 查杀毒

使用金山毒霸查杀病毒的操作步骤如下：

（1）打开金山毒霸主窗口。

（2）指定查杀病毒的路径（单击"指定路径"标签，然后选定要杀毒的有关文件夹）

注意：由于现在计算机的硬盘都很大，要全部查杀一遍需要较长的时间。因此，一般的做法是，如果电脑工作极不正常，怀疑被病毒感染，急需查杀，这时可以只选择病毒最容易藏身的地方（比如 C 盘上的"Documents and Settings"、"Windows\System32"等文件夹）进行查杀，待有较充裕的时间时再进行全面查杀。

（3）单击"查杀病毒木马"按钮，电脑开始查杀病毒操作，完成后单击"完成"按钮回到金山毒霸主窗口。

注意：查杀完毕后会有一个查杀结果的报告，如果报告中有"需要重新启动才能删除"之类的信息，则应该立即重新启动。

4. 升级

由于现在的电脑病毒制作起来很容易，因此新病毒会不断地产生。查杀病毒的软件一般对于新产生病毒总是无能为力的，只有查杀病毒软件的供应商将新的病毒的有关特征纳入到其病毒库，该查杀病毒的软件才能有效地对付这种新病毒。所以，不是电脑中安装了查杀病毒的软件就可以高枕无忧了的，还必须使查杀病毒软件的病毒库保持最新，才能有效地预防和查杀病毒。

要使病毒库保持最新，就需要经常升级。金山毒霸提供了在线升级的功能，升级操作非常简单：在任务栏右端的金山毒霸图标（　）上单击鼠标右键，从弹出菜单中选择并单击"在线升级"，然后按照升级向导的提示操作即可。

另外，金山毒霸 2008 套装软件还包括一个金山网镖软件，其功能是对网络进行实时监控。如果启动了金山网镖，在上网时，如果遇到不良网站的病毒或恶意代码，金山网镖会作出相应的处理，以保护系统的安全。

9.4.3.2　Kaspersky

卡巴斯基（Kaspersky Anti-Virus）是俄罗斯著名数据安全厂商 Kaspersky Labs 开发的反病毒产品。这款产品功能包括：病毒扫描、驻留后台的病毒防护程序、脚本病毒拦截器以及邮件检测程序，时刻监控一切病毒可能入侵的途径。产品采用第二代启发式代码分析技术、iChecker 实时监控技术和独特的脚本病毒拦截技术等多种最尖端的反病毒技术，能够有效查杀"冲击波"、"Welchia"、"Sobig.F"等病毒及其其他 8 万余种病毒，并可防范未知病毒。另外，该软件的界面简单、集中管理、提供多种定制方式，自动化程度高，而且几乎所有的功能都是在后台模式下运行，系统资源占有低。最具特色的是该产品每天两次更新病毒代码，更新文件只有 3-20Kb，对网络宽带的影响极其微小，能确保用户系统得到最为安全的保护，是个人用户的首选反病毒产品。

卡巴斯基反病毒软件 7.0 是目前比较新的版本，也是全球最好用的杀毒软件之一。其单机版在为计算机提供传统反病毒保护的同时，能够高效地防御病毒、木马、蠕虫、间谍软件和广告程序，它具有实时扫描邮件、网络通信及文件中的病毒的功能，特别是用户在使用 ICQ 和其他 IM 客户端时，能够帮助用户防御各种恶意程序的侵袭，让用户可以安全无忧地使用计算机进行工作、娱乐、上网冲浪以及在线交易。卡巴斯基实验室在 7.0 反病毒软件单机版中还赋予了三重保护防御技术，即基于特征码的精确病毒查杀、启发式分析器和主动防御。它们的技术优势主要体现在：

1）基于特征码的精确病毒查杀——自动更新反病毒数据库

卡巴斯基反病毒实验室全年 24×365 小时监测所有新类型的恶意程序，每天每小时都会升级反病毒数据库来防御这些新威胁。用户可以通过自动更新功能将这些反病毒数据库加载到计算机中，从而方便快捷地获得防御所有已知威胁的保护。

2）启发式分析器——前摄行为分析

如果用户下载的可疑程序和卡巴斯基实验室数据库中的特征码不匹配，卡巴斯基反病毒软件 7.0 将在一个安全隔离的虚拟环境中运行该程序。在这里，反病毒软件会在用户运行该程序之前检查是否有恶意或者潜在的威胁行为，从而确保在用户计算机上运行的程序是干净安全的。

3）主动防御——实时行为分析

卡巴斯基反病毒软件 7.0 能够实时监控用户的系统和所有程序的行为，如果发现恶意程序或者有潜在危险的程序行为，反病毒软件将阻止该进程，同时通知用户该进程的危险行为并恢复恶意进程对系统的更改。这样一来，用户就不必担心当今的黑客技术会窃取或毁坏自己的机密信息了。

跟卡巴斯基反病毒软件 6.0 版相比，7.0 版产品除了新增启发式扫描功能以及加强了主动防御功能之外，还改善了对所有类型的键盘记录器和 Rootkit（攻击者用来隐藏自己的踪迹和保留 root 访问权限的工具）的检测和防御能力，使用户能够获得更全面的安全保护。

安装完成后重启计算机，在任务栏上显示如图 ，其运行界面如图 9.55 所示，其设置界面如图 9.56 所示。具体操作就不再详细介绍了。

图 9.55　卡巴斯基软件主界面

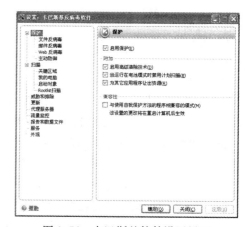

图 9.56　卡巴斯基软件设置界面

本章简要地介绍了几个不同类型的常用软件，受到课程时数的限制，也仅仅介绍了它们的基本功能和最基本的操作。相比之下，SPSS 对使用者的数据统计、分析知识要求比其他软件要高出许多，但是其操作也很简单，今后在进行数据统计、分析时，将真正体会到它的价值。同本书中介绍的其他软件一样，只有通过认真地练习和实际应用，才能够更深入和全面地了解和掌握这些软件，才能使之成为我们学习和工作的重要工具。

习题 9

9-1　试说明文件压缩的基本原理。

9-2　无论什么文件,使用 WinRAR 对其进行压缩,总能减小其尺寸。这话对吗? 为什么? 试举出一个例子来证明自己的观点。

9-3　办公室电脑的硬盘里有一部电影,文件大小为 800M,现有两个容量为 512M 的优盘,怎样做才能将这部电影带回家中电脑上看?

9-4　有一个压缩文件,其中包含了 100 部小说,现在想解压其中的 3 个,该如何操作?

9-5　利用 Visio 可以绘制哪些类型的图形?

9-6　用 Visio 绘制从你的住处到教学楼、图书馆的路线图。

9-7　用 Visio 绘制你所在单位(比如学院、企业等)的组织结构图。

9-8　用 Visio 绘制一个你所熟悉的一项工作(比如,在图书馆借阅图书与归还、到超市购物等)的工作流程图。

9-9　解释 SPSS 的含义。

9-10　简述利用 SPSS 进行数据统计分析时的一般过程。

9-11　建立一个数据文件,并输入自己班的某门课程的考试成绩,包括姓名、性别、文理(即高考所考的是文科还是理科)、成绩等项。保存为"成绩表.sav"文件。

9-12　对于"成绩表.sav"文件的数据:

(1) 列出全班的最高分、最低分以及平均成绩等统计量。

(2) 分别列出男女生的最高分、最低分以及平均成绩等统计量。

(3) 分别列出文理科学生的最高分、最低分以及平均成绩等统计量。